世界の建築石材
World Building Stone Materials

下坂康哉・小倉義雄・矢橋修太郎・池野忠勝

風媒社

アズール バイアーの採掘場。(Mt.Azul, Bahia, Brazil) (口絵 1-1)

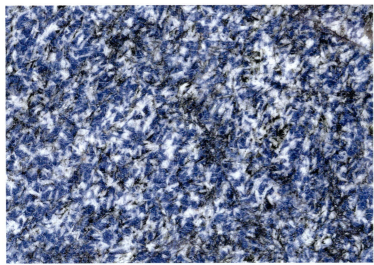

アズール バイアー
(ソーダライト閃長石　Sodalite syenite)
の実物写真。世界で最も高価な石材の一つ。
(口絵 1-2)

くさびとハンマー。(口絵 2-2)

山での採掘。石目に沿って平たがねを回転しながら、または削岩機で穴を開ける。(口絵 2-1)

石目に沿った穴にくさびを立てる。ハンマーかで端から端へと頭を打つ。主に小割に使われる。(口絵 2-3)
(提供：柘植石材)

壁の両端を自動的に切断する機械。(上＝口絵3)
大口径丸鋸桟 (左＝口絵4)
石材切断機としては日本で最大の丸鋸桟で、直径が約360cmあり、石材の高さが約150cmまで切断可能で、石材の種類にもよるが1ストローク10〜15mm切断する。切断が終わると、自動的に一段下がり、切断しながら元の位置に戻る。往復運転によって大きな石材を切断する。

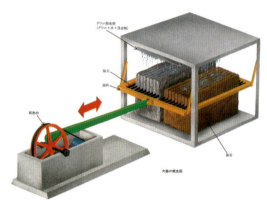

大鋸桟（ガングソー）
薄い板石を大量に切断する時に使用される機械（15頁参照）。
右・鋸刃を張った状態（口絵5-1）。左・大鋸桟概略図（口絵5-2）。

自動研磨機　（左＝口絵6-1。静止状態）（右＝口絵6-2。稼働状態）
切断された板石をゆっくり動くベルトコンベアーに載せ、その上を番手の異なる砥石等（粗粒の砥石から始まり、微粒の砥石で仕上がり）を回転させながら研磨する〔16頁〕。

パキスタンオニックス（口絵7-1）
顕微鏡写真　クロスニコル　堆積面に平行。方解石の結晶は等粒状に見え、密着している〔43・144頁〕。

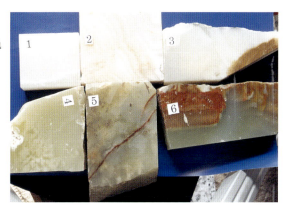

化学分析に用いた試料片。茶色（水酸化第二鉄）の部分を除く。無色から緑色まで6片選んだ。
（口絵7-2）

富山県下立産オニックス　（口絵8）
昭和60年頃採掘跡調査。人頭大2個を見つけて採集した。国会議事堂に使用されているオニックスと色彩が異なるようだ。

三重県大山田産オニックス （口絵 9-1）露頭写真。白色部。〔45 頁〕

三重県大山田産オニックス （口絵 9-2）
実物写真。縞模様がない。供給物質の変化が
ないことを示している。〔45 頁〕

岐阜県大垣市金生山産オニックス （口絵 10）
昭和 50 年代採掘現場で転石（約 50kg）を採集した。石灰岩層の空洞に沈殿・堆積したのであろう。〔46 頁〕

黒雲母角閃石花崗岩（圧砕状）（India産）（口絵11）
石英（Qt）、微斜長石（Mc）、黒雲母（Bt）（右：単ニコル）（左：クロスニコル）

結晶質石灰岩（大理石）（Italy産）（口絵12）
方解石のみ（右：単ニコル）（左：クロスニコル）

長石中のパーサイト　（口絵13）
アルカリ長石中にソーダ長石の葉片状細縞が見られる。（左上および右下）
閃長石（Canada産）　クロスニコル ×30　〔70頁〕

ミルメカイト （口絵14)
斜長石と虫食い石英との連晶（中右上）
圧砕状花崗岩（India産）
クロスニコル ×30
〔70頁〕

斜長石中のアルバイト式双晶（口絵15)
葉状双晶をしているが、明暗縞は2種類のみ。結晶は破砕作用の影響で破砕、曲がっている。
花崗岩（Canada産）
クロスニコル ×38
〔70頁〕

斜長石の累帯構造（口絵16)
中心部から周縁部にかけて帯状縞が見られる。
花崗岩（中国産）
クロスニコル ×58
〔71頁〕

まえがき

　石は建築物（ビルディング）の保護と、装飾に使われる。主に大理石とミカゲ石が利用され、これらを建築石材と呼んでいる。都会を彩るこれらの石が、どこで生まれたのか、何という名前なのか殆ど公表されていない。

　本書の最大の目的は産地や岩石名を詳細にしかも正確に記載することである。本磨きした建築石材はどれも大変綺麗で、その自然の造形美が我々になにか語りかけてくる。どの石も個性があって、生成から、その後たどった環境変化を如実に示している。

　石造建築の本場、ヨーロッパやアメリカなどでは、それぞれの国の石が主に使われている。外国からの輸入は少ない。

　これに反して、日本は外国産石材が主流になっている。いくつかの理由がある。

　日本産石材の供給は少ない。特に、石灰岩は国内各地に産するが、建築石材に使うには質と量に限界がある。ミカゲ石はより広い地域に産するが、白色に限られ、色彩が単調で、次第に使われなくなった。

　戦後復興期が過ぎ、経済発展が進むにつれ、外国産の石材が高価であっても、新しいビルに他社が使っていない新しい石材を競って使うようになった。その過熱状態は1990年バブル崩壊まで続いた。日本各地にあった多くの採掘山は、人件費高騰のため閉山に追い込まれた。

　バブル崩壊後、国内経済は低迷期に入り、高価な石材は敬遠されるようになった。より安価な石材が近隣諸国、韓国・中国・フィリピン・インドなどから輸入されるようになった。ビルの大型化もその一因を担っている。最近、加工費の安い外国、特に中国から切断・加工・研磨された完成品が輸入されている。

　長年にわたる輸入実績が日本各地の都市に残っている。特に首都圏がその中心で、世界の岩石博物館ともいえるだろう。建築石材はすべて、商品名で取引される。その商品名と主に使った建物名と所在地を探索できるよう可能な限り、公表したい。この調査はまだ途中だが。

　石材の見出しはすべて商品名で記載した。産地名が、しばしば商品名になっている。それで、イタリア語、スペイン語、ポルトガル語、英語などが多く使われている。

　長年にわたる収集と観察を続けてきた。多くのデータが集まったので、結果を公表することにした。業界や研究に多少とも貢献できれば幸いだ。また市民の方々が石に興味を抱き、都会の散策を楽しんでほしい。

　今まで多数の石材を集めた。この中から大理石は約91種、ミカゲ石は100種載せた。いずれも見出しに商品名を用いた。商品名は原語と読みやすいように片仮名で表した。

　私が建築石材に関心を持ったのは、昭和40年代初頭の頃、関ヶ原石材株式会社より石材

の研磨について相談を受けておられた名古屋工業技術試験場砥石研究室技官の松野外男さん（故人）の紹介で、本社工場へ見学に行ったのが始まりで、そのとき、応接室に展示された世界各地の大理石、ミカゲ石に魅了され、その後度々工場を訪れ、石集めに熱中するようになった。

その当時から決して忘れられない方があった。矢橋謙一郎さんだ。応接室で石材の話をして下さった。また私が構内の隅から隅まで、自由に歩いて新しい石、珍しい石を集めると、専用の置き場まで作っていた。謙一郎さんは社長就任後も私の石集めに対し、温かく見守って下さった。

本書の出版が存命中にできなかったことを大変残念に思うと共に、矢橋謙一郎社長・故人に心からお礼申し上げたい。

大理石の収集は比較的新しい。関ヶ原石材株式会社と矢橋大理石株式会社の両社にあるすべての石材見本の提供をお願いして、実験に用いた。この頃から、矢橋大理石株式会社に出入りするようになり、矢橋修太郎社長から直接、試料や話題の提供を受けた。

岩石名は岩石学に基づいて、正確に記した。建築業界において、大理石の名称は広い意味に使われている。本書では細分化して記載した（本文参照）。大理石は鉱物組成の項で、多い順に示した。塩酸処理後に検出された鉱物も同様に記載した。

兵庫県南東部六甲山地が大阪湾に面している。その山麓から素晴らしく良質の石が産する。古くから地元で御影石と呼び、珍重され墓石などに使われてきた。現在、神戸市東灘区御影町一帯に存在する。その後、花崗岩であることが明らかになり、花崗岩の代名詞として使われるようになった。

石材業界では、片麻岩を含め総ての深成岩類が、同じ設備で切断・研磨している。岩石名が不明でも、色によって区別され、白ミカゲ・桜ミカゲ・赤ミカゲ・黒ミカゲ（斑れい岩）などと呼んでいる。御影石が深成岩類の代名詞や総称に使われている。本書では〝ミカゲ石〟を用い、区別することにした。

ミカゲ石は構成鉱物と岩石名を示した。慣例に従って鉱物名は少ないから多い順に記載した。

実物写真は全国建築石材工業会の提供による。下坂が不足分を撮った。カメラはニコンF2。フィルムはKodak社、Kodakchrome (64) と Ektachrome (100) を用いた。光源は直射日光。白ミカゲは白くならないで、うす汚れて写る。黒ミカゲ（斑れい岩）は灰色になり、真黒に写らないが鉱物の輪郭が見える。白黒共に色の再現は大変難しい。

最近、デジタルカメラの技術が急速に発達し、印刷業界でも広く使用されるようになった。改めて石材の写真をデジタルカメラ、NIKON D80で撮った。

大理石の全てと、ミカゲ石の80％、残りの20％は古い試料の準備ができなかったため、スライドを用いた。

石材の産地名は、石材会社からの提供、ジャパン ストーン フェア（1991、1994）などで

集めた資料による。すべての地名はタイムズ社発行の世界地図帳で確認した。

仮名文字の使用をしないで、地図帳に載っている文字で記した。但し中国と韓国の産地名は発音が難しいのと誤りが生じやすいので漢字による。

鉱物の記載：大理石（広義）の細分化は、肉眼、偏光顕微鏡、X線回折によって判定した。ミカゲ石は肉眼と偏光顕微鏡による。

色の記載は研磨による光沢面を用いた。色彩に対する感覚は個人差がある。また周囲の環境によっても色は微妙に変化する。色の記載は直射日光を避け、日中の明るい窓際で行った。標準資料として、『新色名帖』（1954）を用いた。この本では色の表現に系統色名と固有色名とが載っている。系統色名では色の濃淡を正確に表現できないので、固有色名も共に載せた。参考までに英語名も併記した。

大理石については『新色名帖』に基づく。ミカゲ石については執筆者が少し変更している。

薄片作成は岩本鉱産物商会に依頼した。

大理石の偏光顕微鏡観察と写真撮影は、名古屋工業大学宇野泰章先生研究室で行った（下坂）。

X線回折実験は、株式会社丸長試験室森本敬章、古井信次、株式会社カオリン試験室太田義之、藤浦眞司の各氏にお願いした。

化学分析は清水工業株式会社、共立マテリアル株式会社、ヤマカ陶料株式会社にお願いした。

熱分析は共立マテリアル株式会社、ヤマカ陶料株式会社による。

武田薬品工業株式会社和田猛朗元研究員と名古屋工業大学宇野泰章先生から特にご協力とご教示を賜った。名古屋通商産業局鉱山部北川勝之元鉱業課長には、長年にわたり調査や試料集めにご協力いただいた。これらの方々に厚く御礼を申し上げたい。また、先に挙げた会社の方々やその他多くの皆様方のご協力によって、ここまでたどり着くことができた。心から御礼申し上げる。

最後に、活字化に協力をお願いした有限会社ラピスの大曽根修氏に感謝したい。

仕事の分担：すべての試料の収集・薄片の作成・地名の確認・色の記載を下坂が担った。ミカゲ石の薄片と試料の提供によって、小倉は顕微鏡観察・写真撮り・解説・総括した。

執筆者

1章　矢橋修太郎

2章　池野忠勝

3章　下坂康哉

4章　小倉義雄

5章　下坂康哉

6章　小倉義雄

産地確認： The Times Consise Atlas of the World(1972)

The Times Comprehensive Atlas of the World(Eleventh Edition)

色の記載： 日本色彩研究所『新色名帖』日本色彩社、1954

矢橋謙一郎著・矢橋和江編『石の文化誌－「石屋」になった「地理屋」の記録』風媒社、2002 年

建築石材業界の用語について

石材の大部分は大理石かミカゲ石に分類されている。両者は多種類の石材から構成されている。とくにミカゲ石は簡単、明瞭な言葉で分類されている。

大理石：石灰岩、結晶質石灰岩、角礫石灰岩、ドロマイト、トラバーチン、オニックス、石筍・鍾乳石など、さらに蛇紋岩まで含まれる。

ミカゲ石：語源は神戸市東灘区御影（みかげ）に由来する。学術用語ではないが、一般に広く使われている。業界用語でもある。片麻岩を含め、すべての深成岩に使われている。これらの総称であり、代名詞でもある。

漢　字……御影石、六甲山産の花崗岩を指す。
平仮名……はんれい岩（斑励岩）などのように難しい用語のとき。
片仮名……ミカゲ石　営業上、岩石名は使わないで、石材の区分は色名による。白ミカゲ、桜ミカゲ、赤ミカゲ、黒ミカゲ（はんれい岩）など、色名を頭に付したとき、語尾に石はつけない。

石材の写真

「第 5 章」「第 6 章」（各論）の石材の写真は、ほぼ原寸大で掲載した。

（下坂康哉）

世界の建築石材

目次

口絵　i

まえがき　1

第1章　石材の採掘場の形状、採掘方法　9

1.1. 概説　9

1.2. 採掘場の形状　10

　1.2.1.【露天掘り】　10／1.2.2.【ベンチカット】　11／1.2.3.【トンネル掘り】　11

1.3. 大理石採掘方法　12

　1.3.1.【ダイヤモンドワイヤーソー切断】　12／1.3.2.【ドリル】　13

　1.3.3.【火薬での発破】　13

1.4. ミカゲ石採掘方法　13

　1.4.1.【ダイヤモンドワイヤーソー】　13／1.4.2.【ドリル】　13

　1.4.3.【火薬での発破】　14／1.4.4.【ジェットバーナー】　14

第2章　石材の加工と施工　15

2.1. 工場での加工　15

　2.1.1. 石取り作業　15／2.1.2. 原石の切断　15／2.1.3. 板石の表面仕上げ　16

　2.1.4. 墨出し　17／2.1.5. 寸法切断　17／2.1.6. 諸加工、仕上げ、検査　18

2.2. 施工方法　18

第3章　大理石　20

3.1. 炭酸塩鉱物　20

3.2. 炭酸塩岩　21

3.3. 実験と考察　22

　3.3.1. 試料の作成　22／3.3.2. 実験結果の概説　23

　3.3.3. 鉱物の同定と考察　23

　　3.3.3.1. 石英（Quartz）23　　　　3.3.3.2. 長石（Feldspar）24

　　3.3.3.3. 白雲母（Muscovite）25　　　3.3.3.4. 雲母粘土鉱物（Mica clay mineral）25

　　3.3.3.5. カオリン鉱物（Kaolin mineral）25　　　3.3.3.6. 緑泥石（Chlorite）26

　　3.3.3.7. モンモリロン石（Montmorillonite）27　　　3.3.3.8. 滑石（Talc）28

　　3.3.3.9. 輝沸石（Heulandite）28　　　3.3.3.10. 赤鉄鉱（Hematite）28

3.3.3.11. 針鉄鉱（Goethite）29　　3.3.3.12. その他異質物 29

3.3.4. 塩酸処理の実験結果のまとめ　29

3.3.5. 石灰岩（Limestone）29

3.3.5.1. ポルトーロ 30　　3.3.5.2. ネグロ マルキーナ 31　　3.3.5.3. テレサ ベージュ 34

3.3.5.4. ランゲドック 34　　3.3.5.5. ロッソ アリカンテ 35　　3.3.5.6. ゴールデン マーブル 35

3.3.5.7. タピストリー レッド 35

3.3.6. 大理石（狭）（Marble）35

3.3.6.1. ノルウェージアン ローズ　38

3.3.7. ドロマイト（岩）（Dolomite）39

3.3.7.1. エンペラドール ダーク 40　　3.3.7.2. エンペラドール ライト 41

3.3.8. トラバーチン（Travertine）42

3.3.8.1. レッド トラバーチン 42

3.3.9. オニックス（Onyx）43

3.3.9.1. パキスタン オニックス 44　　3.3.9.2. トルコ オニックス 44

3.3.9.3. 下立オニックス 45　　3.3.9.4. 大山田オニックス 45

3.3.9.5. イエロー オニックス 46　　3.3.9.6. 金生山オニックス 46

3.3.9.7. オニックスの産状と供給源 46

3.3.10. 石筍と鍾乳石（Stalagmite & Stalactite）47

3.3.10.1. スタラティーテ サマトルサ 47

3.3.11. 角礫石灰岩（Limestone breccias）47

3.3.12. 蛇紋岩（Serpentinite）48

3.3.13. 砂岩（Sandstone）48

3.3.13.1. ピエトラ ドラータ 48

第4章　ミカゲ石　50

4.1. 石の歴史と人のかかわり　50

4.1.1. 石の素材　50 ／ 4.1.2. 石器から土器へ　50

4.1.3. 古代の石の文明　51

4.1.3.1. 巨石記念物（ストーンヘンジ、モアイ像）52　　4.1.3.2. 巨大建築（ピラミッド）52

4.1.3.3. 大理石（彫刻像と神殿）53

4.1.4. 日本での石とのかかわり　54

4.2. 石材岩種の一般的性質　55

4.2.1. 石材の物理的性質　56

4.2.2. 石材の一般的性質　56

4.2.2.1. 耐火性 56　　4.2.2.2. 耐風化性 57　　4.2.2.3. 劣化性 59

4.3. 石材岩種と岩石学　59

4.3.1. 火成岩（Igneous rock）　60／4.3.2. 堆積岩（Sedimentary rock）　61

4.3.3. 変成岩（Metamorophic rock）　62

4.4. 石材の記載　66

4.4.1. 肉眼的観察　67

4.4.1.1. 組織（texture）67　　4.4.1.2. 粒度（grain size）67　　4.4.1.3. 長石の閃光（schiller）67

4.4.2. 偏光顕微鏡観察　68

4.4.2.1. 岩石薄片（section）68　　4.4.2.2. 偏光および鉱物光学特性 68

4.4.2.3. 偏光顕微鏡の構造　68

4.4.2.3.1. 単ニコルによる観察／4.4.2.3.2. 直交ニコルによる観察

4.4.2.4. 顕微鏡下での長石にみられる組織　69

4.4.2.4.1. パーサイト（perthite）／4.4.2.4.2. ミルメカイト（myrmekite）

4.4.2.4.3. 斜長石の双晶（twin）／4.4.2.4.4. 斜長石の累帯構造（zonal structure）

4.5. 輸入石材（ミカゲ石）の性状　71

4.5.1. 産地分布と年代　71

4.5.2. 国内産との対比　72

4.5.2.1. 全体的特徴 72　　4.5.2.2. 化学組成と構成鉱物 74　　4.5.2.3. 変形と変質 75

4.5.3. 類似性とプレートテクトニクス　76

第5章　大理石各論　79

1.タソス ホワイト／ 2.サン クリストバン／ 3.インペリアル ダンビー／ 4.ゴールド ベイン セレクト／ 5.シベック／ 6.ペンテリコン

7.アラベスカート ロベルト／ 8.ビアンコ カラーラ／ 9.ドラマ ホワイト／ 10.ビアンコ ブルイエ／ 11.ダンビー ホワイト

12.アラベスカート コルキア／ 13.バルカン ホワイト／ 14.ビアンコ スペリオール／ 15.カリッツァ カプリ

16.イエロー オニックス／ 17.シェル ／18.ペルリーノ キアーロ／ 19.モカ クレーム／ 20.ブランコ ド マール

21.シェル ベージュ／ 22.トラベルチーノ ロマーノ キアーロ／ 23.クレマ マルフィル／ 24.フィレット ロッソ

25.ボテチーノ／ 26.ビマンドルロ／ 27.テレサ ベージュ／ 28.トラベルチーノ ロマーノ／ 29.トラベルチーノ フローレンス

30.ホワイト トラバーチン／ 31.ライト トラバーチン／ 32.ジュラ マーブル イエロー／ 33.ニュー フィレット ロッソ

34.オーシャン ベージュ／ 35.ファーンタン／ 36.ペルラート シチリア／ 37.カピストラーノ ブレッチア

38.ブレッチア オニチアータ／ 39.アウリジーナ フィオリータ／ 40.ゴハレー ベージュ／ 41.ペルラート ロイヤル

42.モカ クレーム ダーク／ 43.ペルラート ズベボ／ 44.リオーシュ モンテモール／ 45.トラベルチーノ ヌワゼット

46.キャンポ ポルフィリコ／ 47.ブラウン ベージュ／ 48.ポルフィリコ パリエリーノ／ 49.トラーニ ボテチーノ

50.アンバー ライムストーン／ 51.マロン トラバーチン／ 52.オンダガータ ライト／ 53.ゴールデン マーブル

54.ピエトラ ドラータ／ 55.コンブランシャン クレール／ 56.ホワイト サンドストーン／ 57.アリア ライムストーン

58.ペルリーノ ロザート／ 59.ローズ オーロラ／ 60.アルピニーナ／ 61.インディアナ ライムストーン

62.エンペラドール ライト／ 63.ポルフィリコ ロザート／ 64.パキスタン オニックス／ 65.ティー ローズ／ 66.テレサ ロサタ

67.ノルウェジアン ローズ／ 68.イラン ランゲドック／ 69.タピストリー レッド／ 70.ローザ ジロナ／ 71.ロッソ マニアボスキ

72.ロッソ アリカンテ／ 73.レッド トラバーチン／ 74.ランゲドック／ 75.レッド サンドストーン／ 76.エンペラドール ダーク

77.フィオール ディ ペスコ カルニコ／ 78.バルディリオ キアーロ／ 79.パロマ／ 80.ドゥケッサ グリス／ 81.ポルトーロ

82.グリジオ カルニコ／ 83.ネグロ マルキーナ／ 84.ロッソ レバント／ 85.ベルジアン フォッシル／ 86.ケッツアル グリーン

87.グリーン マーブル／ 88.ベルデ アベール／ 89.ベルデ イッソニエ／ 90.タイワン ジャモン／ 91.ティノス グリーン

第6章　ミカゲ石各論　173

1. ブルー パール／ 2. エメラルド パール／ 3. マリーナ パール／ 4. バルチック ブラウン／ 5. インペリアル レッド
6. ニュー インペリアル レッド／ 7. ダコタ マホガニー／ 8. ロッショ ガウチョ／ 9. シェニート モンチーク
10. オイスター パール／ 11. サファイア ブラウン／ 12. スクル／ 13. アークティック ホワイト／ 14. ホワイト パール
15. キョショウ／ 16. コリアン ホワイト／ 17. カナディアン ホワイト／ 18. シンポク／ 19. グリス ペルラ／ 20. テキサス ピンク
21. チュウゴク No.439C ／ 22. チュウゴク No.439A／ 23. チュウゴク No.603 ／ 24. チュウゴク No.355
25. グリス モラッツオ／ 26. ルナ パール／ 27. コリアン ピンク／ 28. チュウゴク No.623 ／ 29. アズール プラティノ
30. ライト ダーク エクストラ／ 31. ロンサン／ 32. ロックビル／ 33. チュウゴク No.306 ／ 34. シルバー グレー
35. モニュメント グレー／ 36. スル グレー／ 37. アズール エクストレメーノ／ 38. バイオレット ブルー
39. レイク プラシッド ブルー／ 40. アンデール グリーン／ 41. グリス ペルラ／ 42. ローザ ベータ／ 43. テキサス パール
44. チュウゴク No.361 ／ 45. ウンチョン／ 46. ローザ ポリーニョ／ 47. オーロ ガウチョ／ 48. ギャンドーネ
49. デキシー ピンク／ 50. ラジー／ 51. ナミビア イエロー／ 52. チュウゴク No.437 ／ 53. イエロー インペリアル
54. バルモラル レッド ダーク／ 55. インディアン ジュパラナ／ 56. ナジュラン ブラウン／ 57. シップショウ ブラウン
58. キョウセン／ 59. ロホ ドラゴン／ 60. コロラド ガウチョ／ 61. バーミリオン／ 62. ブリー ピンク／ 63. ネルソン レッド
64. カパオ ボニート レッド／ 65. イーグル レッド／ 66. センチネル レッド／ 67. トラナス ルビン／ 68. ロイヤル レッド
69. ウルグアイアン レッド／ 70. アフリカン レッド／ 71. カーネーション レッド／ 72. スエード ローズ レッド
73. コロラド シェラ チカ／ 74. ベルデ ピーノ／ 75. カレドニア／ 76. ポリクローム／ 77. ブラウン マホガニー
78. ブルー ブラック ピンク／ 79. ニュートン／ 80. アドニ ブラウン／ 81. スウェーデン マホガニー／ 82. パール アングレ
83. ベルデ フォンテン／ 84. キンバリー パール／ 85. ラベンダー ブルー／ 86. アカデミー ブラック／ 87. グリーン ラブラス
88. ブリッツ ブルー／ 89. バルチック グリーン／ 90. ラステンバーグ／ 91. プレリー グリーン
92. ラブラドール オリエンタル／ 93. ブリッツコール／ 94. ウバトゥバ／ 95. アンゴラ ブラック／ 96. カンブリアン
97. シルバー パール／ 98. ブラック ティジュカ／ 99. ジンバブエ ブラック／ 100. ベルファースト

（資料）建築石材の使用実績　275

石材名さくいん　283

事項さくいん　286

あとがき　289

第1章 石材の採掘場の形状、採掘方法

1.1. 概説

建築に使用する石材は、大別してミカゲ石（岩石学上の分類とは異なってSiを主とした岩石）と、大理石（同じく岩石学上の分類とは異なってCaなどを主とした岩石。ミカゲ石より軟らかい）の2つがあるが、採掘方法や採掘場の形状には大きな差異はない。

ミカゲ石は相対的に固いので、石目と呼ぶ割れやすい方向を利用して採掘することが多い。

採掘場ではその石目を利用してまず大割りにし、目的に応じて小割りする。石は大きいほど端材が少なくなり効率が良いのだが、運搬や機械設備の面から制約を受ける。通常の出荷は最大で1.5m × 1.5m × 3m、約20tだ。石目を最もよく利用した例はミカゲ石で造った神社の鳥居だろう。まず、細長い四角柱に割り、角を削って円柱に仕上げる。（口絵1-1、1-2）

削岩機（ドリル）が導入されるまでは、のみやたがねを使って石を割っていた。のみを使って石目に沿って10〜20cm間隔で丸い穴を一列に開け、くさび（せり矢）を穴に打ち込む。一列に並んだせり矢の頭を、端から端へと往復しながら、同じ強さでハンマーで打つ。しだいに喰い込んだくさびによって、ひびが入り、平らな面で割れる。（口絵2-1、2-2、2-3）

その後、削岩機を用いるのが一般的となって、岩盤の上部より必要とされる石材の寸法に削岩機＝ドリルを用いて50mmくらいの穴を100〜150mmピッチで開けて切断し、さらに下部側面より300mmピッチで同じように穴を開けて、その中に黒色火薬を入れ爆破させて岩盤を浮き上がらせる方法である（国と地域によっては膨張セメントを使用している）。また近年ではワイヤソーで大割する場合も多くなっている。

大理石の場合は、一般にワイヤソーによる切断が主で、20年ほど前までは撚った長い鋼線を石の表面に沿って一定方向に走らせ、その接触面に砂（硅砂またはカーボランダム）と水を供給して切断するものであったが、近年はワイヤにダイヤモンドチップを付けたものが多く使われている。また凝灰岩など軟石類については超硬チップ（炭化タングステンの粉末を焼結したもの）の付いたチェーンソーで採掘されている。なお最近の傾向として採掘に火薬を使うことは石材に傷を与え、歩留まりを悪くするので極力使わないよ

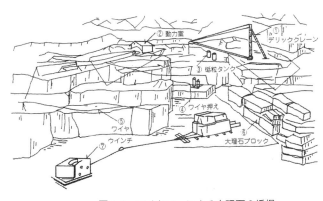

図1-1 ワイヤソーによる大理石の採掘

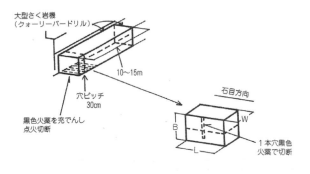

図1-2　削岩機によるミカゲ石の採掘

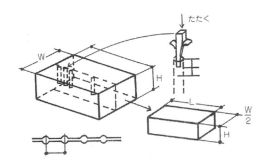

図1-3　せり矢によるミカゲ原石を必要寸法に切断

うになっている。（図1-1、1-2）

　大割された原石（5m〜15m）は再び必要な大きさ（2〜10㎡）に削岩機で穴を開け、通称せり矢と呼ばれるくさび状のものを入れ交互に叩き込んで割られ、ノミ等で整形される（図1-3）。また近年は小型のワイヤソーで小割する場合が多くなっている。

　世界各国の採掘場の形状、採掘方法をまとめてみた。採掘場の形状、石質、品質、採掘場会社の予算により掘り方は変わる。時代によって新しい採掘機械の登場で生産速度、採掘場の形も変わっているが、主だった採掘場の形状、採掘方法を紹介する。（口絵3）

1.2. 採掘場の形状

　大理石、ミカゲ石の採掘場でもその場所、石質によるあり方、形などによって、採掘の方法が変化し、大きく分けるといくつかのタイプの採掘場がある。

1.2.1.【露天掘り】

　石材業界では露天掘りという表現はしないが、言うなれば世界中の採掘場の9割9分は坑道などで掘らない露天掘りである。

　ミカゲ石は岩盤で存在しているのか、玉石（ボールダー）で存在しているかで、採掘場の形状は多少違いがあるが、ダイヤモンドワイヤソーを使用してもドリルを使用しても切断できる高さ、巾、深さは決まってくるので、採掘の仕方自体に大きな違いはない。玉石が土の中に存在し、それを探しながら見つけて採掘をする採掘場もあるが、近年は生産性を考慮してあらかじめ岩体を調査して、できるだけ掘りやすく安定している岩盤の方が選ばれる。

＜岩盤＞
大理石（結晶質）：岩盤の採掘場でも、イタリアのビアンコカラーラのように山脈全体が結晶化したようなところでは、30度〜40度くらいの急な斜面からでも掘り始める。（一度掘り始めていくと次第にベンチカットになっていく）。また、ポルトガルのローザポルトガルのような採掘場は平坦な草原の下に埋まっているため、狭い範囲を真下へ掘り進み、深さ100m以上になるところもある（原石はその100mをクレーンで持ち上げて取り出す）。

堆積層の大理石：トルコに多く見られる堆積してできた石種の採掘場では、小高いな

だらかな丘が続くところに岩盤があり、深さ（高さ）はあまりないため、横へ、奥へ掘っていく。イタリアのトラベルチーノロマーノクラッシコも堆積してできたトラバーチンの採掘場である。層は水平に連なっているが、すでに表層部が住宅地になっているため行き詰まっている。深さ（約30m）もあるのだがやはり限界がある。イタリアのセルペジャンテやロッソベローナなども代表的な堆積層になっている大きな採掘場である。

＜玉石＞

中国やインドやブラジルのミカゲ石の採掘場に多いが、土の中に埋もれている玉状になった石や地上に露出した石を採掘する。山キズは比較的少ないものもあるが、建材用としては玉石ごとに色が変わることもあるため、色調を合わせるのが難しい場合もある。

1.2.2.【ベンチカット】

岩盤で採掘していくと上の層（高さ2m〜10m、巾は採掘場により違う）を掘り終えるとその下の層に移っていき、年数を重ねて採掘すると何段もの階段状となる。この段をベンチと呼び、こうした掘り方の採掘場をベンチカットと呼ぶ。これは岩盤の採掘場に限らず、大きな玉石の採掘場でもベンチカットとなるところもある。規模は岩盤のありかた、大きさ、玉石の大きさにより、また、岩盤に入る節理（ナチュラルジョイント）にあわせて掘っているところもある。石に入る柄の流れに合わせて掘り、壁面が傾斜している採掘場もある。石種を問わず

大きい採掘場はおおよそベンチカットになっており、石材の一般的な掘り方である。

四方が壁や崖となって完全にフラットになってしまった場合は、改めて地面の一部を巾5m〜10m、高さ2m〜5mくらいの穴を掘って壁を作る。その壁を掘り進み新たなベンチができる。それを繰り返して高さ50mを超える階段状の壁ができた採掘場もある。

1.2.3.【トンネル掘り】

通常、山肌の表面に近い部分ほどキズやサビが多く、山の内部へ掘り進むほどキズの少ない良材が取れる傾向がある。そのため、良材部ばかりを求めて掘り続けるとトンネルのような形になる採掘場もある。イタリア、カラーラでは大きなところでは深さ（奥行）300mくらいまで続くトンネルの採掘場もあり、また、その中で下へ掘り進み、深さ80mくらいとなった採掘場もある。カラーラのトンネル採掘場の中では、年中15度〜17度くらいの気温である。

メリット：表層部の山キズやサビが入り石材として使用できない部分の除去作業の手間が省ける。山の表面の林など緑を除去せずに入り口の一部を取り除くだけで済み、環境を保護しながらの採掘ができる。雨や雪に作業を邪魔されない利点もある（外に出た際に山道が凍っていたり、雪でトラックが通れなくなるため一時冬季閉鎖することはある）。

デメリット：常に山崩れが起きないよう入念な調査と計算、補強（かすがいを打ちこむ）が必要で、昼間でも照明を設置して点けておかなければ作業ができない。また、作業者の健康面への考慮、掘り出した原石を外

へ取り出す作業も手間がかかる。よってコストもかかる。

1.3. 大理石採掘方法
1.3.1.【ダイヤモンドワイヤソー切断】

通常は、大理石、ライムストーンの採掘場では、ダイヤモンドワイヤソーで切断する方法がとられている。ダイヤモンドワイヤソーとは3～10cm間隔にダイヤモンドチップを埋め込んだビーズを取り付け、内部にスプリングの入ったワイヤでつなげワイヤ表面部をゴムでコーティングしたもので、長さは継ぎ足せば自在に変えられる。それを大きな輪にして機械で回転させて水をかけながら切断する。

【採掘手順】

採掘場、石種により当然異なるが多くの採掘場では、以下のように採掘する。
1. 高さ5～10m×巾10～20m×奥行2mくらいの大壁に切断
2. 土やタイヤなどをクッションにして割れないように手前に倒す
3. 倒れた壁を、キズなどを抜きながら3m×1.8m×1.8mくらいの原石大に切断（この原石の大きさは裁断する大鋸、船積みするコンテナの大きさに合わせたサイズ）。

このような大壁をどのように作るか。

【大壁の切断手順】
①奥行2mくらいで壁となる部分の両端（巾10～20m）の2点を縦方向に垂直にドリルで下に掘り穴を開ける。（高さ5～10m）
②①のドリルで掘った両端の縦に開いた穴に向けて、壁の両端の一番下から水平方向に奥へ向かってドリルで穴を開ける。（壁表面より奥に向かって2mほど）
③表面より壁の下部を水平に横向きにチェーンソーで下面を切断する。
④①の縦の穴、②の表面下部の奥への穴を通して両端を縦にダイヤモンドワイヤソーで切断。（側面）
⑤①の片方の縦の穴からダイヤモンドワイヤを入れ、もう片方の穴を通してそのワイヤを取り出し、それを輪につなげて背面を切断。
⑥壁の下面、両端の側面、奥の背面が切断されたので、奥の背面の切れ込みに鉄製の風船のようなものを油圧で膨らませて壁を倒す。

このようにして大壁が倒れる。（図1-4）

ダイヤモンドワイヤソーでの切断メリット：切断速度が速いことと、切り終えた面

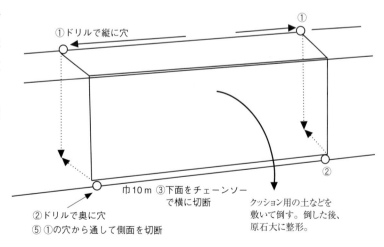

図1-4 大壁の切断手順

が綺麗に仕上がるため、柄や品質が見やすい。採掘場の形が整い次の作業がしやすい。切断面にキズが入りにくい。ドリルが設置できないような急な傾斜の面でも切断できる。一度切断を開始すれば時々チェックするくらいで、自動で切断できる。

デメリット：コストがかかる。ワイヤが切れると危険である。

【大型チェーンソー】

これは主に上記のように壁の下部や背面を切断するのに用いられる。大きさは3mくらいまで。切断速度は速い。補助的に使用される。

1.3.2. 【ドリル】

最近は大理石、ライムストーンでは使用は少なくなってきたが、地域によってはまだ使用されている。

メリット：コストはダイヤモンドワイヤよりかからない。

デメリット：切断面がドリルの矢穴で凸凹するため、販売の際に客に柄を見せづらく、販売者にも品質が分かりにくい。

1.3.3. 【火薬での発破】

火薬の使用は現在、イタリアでは禁止されている。発展途上国の石材生産で遅れた国々では、今もまだ使用されている。

メリット：コストをかけずに山から塊を取ることができる。キズだらけの不具合部分の山肌を清掃するには便利。

デメリット：危険。計算通りには割れないため歩損が大きく、良材部でも割れてしまい使用できなくなる。また、発破による細かいキズが多くなるので余計歩損が増える。

こなごなになった瓦礫が膨大に出て溜まってしまう。

1.4. ミカゲ石採掘方法
1.4.1. 【ダイヤモンドワイヤソー】

ミカゲ石でもダイヤモンドワイヤソーの使用は近年増えている。ミカゲ石の採掘場は、採掘部まで水を引いていない採掘場も多く、水を引く工事やワイヤ自体のコストはかかるが、生産性の高さ、表面の確認のしやすさはミカゲ石でも言えることで、ダイヤモンドビーズの硬度が変わるほかは使用方法は大理石と同様。

1.4.2. 【ドリル】

一般的にはドリルの使用がミカゲ石の採掘では主流。

同じドリルでもカナダ、イタリアなどの先進国では、4本や6本のドリルを同時に動かして、人件費の削減、生産スピードの向上をしている。（1人で数機を管理できる）

発展途上国では1人1機のドリルで50cmくらいの間隔で穴を開け、少量の火薬を入れて発破をかけて割り出す。水を使用しないため電気さえ引けばすぐに掘り始めることができる。（近年では作業者が吸い込む粉塵の問題で、水を流しながらでないとドリルを使用してはいけないという国もある）

＜石目（結晶の方向）に対しての、ドリルの入れ方の違い＞

ほとんどのミカゲ石には石目があるため［平目（石目）、柾目］、その目によってドリルの入れ方は違ってくる。

平目（石目に平行）方向：石に入る目に逆らって垂直にドリルを入れる場合は、掘

りたい深さ（高さ）まで最後までドリルを通さなければ途中で石目の方向に割れてしまう可能性があるため壁の底の面になるところまで通さなければならない。（割りにくい方向）

　柾目方向：石に入る目の方向にドリルを入れる場合は、底まで穴を通さなくても、表面より50〜100cmくらい穴を開けて、楔をハンマーで打ち込んだり、少量の火薬を使用すれば石目の方向にスパッと割れる。（割りやすい方向）

1.4.3.【火薬での発破】

　キズの多い部分は火薬で発破をかけて崩し、入らない部分から除去をするが、中国などでは、火薬での発破がコストが低いため、まだまだ採掘に使用されている。しかし、品質が良好な部分まで割れてしまうことになるため、生産性は高くない。また危険も伴うため、先進国では使用されていないが、中国、インドなど発展途上国の一部ではまだ使用されている。

1.4.4.【ジェットバーナー】

　近年はあまり採用されていないが、大きな壁を倒しての採掘には、両端をジェットバーナーで焼き切る方法も用いる。火を勢いよくかけると細かくはぜるという、ミカゲ石の特性を利用する。5mくらいの深さまではバーナーでの切断が可能。火をかけて切断した後は1cmくらいの細かくはぜた破片が積もる。
メリット：切断スピードが速い。ドリルのように振動を与えないため細かなキズが入りにくい。

デメリット：重いバーナー機を持ち、火炎放射の圧力に耐えながら同じ個所に火を当て続けなければならないため、熟練の技と体力を要する。そのため危険を伴う。騒音も出る。

　このようにして、世界中の採掘場では採掘されているのだが、やはりどのような場所、方法でも危険は伴うため、いかに安全に採掘できるか、また採掘で出る瓦礫の処理や森林伐採の抑制などいかに環境に配慮しながら採掘を進めてゆくかが、石材を採掘していく上での永遠の課題となる。

第2章 石材の加工と施工

2.1. 工場での加工
2.1.1. 石取り作業

　石取り作業は石材を加工する上で最も重要な作業で、これいかんにより建物の出来栄えと材料の歩留まり及びコストが決まると言っても過言ではない。特に原石に合わせた目地割の決定及び天然石であるため色目のバラツキは当然考えられるが、その範囲をどの程度にするか、あるいはどのように分布させるかがポイントである。なお原石担当者が色目を調べる場合、承認見本と照合して決めるわけであるが、原石の場合割り肌であるため分かりにくい。したがって、一般には原石に散水してその濡れ色によって判断する方法がとられる。（図2-1）

2.1.2. 原石の切断

　原石を板石状に切断するにはダイヤモンドチップの付いた大口径の丸鋸（口絵4）か大鋸（通称ガングソー＝口絵5-1, 5-2）と呼ばれる一度に数十枚の鋸刃を張った機械が主として使われ、他にワイヤソー、バンドソーが使われる。この鋸刃は大理石の場合、ほとんどダイヤモンドチップの付いたものが用いられるが、ミカゲ石（花崗岩等）など硬い石材については鋼鉄板を用い、それに水と鉄砂及び混合物のミックスしたものを供給して鋸刃を往復動さ

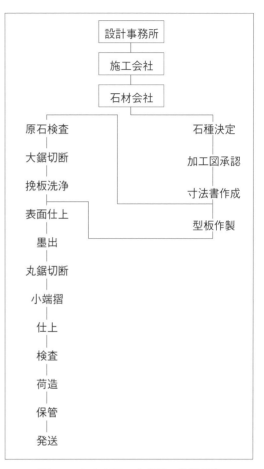

図2-1　ミカゲ石・大理石の作業経路

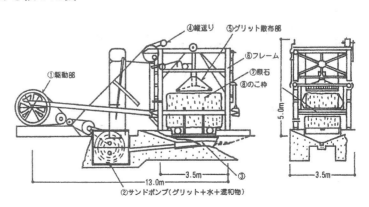

図2-2　工場で原石を大鋸機で板石に切断

表2-1　石材の一般的性質

	耐火性	耐風化	耐摩耗	耐薬品		高温100℃水蒸気圧下
				酸	アルカリ	
花崗岩	750℃を超えるとばらばらに崩壊する	風化に強い	砂岩（硬）と同じく強い	強い、その内雲母が早く分解する	大変強い、硫黄が徐々に溶ける	比較的強い
斑砺岩	花崗岩とほぼ同じ	風化に強い	強いが花崗岩より弱い	花崗岩よりやや弱い	花崗岩と同じ	比較的強い
大理石	800℃前後で石灰化、花崗岩のように崩壊せず	水に溶解消失する	弱い	大変弱い	強い	反応しやすい
蛇紋岩	大理石とほぼ同じ	大理石より強い	大理石より強い	マグネシウムが溶脱する	比較的強いが硫黄が溶ける	反応しやすい
砂岩	常温で生成しているから弱い	風化に強い	砂岩（硬）：花崗岩と同じ	大変強い	硫黄が徐々に溶ける	反応し難い
凝灰岩	1200℃程度の温度に耐える	硬質のもの：強い、軟質のもの：弱い	蛇紋岩程度	強い	硫黄が徐々に溶ける	最も反応しやすい

の丸鋸及びワイヤソーが各所で使用されるようになり、主として原石の胴切、墓石、記念碑などの厚板及び少量のもので納期が急がれる場合に使用される。大口径丸鋸が薄板の切断に使用されないのは、鋸刃の厚みが大鋸の鋸刃に比較し2〜2.5倍厚く材料の歩留まりが悪いこと、およびダイヤモンド鋸刃のコストが大鋸に比較して割高なためである。

せながら切断する。この場合の鋸刃の厚さは4〜6mm、巾100mm程度で時間当たりの切断速度は20〜40mmときわめて遅く、切り終わるまで数日を要するが一度に多くの鋸刃を張ることができるため、薄板を主として使用する建築用石材の工場では昔も今も使われている重要な機械である。（図2-2）

近年ダイヤモンドチップの付いた大口径

2.1.3.　板石の表面仕上げ

表面仕上げを大きく分けて研磨仕上げと粗面仕上げがあり、研磨仕上げには表面の仕上がり状態により本磨き、水磨き、荒摺り仕上げがある（口絵6-1, 6-2）。また粗面仕上げにはジェットバーナー、サンドブラ

表2-2　表面仕上の種類と仕上の可否

	本磨仕上	艶消し仕上	バーナー仕上	ノミ仕上	サンドブラスト仕上	野面仕上	チェーンソー仕上	洗い出し仕上
大理石（含蛇紋岩）	○	○						
花崗岩（含斑砺岩）	○	○	○	○	○	○		
砂岩		○		△	△	○		
凝灰岩				○	△	○	○	
テラゾー	○	○						
擬石			△	○	○	○		○

（注）艶消し仕上は別名水磨仕上またはF仕上とも呼ばれる。　　△印については特別な場合の仕上方法で一般には行わない。

スト、ノミ仕上げ等がある。この内よく使われる研磨仕上げとジェットバーナー仕上げについて説明する。（表2-2）

＊研磨仕上げ

大鋸等で切断された板石は高圧水で洗浄した後、研磨工程に移し荒摺り～艶出し仕上げに至るまで大理石で6～8工程、ミカゲ石で12～16工程の砥石、バフなど用いて研磨する。

研磨仕上げの中に艶消し仕上げ（水磨きともいう）といわれる仕上げがあるが、これは一般に400#の砥石で仕上げたものをいう。また大理石で模様合わせをする場合その研磨は表、裏交互に研磨する。

＊ジェットバーナー仕上げ

この方法はミカゲ石の山で岩盤を切るのと同じように、LPG等の燃料と高圧空気を使って火炎温度2000℃前後の火炎を板石の表面に短時間吹き付けて石材の結晶を破壊させ、ラフな仕上げ面を作る方法である。この仕上げ方法は石材の中に含まれる石英分を熱により膨張爆裂させるもので大理石等、石灰岩質のものでは不可能で石英分を多く含むミカゲ石に適用される。

ジェットバーナー仕上げの場合、短時間ではあるが高熱を加えるため同じミカゲ石でも石質により石厚を変える必要があり、一般には研磨仕上げしたものより5mm程度厚くなる。ジェットバーナー仕上げしたものを壁に使用する場合、特に体のすれる部分についてはそのままでは肌面の凹凸があるため衣服等を傷つける恐れがある。したがって、ジェットバーナー仕上げした後、砥粒を含んだフエルト状のもので研磨し滑らかにする。

2.1.4. 墨出し

表面仕上げされた板石は1枚1枚表面の仕上がり状態、斑、寄り、クラックの有無等を検査し、色目ごとに仕分けし、割付図により墨出しをする。この工程は先に述べた石取り作業と同様、建物の出来栄えを左右する重要な作業である。大理石の墨出しについては図に示すように1個の原石から切断した板石をその順番に並べて模様を合わせ、全体的に模様が連なるようにするのが日本的墨出し方法で、研磨、墨出しについては細心の注意を要する。（図2-3）

ミカゲ石の墨出しについては大理石と異なり模様がなく、一見簡単そうに見えるが実際に貼り上げてみるとその色違いが気になることがよくあり、墨出しの段階でうまく分布させることが大事である。

2.1.5. 寸法切断

墨出しされた板石は直径300～400mmのダイヤモンド丸鋸で墨出しの罫書き及び製作指示書に従い正確に切断する。この場合の切り込みの深さ約30mm、送り速度2.5～3.0m、周速1800m/分程度の速さで切断する。

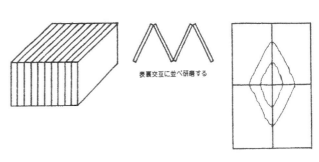

図2-3 大理石の墨出し（模様合わせ）

2.1.6. 諸加工、仕上げ、検査

切断された製品は製作指示書に従い面取り、切り欠き、穴開け、小段付け、小端面磨きなど行い、検査工程では色目、角欠け等のチェック、時には製品を展開して全体的な色目等の検査を行う。

2.2. 施工方法

石材を取り付ける方法として従前から行われているのは、石材を真鍮線等番線で躯体に結びつけ、モルタルを充填して固定する湿式工法である。この湿式工法の中にも裏面にモルタルを全量詰め込む全トロ方式、上下目地周り約100mm程度モルタルを入れる帯トロ方式、番線の周りだけを固定するダンゴ貼り方式がある。一般には外壁、床には全トロ方式、内装壁には帯トロまたはダンゴ貼り方式が使われる。

しかし最近の傾向として、外壁については石材をファスナーで取り付けモルタルを使わない乾式工法、工場で石材を何枚も貼り付けられる構造のフレームを作りそれに石を乾式工法で貼り付け、それを現場で取り付けるフレーム工法、工場で型枠内にアンカーのセットした石材を並べ鉄筋、取り付けのための埋め込み金物等をセットしてコンクリートを流して大きな壁を作り、それを現場で取り付ける石張りPC工法が多く採用されている。

その理由は、湿式工法の欠点であるエフロエッセンス（モルタルと躯体の界面に雨水が侵入してモルタル中の遊離石灰を呼び、石表面目地部へ流れ出る白華現象）の防止、躯体の欠陥、亀裂、変形等に対し直接貼り石に伝わらず、建物の変位に対してはファスナーの機構で逃げることができること、人手不足による能率低下を防ぎ、注トロの凝結機関が不要となるため一日に何段も積み上げできること、石裏が空間のため湿式工法に比較して建物の重量が軽くなること等である。

貼り石に悪影響を及ぼす要因として雨水、大気汚染、温度変化、凍結、直射日光、風雪、地震等があるが、この中で最も多いのは水に起因するクレームで、その原因は複雑で対策はむずかしい。また躯体の材令が若いことによる構造的クラック、空調等による結露、膨張による角欠けがでることがあり、これらに対する配慮が必要である。

外壁に石材をファスナーで取り付ける乾式工法については施工実績もあり技術資料も揃っているが、外壁の乾式工法の問題点として石材に問題があった場合重大な事故につながることが考えられる。そのため石材については材質、加工方法について充分な品質管理が必要で、場合によっては石材の裏面にFRP（プラスチックとガラス繊維で補強）処理をすることもある。また、穴開け作業についてはショックの少ない方法が要求される。

取り付け用ファスナーについては金物の強度が検討されなければならないのは当然であるが、大事なことは金物の腐食が石材落下の重大事故につながることを考えて材質を吟味する必要がある。一般に使用されるものはダボについてはステンレススチール（SUS304）、他のファスナーについてはステンレススチールか亜鉛メッキしたものが使用されている。

石張りPC工法は昭和40年に富士銀行本

店で採用されて以来、多くの工事、特に大工事、高層建築に採用されている。この工法は前述のように工場で壁と一体にしているため信頼度が高く、石材を現場で貼る工法より工期の短縮、能率の向上が図れる。

表 2-3　湿式工法、乾式工法、石張り PC 工法の比較

	湿式工法	乾式工法	石貼PC工法
貼石の重量	同じ	同じ	同じ
貼石の変形	湿度変化、モルタル収縮により、そり、ねじれが生じやすい	裏込めモルタル無いため影響がない	
建物の変形	躯体と一体のため、躯体が変形したとき追随し貼石にヒビ等生じやすい	躯体変形しても空間あるため貼石に影響がない	乾式工法と同じ
風圧	モルタル充填してあるため影響ない	石厚、目地割の大きさにより影響出る場合あり	湿式工法と同じ
その他圧力（物体　人物）	裏込めモルタルがあるため相当の衝撃を与えてもヒビ割れ程度ですむ	石裏空間のため物体等の衝撃で貼石が落下するおそれあり	湿式工法と同じ
凍結	石裏に水が廻った場合凍結して貼石を押出しまたはヒビが入る	石裏空間のため水たまらないため凍結しない	工場施工で品質管理行き届いているため湿式工法ほどは心配ない
白華	裏込めモルタルのセメントのあくが貼石の合口に出ることあり	モルタル使用しないので発生しない	同上
合端引金物	ステンレス、真鍮線#10で施工できる	ステンレス金物で施工、アングル等使用するため金額アップする	ステンレス製コネクションアンカーを使用
荷重支持金物	ステンレス金物を使用	ステンレス金物を使用	亜鉛メッキ金物を使用
施工中の汚れ	モルタル使用するため汚れ付着しやすい	モルタル使用しないため汚れ付着しない	乾式工法と同じ
施工後の汚れ	石裏より錆、シミ出る恐れあり、表面に色ムラ出ることあり	石裏空間あるため錆、シミの懸念少ない	湿式工法ほどではないが多少懸念あり
目地	モルタル目地またはコーキング目地でも可	コーキング目地で施工する	石と石の目地はモルタルまたはコーキング、PC間はコーキング目地
清掃	モルタル等付着の汚れ取りにくい	モルタル付着しないため清掃容易	乾式工法と同じ
取付工程	裏込めモルタル充填するため1日に何段も施工できない	モルタル硬化時間不要のため1日に何段も施工できる	乾式工法と同じ
施工性（施工的）	従来工法で手馴れている	施工例少なく不馴れである	石屋ほどの経験不要
施行性（技術的）	技術的に問題ない	技術的に問題ない	技術的に問題ない
雨処理	石裏に処理が難しい	石裏空間のため処理不要	乾式工法と同じ

第3章 大理石

　建築業界では、使う石材を大理石と花崗岩（ミカゲ石）の2つに区分している。大理石の名称は広義に使われ、石灰岩・ドロマイト（岩）・角礫石灰岩・結晶質石灰岩（大理石）・トラバーチン・オニックス・鍾乳石・石筍、さらに蛇紋岩まで含まれている。

　大理石の名称は中国の地名に由来する。中国雲南省、省都昆明の西に大理市がある。この地域に石灰岩が分布している。連なる山と洱河の流れが美しい景色を育んでいる。それにも増して石灰岩が美しい。本磨きした石灰岩が織りなす模様が特に素晴らしい。それから石灰岩を大理石と呼ぶようになった。その後、磨いてきれいな石灰岩などを大理石と呼んでいる。

　大理石の名称は上に述べたように、大変広い範囲に使われているが、他方、地質学・鉱物学などにおいては、結晶質石灰岩を指す。報文の中で、どちらに使ってあるか、分かりやすくするために（広）とか（狭）を付けて、理解しやすいようにした。

　ドロマイト（Dolomite）の名称は鉱物名にも岩石名にも使われている。区別を明瞭にするため、鉱物名は苦灰石を、岩石名にはドロマイトを使うよう心掛けた。

3.1. 炭酸塩鉱物

　大理石（広）は主に方解石と苦灰石などの炭酸塩鉱物から造られている。基本的性質は次のようになる。孔雀石（$CuCO_3 \cdot Cu(OH)_2$）のように、炭酸基以外の陰イオンまたは陰イオン基を持つ鉱物は除外する。

　炭酸塩鉱物は次のような特性を持っている。

[2価の金属イオン]と［炭酸基]の1：1の化合物で、一般式で示すと

$$[M^{2+}]\,[CO_3^{2-}]$$

　　　　M：2価の金属イオン。

次の元素が知られている。

　　Ca、Mg、Cd、Ni、Fe^{2+}、Co、Mn^{2+}、Zn、Sr、Ba、Pb

　3価の金属イオンは近くにあっても、電価のバランスが崩れるので、異種鉱物を造ることになる。（オニックスの項参照）

　炭酸塩鉱物は三方晶系か斜方晶系かどちらかの晶系に属する。カルシュウムイオン（Ca^{2+}）のイオン半径より小さい2価の金属イオンは三方晶系を取り、より大きいイオンは斜方晶系を取る。前者を方解石型、後者を霰石型に分類されている。したがって、炭酸カルシュウムには三方晶系と斜方晶系の2種類があるが、三方晶系の方がより安定で、地質時代に生成した石灰岩はすべて方解石から造られている。この両晶系の違いは、より安定な結晶構造になるために、原子の配列が変わったことを示している。

　表1にすべての炭酸塩鉱物を記載した。多くの種類があるが、今回取り扱った大理石からは、僅かに2種類、方解石と苦灰石が確認できた。菱苦土石（$MgCO_3$）をごく少量含むであろうと推定できる試料が一例

表 3-1　炭酸塩鉱物

鉱物名	化学組成	結晶系	密度	硬度
方解石 (Calcite)	$CaCO_3$	三方	2.71	3
苦灰石 (Dolomite)	$CaMg(CO_3)_2$	三方	2.85	$31/2 \sim$
菱苦土石 (Magnesite)	$MgCO_3$	三方	$3.0 \sim 3.1$	$31/4 \sim 41/4$
オタバイト (Otavite)	$CdCO_3$	三方	4.96	
菱鉄鉱 (Siderite)	$FeCO_3$	三方	3.96	$33/4 \sim 4$
菱ニッケル鉱 (Gaspeite)	$(Ni,Mg,Fe)CO_3$	三方	3.71	$4.5 \sim 5$
菱コバルト鉱 (Sphaerocobaltite)	$CoCO_3$	三方	4.13	4
菱マンガン鉱 (Rhodochrosite)	$MnCO_3$	三方	3.70	$31/2 \sim$
菱亜鉛鉱 (Smithsonite)	$ZnCO_3$	三方	$4.30 \sim 4.45$	$\sim 41/2$
霰石 (Aragonite)	$CaCO_3$	斜方	2.947	$31/2 \sim$
ストロンチアン石 (Strontianite)	$SrCO_3$	斜方	3.785	$31/2$
毒重土石 (Witherite)	$BaCO_3$	斜方	4.291	$\sim 31/2$
白鉛鉱 (Cerussite)	$PbCO_3$	斜方	6.55	$\sim 31/2$

〈W.L.Roberts el al.:Encyclopedia of Minerals〉
註：最近、鉱物学で六方晶系の多くが三方晶系で表現されるようになった。
一部が六方晶系で残った。したがって、等軸・正方・斜方・三方・六方・
単斜・三斜の7つの晶系がある。

あった。同定できなかったが、参考までに
記載しておいた。（表3-1）

3.2.　炭酸塩岩

　地球上に炭酸塩岩は多く存在する。その
大部分は石灰岩からなる。その他に、ドロ
マイト（岩）や菱苦土岩（Magnesite）な
どもある。

　石灰岩は方解石（$CaCO_3$）の単一鉱物か
ら造られている。その原材料は種々の化石
の遺骸で、濃集、沈殿して堆積岩になって
いる。多種、多様の化石が石灰岩を構成し
ている。石灰藻類のような小さな固体から、

サンゴ、フズリナ、海百
合、アンモナイトなど多く
の種類がある。また、これ
らの化石の生息地も変化
に富んでいる。石灰岩は化
石の種類や環境によって
影響を受け、あるいは異種
鉱物の混入、共存によって
特徴を示すようになる。堆
積後に受けた地殻変動の
証拠を岩体内に残してい
る例があり、石灰岩などの
炭酸塩岩が多くの情報を
提供しているように思う。
（水谷ら：1987）

　大理石の名称は建築業
界において、広義に使われ
ている。細分化はされて
いないようである。要する
に、磨いて綺麗であれば、
全てを大理石と呼んでい
る。今回多くの大理石（広）
を調べる機会に恵まれた
ので、鉱物学、岩石学、地質学などの視点
に基づいて、分類を試みた。

　今回取り扱った中での難問は、石灰岩の
区分であった。顕微鏡下での観察によれば
石灰岩に入れたが、その後のX線回折で確
認できた粘土鉱物は、大理石（狭）と全く
同じ結果を示している数例があるが、区分
の変更はしていない。熱変成作用が弱くて、
中途の領域で止まっているのであろう。

　大理石（広）を細分化すると次のように
なり、簡単な説明を加える。

a. 石灰岩

　種々の化石の遺骸の堆積物

b. 大理石（狭）

　石灰岩が熱変成作用を受けて方解石が再結晶し、輪郭がはっきりして、粗粒になっている。

c. ドロマイト（岩）

　石灰岩がドロマイト化作用を受けて、カルシュウム（Ca）の半分がマグネシュウム（Mg）に置換している。

d. トラバーチン

　浅い淡水湖や池などに、鉱泉によって方解石成分が、急速にしかも大量に供給され、水中で粒状結晶になり湖底に沈殿、堆積した。方解石の輪郭はぼけている。空隙は扁平で、堆積面に平行している。

e. オニックス

　清澄な池や洞穴・割目などに、方解石の成分が大変ゆっくり供給され、湖底で結晶成長し、透明な層を形成している。

　（イ）長柱状（束状）結晶の集合体。肉眼で見えない。

　（ロ）太い長柱状結晶の集合体。肉眼で見える。

f. 石筍・鍾乳石

　大気中で　成長する。カルシュウムを含んだ水が、岩盤から浸み出るとき、温度・圧力の変化と水の蒸発によって、方解石を析出する。

g. 角礫石灰岩

　断層運動などによって破砕された石灰岩が、同一成分によって再固結している。

h. 蛇紋岩

　塩基性岩が地下の比較的深いところで、蛇紋岩化作用を受けて生成する。

i. 砂岩

　岩石の砕屑物、砂粒が堆積後に固結した堆積岩。

3.3.　実験と考察

3.3.1.　試料の作成

　石材見本（9cm × 15cm × 1cm）をダイヤモンドカッターで横に切断して2.8cm × 9cm × 1cm の細長い細片を作り、さらに端から4cmで切断、薄片作成用にする。研磨面をスライドグラスに張り付けた。作成は外注する。残りの一部を破砕、メノー乳鉢にて微粉砕する。X線実験に用いた。さらに残った試料片20 〜 30gを塩酸による溶解試験に用いた。小さなビーカーに残りの試料片を入れ、突沸を防ぐために、塩酸（5 〜 6 規定）を少量ずつ加えた。発泡が静かになると、再度塩酸を加える。溶解終了後、上澄みを捨て、水を加えて洗浄、4 〜 5 回行う。溶解残渣を蒸発皿に移し、乾燥、メノー乳鉢で粉砕する。水を数滴から10 数滴加え懸濁させる。スライドガラス板上に移し、風乾する。定方位試料として、X線回折に用いた。測定の大部分は㈱丸長試験室で、鉄の多く含む試料は㈱カオリン試験室で行った。熱分析（TG・DTA）には主に塩酸溶解試験残渣を用いた。実験は共立マテリアル㈱にお願いした。化学分析には50g 以上必要なので、残った見本から採取した。分析は清水工業㈱にお願いした。同社は石灰岩・ドロマイトの採掘・成品の出荷をしている。蛍光X線にて品質管理をしているので、分析値の信頼度が高い。全分析は共立マテリアル㈱とヤマカ陶料㈱にお願いした。

3.3.2. 実験結果の概説

全ての大理石見本を微粉砕して、粉末法によるX線回折を行った。偏光顕微鏡では、方解石と苦灰石の区別はほとんど不可能に近い。X線回折法によれば、回折線（ピーク）の位置が違うのでやさしく判定できる。

大理石（広）は炭酸塩鉱物の方解石や苦灰石から造られている。これらが主成分であるからピークは大変強い。大理石（広）中に異種鉱物が含まれていても、その含有量が少なくてピークが現れないことが多い。

大理石中に混在する異種鉱物を濃集すれば、回折線（ピーク）が強くなる。方解石や苦灰石を除けばよい。最も簡便な方法が塩酸による溶解である。実験はベランダで行った。方解石は低温でも完全に溶解する。冬に行った実験で苦灰石が残ることがあった。溶液を少し加熱すれば溶ける。しかし、一部は行っていない。蛇紋岩と砂岩を除き、全ての大理石について、塩酸処理を行った。得られた溶解残渣は、0mg、数mg、20～30mg（含有率約0.1%）が多かった。試料が少ないので、ガラス板張り付けによる定方位試料を用いたので、特に粘土鉱物の（00ℓ）系列のピークが強調され、同定に大変有効であった。さらに偏光顕微鏡観察や、数は少ないが熱分析の結果などから、多くの鉱物が含まれていた。以下次の通りである。

石英・長石・白雲母・雲母粘土鉱物・カオリン鉱物・緑泥石・モンモリロン石・滑石・輝沸石・赤鉄鉱・針鉄鉱・硫化鉄、その他に有機物・遊離炭素・同定できなかった不明鉱物。

上に挙げた鉱物は単独または複数で共存している。粘土鉱物に限定してみると、雲母粘土鉱物が最も多くの試料に入っている。次にカオリン鉱物・緑泥石が続く。これらの鉱物の回折線の姿や形について比較してみると、石灰岩中のこれらの鉱物の回折線は短めで太っている。要するにブロードである。これらに対して、大理石（狭）から分離された、これらの粘土鉱物の回折線は細くて長い。シャープである。石灰岩が熱の働きを受けて、方解石がより大きな結晶へ成長して、大理石（狭）になると共に、これらの鉱物も同様に熱の働きによって原子配列の規則性が高まったことを現している。

同一試料中の鉱物記載は、多いものから順に挙げた。不等記号も用いた。

3.3.3. 鉱物の同定と考察

大理石（広）の主成分鉱物は方解石または苦灰石で、両鉱物によるX線の回折線は大変鋭く、しかも強い。回折線の位置も異なることから、同定は容易にしかも確実にできる。

さきに挙げた鉱物が大理石（広）から見いだされている。鉱物の同定は専らX線回折の結果からで、熱分析（TG・DTA）などは補助的な取り扱いになった。塩酸処理で得られた試料の量は甚だ少ないので、化学分析はできなかった。

表3-2、表3-3、表3-4は石灰岩・大理石（狭）・ドロマイト・トラバーチンに含まれる鉱物の存在数を示す。

3.3.3.1. 石英（Quartz）

X線回折で最も顕著に現れる、4.26Åと

表3-2　塩酸処理残渣のX線回折による鉱物種の存在数

鉱物名	石英				長石			
強度	石灰岩	大理石（狭）	ドロマイト	トラバーチン	石灰岩	大理石（狭）	ドロマイト	トラバーチン
検出ナシ	31	7	5	5	31	4	5	6
～2	9	4	1	3	13	5	0	2
2～4	4	3	1	1	5	6	2	1
4～	6	2	1	0	1	1	0	0
個数	50	16	7	9	50	16	7	9

表3-3　塩酸処理残渣のX線回折による鉱物種の存在数

鉱物名		雲母粘土鉱物				カオリン鉱物				緑泥石			
強度		石灰岩	大理石（狭）	ドロマイト	トラバーチン	石灰岩	大理石（狭）	ドロマイト	トラバーチン	石灰岩	大理石（狭）	ドロマイト	トラバーチン
検出ナシ		16	2	7	5	31	14	6	7	46	15	7	9
ブロード（ピーク）	～2	17	0	0	2	12	0	1	2	0	0	0	0
	2～4	4	0	0	0	0	0	0	0	3	0	0	0
	4～	5	0	0	0	1	0	0	0	1	0	0	0
シャープ（ピーク）	～3	2	4	0	2	2	1	0	0	0	1	1	0
	3～6	2	3	0	0	1	0	0	0	0	0	0	0
	6～	4	7	0	0	3	0	0	0	0	0	0	0
個数		50	16	7	9	50	16	7	9	50	16	7	9

表3-4　塩酸処理残渣のX線回折による鉱物種の存在数

鉱物名	滑石				輝沸石			
強度	石灰岩	大理石（狭）	ドロマイト	トラバーチン	石灰岩	大理石（狭）	ドロマイト	トラバーチン
検出ナシ	47	7	7	9	43	6	7	9
～2	2	4	0	0	6	5	0	0
2～4	1	4	0	0	1	4	0	0
4～	0	1	0	0	0	1	0	0
個数	50	16	7	9	50	16	7	9

註1：石英・長石・滑石・輝沸石はシャープなピークを示すので、これらの強度は記録紙の横の太線の間隔を2、4、6…にして表現した。
註2：雲母粘土鉱物・カオリン鉱物・緑泥石はピークの形によって、ブロードとシャープに分けて記載した。両ピークの強度の比較が大変難しい。ブロードのピークは註1と同じに扱った。シャープのピークは太線の間隔を3、6、9…にして表現した。

3.343Å（最強線）の2本のピークに注目した。しかし雲母粘土鉱物の3.36Å（003）のピークと石英の3.343Åのピークとが完全に重なり、量比の判定に使えないので、石英の4.26Åのピークを利用した。

　風化作用や水の働きなどで岩石が破砕され、微細粒になる。この中に含まれる石英粒が、成長を続ける石灰岩中に取り込まれたと考えられる。石英は化学的に安定な鉱物で、大理石（狭）の中でも変化することなく、同じ状態で残留している。石英を含むことは、大理石（広）が陸地の近くで堆積したと推定できる。

3.3.3.2.　長石（Feldspar）

　長石にはいろいろな種類があり、K-長石、Na-長石、Ca-長石の3種類がその大部分を占めている。長石の最強の回折線は26.9～28°（2θ）の範囲にある。試料の中に長石が多く含まれていれば、多数の回折線が現れるのだが、塩酸処理に用いた試料の量が少なく、しかも含有率も低いために、得られた回折線が1～2本、多くて数本までで、回折線

の数は甚だ少ない。同一試料内に、石英と長石が共存している事例が多くみられた。主に石灰岩と大理石（狭）から得られた。回折線の形に変化がなかった。多くの例を詳細に検討した結果、長石が堆積時に混入したという結論に達した。その混入の過程は石英と同じと考えられる。

3.3.3.3. 白雲母（Muscovite）

偏光顕微鏡によって同定した。屈折率、複屈折、劈開、多色性などによる。鏡下で1個の白雲母を確認した。水で運ばれ、石灰岩中に混入、堆積したと推定できる。（ARABESCATO CORCHIA, イタリア産）

3.3.3.4. 雲母粘土鉱物（Mica clay mineral）

塩酸処理で比較的多くの試料から確認できた。実験は定方位試料を用いて行ったので層状構造を取る粘土鉱物において（00ℓ）系列の回折線が強調される。10.1Å（001）、5.01Å（002）と3.341Å（003）の3本の回折線に注目し、同定した。

実験結果から回折線の形がブロードとシャープの2つのタイプに分類できる。この違いがなぜ生じるのか大変興味深い問題である。

塩酸処理によって、得られた量が大変少なく、化学分析はできなかった。試料は超微粒子と考えられる。雲母粘土鉱物と呼ぶことにした。

雲母粘土鉱物を他の粘土鉱物と比較すると、数および量共に、より多くの石灰岩や大理石（狭）中に存在する。（表3-3）

雲母族鉱物には多くの種類がある。2-八面体（八面体が3価のイオン）と3-八面体（八面体が2価のイオン）の2つに分類できる。地表近くの岩石中には2-八面体の白雲母と3-八面体の黒雲母とが最も多く存在する。白雲母は風化作用に対し比較的強いが、黒雲母は分解されやすく弱い。その弱い原因は層間のカリュウムイオン（K^+）、八面体層中のマグネシュウムイオン（Mg^{2+}）や2価の鉄イオン（Fe^{2+}）が比較的容易に溶脱し、結晶構造が乱れてくるために、X線の回折線がブロードになる。

このように風化作用を受けた黒雲母が地表付近に多く存在する。石灰岩の堆積時に、水で運ばれ混入し、現在まで保存されたと考えられ、回折線がブロードになったのであろう。

石灰岩は少量だが、シリカ（Si）、アルミニュウム（Al）、マグネシュウム（Mg）、鉄（Fe）やカリュウム（K）などを含んでいる。堆積後、長年月、地質時代を経て結晶化し、雲母粘土鉱物イライト（Illite）などを造ったと考えられる。常温での結晶化のために、原子配列の規則性が悪く、回折線がブロードになったと推定できる。

以上2つの過程が考えられるが、どちらが多いか判定は大変難しい。両者共に存在するようにも考えられる。

大理石（狭）に含まれる雲母粘土鉱物は、X線回折線がシャープで、結晶性が良くなったことを示している。石灰岩が大理石（狭）になるときの熱の働きによって、原子配列の規則性が高まったと考えられる。

3.3.3.5. カオリン鉱物（Kaolin mineral）

おそらく不規則型のカオリナイトと考えられる。カオリン鉱物の（00ℓ）系列の回

折線 7.1 Å（001）と 3.56 Å（002）に注目した。

緑泥石の（00ℓ）系列の回折線に 14.1 Å（001）、7.1 Å（002）、4.75 Å（003）、3.54 Å（004）などがある。鉄の少ない緑泥石において、これらの 4 本の回折線の強度はほぼ同じだ。

カオリン鉱物と緑泥石が共存して産出することがある。カオリン鉱物の（001）と（002）とが緑泥石の（002）と（004）と完全に重なる。カオリン鉱物の同定が大変難しくなる。今回扱った大理石（広）は鉄をほとんど含まないことから、緑泥石が確認されたとき、（002）と（004）の回折線の強度に注目し、カオリン鉱物が存在するか否かを判定した。

カオリン鉱物は地表付近の酸性の火成岩類が風化作用を受けて生成する。中緯度の温帯地域が最も良い生成環境を与えている。風化過程をよく観察すると、アルカリ金属やアルカリ土類金属が溶脱し、残ったシリカ（Si）やアルミニュウム（Al）からカオリン鉱物が生成している。海底堆積物の中に新たにカオリン鉱物は生成しない。大理石（広）においても同じである。したがって、大理石（広）中に含まれるカオリン鉱物は、地表付近から水で運ばれ、石灰岩堆積時に混入、現在まで保存されたと推定できる。

X 線回折は定方位試料を用いて行った。（020）の回折線が現れなかったので、層状構造を取っている。カオリン鉱物の中の不規則性の強いカオリナイト（Kaolinite）であろう。ハロイサイトはなかった。

大理石（狭）から検出されたカオリン鉱物の回折線はシャープで、ブロードの例はなかった。石灰岩が熱変成作用を受け、方

解石のみならず、含まれる他の鉱物も熱の働きを受けて、原子配列の規則性が高まったことを示している。

3.3.3.6. 緑泥石（Chlorite）

緑泥石も粘土鉱物の一種で、層状構造をしている。X 線実験は定方位試料によるので（00ℓ）系列の回折線が強くなる。その他の回折線は弱くなるか、あるいは現れない。同定は（00ℓ）系列の回折線に注意して行った。カオリン鉱物の項で述べたように鉄の少ない緑泥石と考えられる。もし、カオリン鉱物が共存していたら 7.1 Å（002）と 3.55 Å（004）の 2 本の回折線が強くなる。3 個の試料において、緑泥石とカオリン鉱物との共存が考えられる。2 つの確認方法がある。

（A）500℃、1 時間試料を加熱する。カオリン鉱物を壊す。

（B）塩酸処理、4 〜 6 規定、1 〜 2 日放置、緑泥石を溶解する。水洗乾燥。

（A）と（B）共に X 線回折を行う。

（A）カオリン鉱物は壊れているから緑泥石の回折線のピークはほぼ同じ大きさになる。

（B）緑泥石が溶解・除去されるからカオリン鉱物のピークが残る。

今回、試料の量が少ないので確認実験はできなかった。

緑泥石が大理石（広）中に共存する例が、雲母粘土鉱物やカオリン鉱物に比較し著しく少ない。またその含有量も少ない。

緑泥石が石灰岩の堆積後に岩体内で結晶化したか、または堆積時に周辺にあった岩石中の緑泥石が水の働きによって運ばれ、

岩体内に取り込まれたか、大変難しい問題を提供している。

雲母粘土鉱物と緑泥石の共存する石灰岩が3例確認できた。これらは類似の回折線を示している。ベースラインは9.5°（2θ）付近から急に上昇し、雲母粘土鉱物に相当する10.1Å〜10.8Åのピークを描いて下降する。ピークの高さの半分ほど下降して、上昇に転じ、14.1Åの緑泥石によるブロードのピークを現している。その後もベースラインは下降しない。このような事例から、両鉱物は堆積後、長年月を経て、石灰岩中で結晶化したのであろう。

大理石（狭）中の緑泥石が大理石化作用の際の熱の働きによって、規則性がよくなり、回折線はシャープになる。緑泥石の結晶化が石灰岩の堆積の前か後かの判定は事実上できなくなる。

3.3.3.7. モンモリロン石（Montmorillonite）

モンモリロン石は粘土鉱物の一種。微細な粒子の集合体で、回折線の数が大変少ない。約15Åの強くて、幅広い回折線を示す。今回は定方位試料を用いたので、15Åの強くてブロードのピークのみが現れた。

モンモリロン石は淡水中では分散しているが、海水中で凝集する性質を持っていて、団子状になり海水から分離され、沈殿する。遠くまで運ばれることも、海水中を漂うこともない。石灰岩中に、均質に混入するとは考え難い。

火山活動で発生した火山灰（火山ガラス）が海に降下すると、低温であっても長年月を経て、モンモリロン石へと変質する。熱の働きがないので、X線の回折線はブロードになる。熱を加えると別の鉱物へと変わっていく。

火山灰からモンモリロン石になる実例
（1）岐阜県瑞浪市から北東、東濃地域に瑞浪層群が発達している。次のような過程を経て形成された。

白亜紀末期に花崗岩（苗木型や伊奈川型）が広い範囲に貫入した。第三紀中新世にはこれらの花崗岩が地表に露出して、山や谷を形成している。この時代は海侵の時代で、日本列島は高地を残して海没した時代でもある。

当時の古瀬戸内海が東に延びて、東濃地域や愛知県設楽盆地まで達していた。また火山活動が盛んな時代でもあった。大量の酸性火山灰が、谷間に入り込んだ海底に堆積した。それに、花崗岩の山地から風化生成物の粘土やマサ土などが供給され、地層を形成している。特に火山灰の粘土化が速く進み、モンモリロン石が主成分の瑞浪層群を形成した。

鮮新世になって、海退が進み、堆積性カオリン鉱床が点在するようになった。このカオリン鉱床の中に、瑞浪層群から供給された、かなりの量のモンモリロン石が含まれている。（下坂：内部資料）
（2）岐阜県山県郡美山町に川鉄鉱業㈱旧宝谷鉱山があって、ドロマイトの坑内採掘を行っていた。鮮緑色の粘土塊（径約15cm）が坑道の側壁に、ほぼ同一水準の高さで、点々と並んでいた。数個を見つけた。いずれもモンモリロン石であった。採集後、1〜2年経過して茶色に変色していた。八面体層中の2価の鉄イオンが酸化され3価に変わっ

たことを示している。

　火山活動で発生した多量の軽石が、成長を続ける石灰岩上に沈殿、取り込まれ、変質してモンモリロン石になったのであろう。その後、石灰岩がドロマイトになっているが、粘土化はこの前後の時期と考えられる。フィリッピン海プレートに載せられ、日本に到着、現在の位置になったと考えられる。熱の働きは受けていない。（下坂：内部資料）
（3）岐阜県揖斐郡春日村春日鉱山白川抗は長年にわたり、結晶質ドロマイトを採掘してきた。坑内のドロマイト層から緑泥石塊（径約10cm）が産出した。宝谷鉱山と同じ過程を経て、モンモリロン石になり、その後近くに貫入した貝月山花崗岩（白亜紀末期）の熱の働きによって苦灰石は結晶質になり、モンモリロン石は緑泥石になったと推定できる。（下坂：内部資料）

3.3.3.8.　滑石（Talc）

　滑石はシリカ、マグネシュウムと水からなる粘土鉱物の一種で、他の粘土鉱物と同様に、層状構造をなしている。9.35～9.4Åの最も強く、鋭い回折線を現す。X線回折に定方位試料を用いたので、（00ℓ）系列の回折線に注目して同定した。回折線の数が少ないので細心の注意を払った。滑石は多くの野外観察や調査から常温で結晶化しないようである。この事実を裏付けするかのように、石灰岩からは、ほとんど滑石は確認できなかった。しかし半数以上の大理石（狭）からは滑石が確認できた。シャープなピークを示すことから、規則性のよいことを現している。（表3-4）
　石灰岩中にごく少量含まれるシリカやマ

グネシュウムが大理石化作用に伴う熱の働きによって滑石へと結晶化したのであろう。

3.3.3.9.　輝沸石（Heulandite）

　輝沸石は沢山ある沸石鉱物の中の一種で、カルシュウムに富んでいる。大理石の塩酸処理によって得られた溶解残渣は大変少なく、輝沸石の占める割合も低いことから、同定は困難であった。
　輝沸石の特徴を示す次の各ピーク8.9Å、7.9Å、6.63Å、5.10Åや3.95Åに注目した。試料の多くは8.9Åと7.9Åの2本の回折線しか現れなかった。一部の大理石（狭）からは数本の回折線が確認され、全体を通して、検討を加え、輝沸石と判定した。
　沸石は常温に近い温度でも結晶化することが知られている。今回調べた石灰岩からは、輝沸石らしいピークを示す例が数個あった。
　石灰岩が大理石化作用を受け、大理石へと結晶化が進み、不純物として含まれていたシリカ（Si）が水の存在で石灰岩と反応して、高結晶度の輝沸石を造ったのであろう。

3.3.3.10.　赤鉄鉱（Hematite）

　赤鉄鉱の検出ができたのはRED TRAVERTINE（イラン産）とLANGUEDOCの2例に過ぎない。赤色を呈し、塩酸処理後の溶解残渣は赤泥のように見える。X線の回折線はブロードであるが、かろうじて赤鉄鉱の特徴線、3.71Å、2.71Å、2.522Å、2.212Å、1.845Å各回折線が得られた。なぜ、赤鉄鉱の回折線がブロードになるのか、トラバーチンの生成機構と関係している。方解

石の成分が急速に、しかも大量に供給され、水中で結晶化、沈殿し堆積層を形成している。方解石の輪郭が崩れ、少し丸みを帯びているように鏡下で観察できる。これに反して、赤鉄鉱が結晶化しても、大きく成長しないうちに方解石の中に埋没してしまう、より大きな粒子へと結晶化ができないのでX線の回折現象が起きないのであろう。それでシャープな回折線は得られない。

3.3.3.11. 針鉄鉱（Goethite）

針鉄鉱は鉄鉱物の風化生成物で、地球上に広く分布する。金色に輝く石灰岩 GOLD-EN MARBL（パキスタン産）の一例のみ確認できた。塩酸処理物のX線回折線は大変弱くて、ブロードだが、4.191Å、2.68Å、2.455Åの3本の回折線が針鉄鉱と一致した。原石の色や塩酸処理液の色などから、鉄の水酸化物の可能性が高い。回折線がブロードで弱い原因は、赤鉄鉱と同一理由によると考えられる。超微粒子の針鉄鉱が、石灰岩中に均質に分散していることから、美しい金色を与えていると考えられる。

3.3.3.12. その他異質物

（A）有機物

　石灰岩を茶色に染めている。

　　　エンペラドール　ダーク（スペイン産）

（B）遊離炭素

　黒色の石灰岩は主に炭素と少量の硫化鉄による。

　　　ポルトーロ（イタリア産）

　　　ネグロ　マルキーナ（スペイン産）

（C）不明鉱物

　回折線が少なくて同定できなかった。

3.3.4. 塩酸処理の実験結果のまとめ

原岩のX線回折実験の結果は、各論の鉱物組成の欄に記載した。大理石（広）の項では、多く含まれる鉱物から順に記載した。塩酸処理をしていない蛇紋岩や砂岩と、溶解残渣の得られなかった数例のデータは記載しなかった。

今回取り上げた試料の総数は91個で、10個除外、大理石（広）を細分化し、石灰岩、大理石（狭）、ドロマイト、トラバーチンに分類した。その手段として、肉眼および偏光顕微鏡観察を行った。ドロマイトの決定はX線回折による。

大理石化作用の熱によって、石灰岩が大理石（狭）になる。特に注目したのは、方解石の外形の変化で、丸みがなくなり、輪郭が明瞭に現れた状態を、大理石（狭）にした。もちろん化石が消滅していることも大切な条件の一つである。

大理石化作用が自然界でいろんな段階で終わることも、沢山あるように考えられる。多数の石灰岩のうちの数個がこれに相当する。鏡下で石灰岩に分類したが、塩酸処理物のX線回折によると、大理石（狭）の回折線とよく類似していて、特に滑石と輝沸石のシャープな回折線などとよく一致する。これら数個の石灰岩について、鏡下での判定を尊重し、分類は変えなかった。表3-3の雲母粘土鉱物やカオリン鉱物などが少し予想に反した結果を示している。シャープなピークを示す例が多いことによる。

3.3.5. 石灰岩（Limestone）

石灰岩は日本各地に存在し、輸入しなくてもよい数少ない資源の一つである。しか

表 3-5　X 線回折図に用いた記号

記号	鉱物名	
C	Calcite	方解石
D	Dolomite	苦灰石
Qt	Quartz	石英
F	Feldspar	長石
Mi	Mica Clay Mineral	雲母粘土鉱物
K	Kaolin Mineral	カオリン鉱物
Ch	Chlorite	緑泥石
Mo	Montmorillonite	モンモリロン石
Ta	Talc	滑石
He	Hematite	赤鉄鉱
Hu	Heulendite	輝沸石
Un	Un known Mineral	不明鉱物

しその品質は建築石材に適さないので、建築石材のほとんど全量が輸入されている。石灰岩は甚だ単純な組成で、方解石（炭酸カルシュウム）が単独で岩石を造っている。

石灰岩の多くは地質時代に繁栄した古生物の遺骸から造られている。それらは海に棲息していた。代表的な古生物を挙げると、石灰藻類、有孔虫類、サンゴ類、二枚貝類、巻貝類、ウニ類、ウミユリ類などの化石類からなり、単一種、あるいは複数種の化石の集合体から造られている。（水谷ら：1987）

石灰岩を構成する方解石の結晶は、甚だ微細で、肉眼でも、偏光顕微鏡でもその形をはっきり捉えられない。したがって、我々はこれらの微細な結晶粒子の集合体を、肉眼で見ていることになる。

石灰岩は堆積環境によって、組織、化学組成や色などに影響を受けている。生成環境やその後の環境変化の痕跡を、証拠として内部に保存していることが明らかになった。

外洋で堆積したと考えられる石灰岩は異物の混入が少なく、白色から乳白色を呈し、層理も不明瞭で、大きな塊状をなしていることが多い。陸地の近くや内湾で堆積した石灰岩は、陸地からの砕屑物、特に石英や長石を含むことが多い。今回、少ない例ではあるが、顕微鏡下で石英と白雲母が確認できた。石灰岩の堆積後に岩体内で石英、長石や白雲母などが結晶化するとは考え難い。

蛇紋岩や砂岩を除き、大理石（広）は石英や長石のほかに、粘土鉱物などを含むことが、塩酸処理実験によって明らかになった。その組み合わせが試料ごとに異なることから、その堆積環境が一様でないことを示している。

石灰岩の本磨きした面が堆積時から、その後の変化までの経歴を表現しているように見える。組織や模様の変化、縞模様などの繰り返しなど、僅かであるが色の変化なども、堆積時に供給された物質が常に一定ではなく、変化していることを物語っている。また、堆積時に生じたであろう不規則な微細な割れ目、それを充填する方解石の白色の微細脈、さらに水酸化第二鉄などの混入による黄金色の発色など、その石灰岩が辿った道筋を考えると、大変興味深い問題を秘めているように思われる。

3.3.5.1.　ポルトーロ

（PORTORO、BLACK & GOLD、イタリア産）

本岩は多種類の不純物を含む石灰岩で、本磨き面での色は暗い灰（Dark Gray）から灰黒（Grayish Black）まである。この黒色の岩体の中に金色や白色の不規則な細脈、より太い網状の脈が走っている。金色の部

分はうす黄茶（Pale Yellowish Brown）、幹色（Honey Buff）から、バフ（Buff）を呈する。

X線回折実験によると、本岩の黒色部は方解石からなり（図3-1）、金色や白色部は苦灰石からなる（図3-2）。塩酸処理によって本岩の溶解残渣は黒色の泥状で、比較的多く得られた。定方位試料によるX線回折実験の結果、残渣は雲母粘土鉱物、カオリン鉱物、緑泥石、滑石（？）、長石（？）、不明鉱物（8.1Å）などを含んでいる。採取した試料片が異なるので、図3-3と図3-4が鉱物の組成の違いを現している。

原岩の黒色部、黄色部（細脈）と塩酸処理物の熱分析を行った。結果は図3-5.6.7に示した。方解石（図3-5）と苦灰石（図3-6）を現している。

残渣の熱分析（TG・DTA）によると、3本の大きな発熱ピークが現れる。減量を伴っている。449.5℃のピークは硫化鉄の酸化（燃焼）によると考えられる。321.2℃と525.2℃の2本の発熱ピークとこれらに対応する減量が生じている。黒色の残渣は少なくとも2種類の有機物を含むことを示している。（図3-7）

以上の事柄から本岩は還元条件下で堆積したことを現している。ダイヤモンドカッターで切断すると、ヘドロ臭がする。色や臭い、多量の有機物を含むことなどから、本岩は内湾や湖などに、多量の有機物と一緒に堆積し、ヘドロを多く含む石灰岩になったと考えられる。

この黒色の岩体が完全に固結する直前に、地殻変動を受け多数の小さな割れ目や網状の割れ目を内部に発生させた。同時に陸地化の進行過程で、海水と淡水の混じった汽水の侵入を受けるようになった。黒色部に含まれる方解石と汽水中のマグネシュウムイオンとの反応によるドロマイト化作用が進行し、割れ目を充填するかのように苦灰石が結晶化したと考えられる。汽水の侵入によって、環境は還元状態から酸化状態に変わり、おそらく黒色部に含まれる硫化鉄が酸化され、水酸化第二鉄になり、苦灰石と共に沈殿、結晶化したと考えられる。苦灰石脈に黄色を与えている。白色の細脈は水酸化第二鉄の供給のないことを現している。その後安定期に入り、現在の姿になったのであろう。黒色の原因は遊離炭素と硫化鉄による。

以上、実験結果などを総合してPORTOROの生成過程を考えてみた。現地調査も、文献調査もしていないが、確認したいと思っている。（160頁参照）

3.3.5.2. ネグロ マルキーナ
（NEGRO MARQINA、スペイン産）

灰黒色の緻密な石灰岩で、白色の方解石からなる不規則な細脈や、やや太い脈などが綺麗な模様を与えている。X線回折によると原岩は方解石からなる。塩酸処理をすると、黒色汚泥が多く得られる。この中に、雲母粘土鉱物、滑石と不明鉱物（8.13Å）とが認められる。熱分析（TG・DTA）によると、2本の大きな発熱ピーク、478.2℃と506.1℃とが記録される。これに対応して、減量もしている。（図3-8）

黒色汚泥の主成分は不定形炭素と考えられ、原岩の黒色の原因はこの多く含まれる炭素粒子による。局部的であるが、硫化鉄が小さな割れ目を充填するかのように、点々

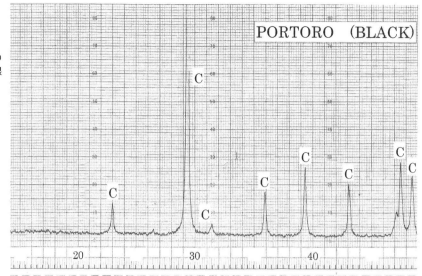

図3-1 ポルトーロ（イタリア産）原岩（石灰岩）の粉末法によるX線回折線図

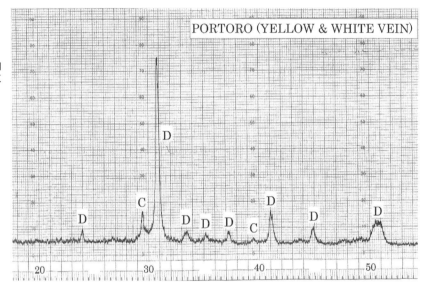

図3-2 ポルトーロ（イタリア産）原岩中の黄色と白色細脈の粉末法によるX線回折線図

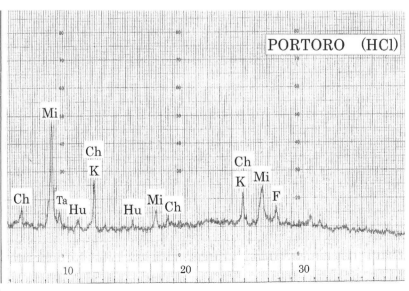

図3-3 ポルトーロ（イタリア産）原岩の塩酸処理残渣の定方位試料によるX線回折線図

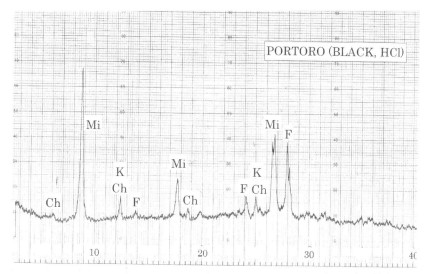

図3-4 図3と同じ。採取した部位が異なる

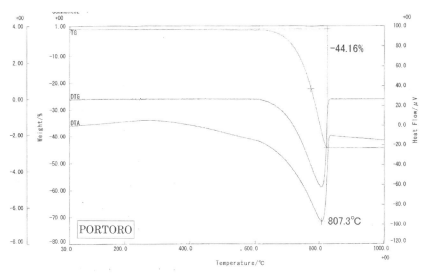

図3-5 ポルトーロ（イタリア産）原岩（石灰岩）の熱分析図

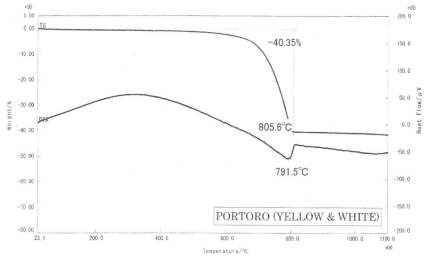

図3-6 ポルトーロ（イタリア産）原岩中の黄色と白色細脈の熱分析図

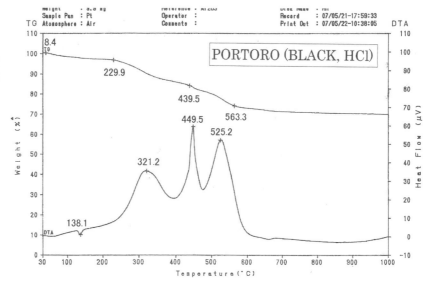

図 3-7 ポルトーロ（イタリア産）原岩の塩酸処理による溶解残渣の熱分析図

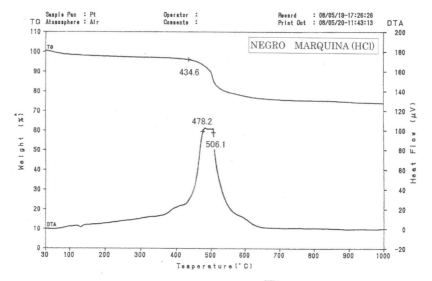

図 3-8 ネグロ マルキーナ（スペイン産）石灰岩。塩酸処理残渣の熱分析図

と存在する。

　方解石がヘドロからなる堆積盆に沈殿・堆積して石灰岩になり、その還元環境が保たれ、変化することなく、現在に至ったと考えられる。（162頁参照）

3.3.5.3. テレサ ベージュ
　　　　（TERESA BEIGE、フィリピン産）
　うす茶色の石灰岩。塩酸処理によって得られた溶解残渣は定方位法を用いて、X線回折を行った。結果は図 3-9 に示す。

　モンモリロン石以外の鉱物は検出できなかった。本石灰岩は外洋性堆積物で、空から供給された火山灰が、石灰岩中に混入、堆積後にモンモリロン石化したと考えられる。（27・106頁参照）

3.3.5.4. ランゲドック
　　　　（LANQUE DOC、フランス産）
　にぶ赤味だいだい色の緻密な石灰岩。方

解石とごく少量の雲母粘土鉱物からなる。塩酸処理によって得られた粘土鉱物などは結晶性が大変良い。大理石（狭）の事例とよく一致する。本岩が弱い大理石化作用を受け、方解石の再結晶化は弱いが、粘土鉱物などが熱による強い働きを受け、高結晶度の構造へと変わったと考えられる。

溶解残渣から、赤鉄鉱とみなされる3.707Å、2.66Å、2.508Åの3本のピークが読み取れる。本岩の色は超微粒子の赤鉄鉱によると考えられる（153頁参照）。（図3-10）

3.3.5.5. ロッソ アリカンテ
（ROSSO ALICANTE、スペイン産）

赤みを示すが赤鉄鉱は検出できなかった。含まれる赤鉄鉱が少ないことや、回折現象を起こさないほど超微粒子であったか、もっと精度の高い機器分析をしたい。

石英や長石を全く含まない、雲母粘土鉱物とカオリン鉱物共に、その回折線はシャープというより、ブロードに近い。規則性の悪い粘土鉱物である。地上の風化作用によって生成したカオリン鉱物が、水で運ばれ石灰岩中に取り込まれたのであろう。海水中で結晶化していないであろう。雲母粘土鉱物はX線回折パターンからすると、堆積後に結晶化が始まったようにも考えられる（151頁参照）。（図3-11）

この石灰岩は粗粒の物質を含まないことから、沿岸というより内湾などの潮流の弱いところで形成されたのであろう。

3.3.5.6. ゴールデン マーブル
（GOLDEN MARBLE、パキスタン産）

金茶色の緻密な石灰岩。研磨面の色彩が大変美しい。色に濃淡があって、黄茶（Yellowish Brown）、らくだ色（Camell）から明るい茶（Light Brown）、琥珀（Amber-grow）まである。

塩酸処理による残渣のX線回折によると、ごく少量のカオリン鉱物と石英らしきピークが読み取れる。その他にブロードの3本のピークから、針鉄鉱の存在が認められる。熱分析の結果は図3-12に示した。89.6℃は吸着水の脱水。279.9℃と511.3℃の吸熱ピークは針鉄鉱とカオリン鉱物の構造水（OH）の脱水による吸熱ピークで、それぞれ減量を伴っている。

本岩の黄茶色は針鉄鉱によると考えられる。（132頁参照）

3.3.5.7. タピストリー レッド
（TAPESTRY RED、イラン産）

粗粒の石英や長石を含まない。雲母粘土鉱物は比較的シャープなピークを示すが、緑泥石はブロードで、2次と4次の回折線は判定できる（図3-13）。緑泥石が結晶粒の形で石灰岩中に取り込まれたのか、あるいは石灰岩の堆積後に、その内部で結晶化したか、判定は難しい。

これらの鉱物の観察から、この石灰岩は潮流の弱い内湾の堆積物と考えられる。（148頁参照）

3.3.6. 大理石（狭）（Marble）

狭義の大理石は地質学、岩石学、鉱物学などに基づいて定義づけられている。石灰岩が熱変成作用を受け、構成する方解石が再結晶して、等粒状のより大きな方解石の集合体へと成長することが多い。方解石の

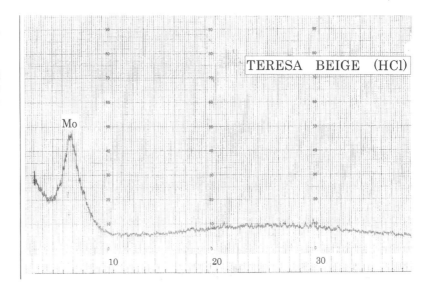

図 3-9 テレサベージュ（フィリピン産）
石灰岩。塩酸処理による溶解残渣の定方位試料によるX線回折線図

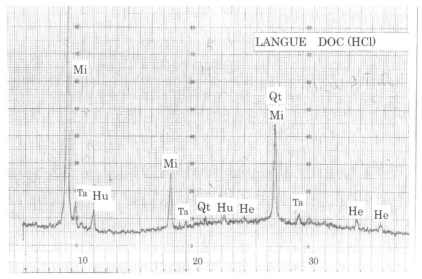

図 3-10 ラングドック（フランス産）
石灰岩。塩酸処理残渣の定方位試料によるX線回折線図

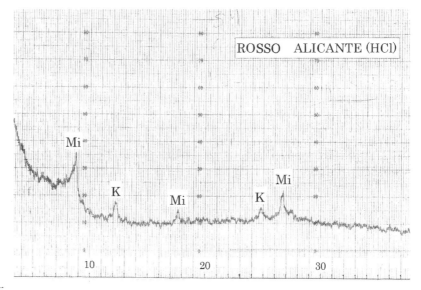

図 3-11 ロッソアリカンテ（スペイン産）
石灰岩。塩酸処理による溶解残渣の定方位試料によるX線回折線図

36　第3章　大理石

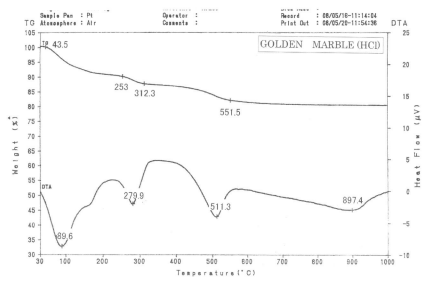

図 3-12 ゴールデンマーブル（パキスタン産）。石灰岩。塩酸処理残渣の熱分析図。

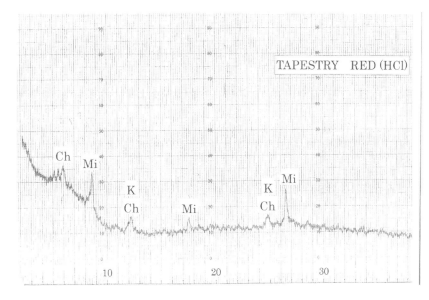

図 3-13 タピストリーレッド（イラン産）。石灰岩。塩酸処理残渣の定方位試料によるX線回折線図。

輪郭や劈開なども明瞭になり、大理石化への進行度を示している。大理石化への熱の働きにも著しい相異があって、個々の大理石に種々の外観を与えている。

石灰岩は白色不透明だが、高度の熱変成作用を受けた大理石は無色で透光性が高くなっている。方解石の結晶が肉眼でも見えるようになっている。結晶粒が互いに密着・成長して結晶表面での乱反射が減少することによると考えられる。

先に述べたように、石灰岩に与える熱変成作用の強さは、著しく変化に富んでいる。鏡下で石灰岩に分類した中にも、共存する粘土鉱物などが、高い結晶度を示すことがある。

方解石に比較して、共存する粘土鉱物などの結晶化が容易なのか、あるいは低結晶度から高結晶度への構造変化がより速いように考えられる。このような実例がいくつか見られた。同一温度でも方解石に対する熱の働きが弱いのか、これからの問題にしたい。

37

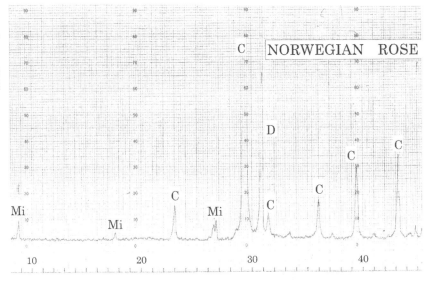

図3-14 ノルウェージアンローズ（ノルウェー産）。原岩（大理石）の粉末法によるX線回折線図

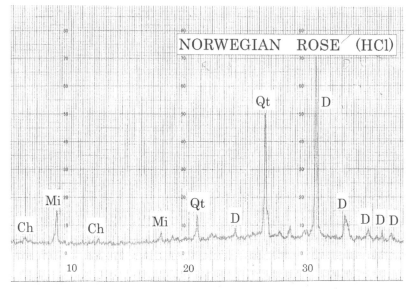

図3-15 ノルウェージアンローズ（ノルウェー産）。原岩（大理石）の塩酸処理残渣の定方位試料によるX線回折線図

　ドロマイト（岩）が熱変成作用を受けると結晶質ドロマイト（岩）になる。構成する苦灰石が熱変成作用の強弱に対応して、結晶成長する。今回は一例を記載した。

　日本では結晶質ドロマイト（岩）は岐阜県春日ドロマイト鉱山から産する。変成度は高いが石材として使われていない。（下坂：1993）

3.3.6.1. ノルウェージアン ローズ
　　　　（NORWEGIAN ROSE、ノルウェー産）…

色の表現が大変難しい。簡単にすれば、灰味黄緑（Grayish Yellow Green）、Mist Greenに近い白、ピンク、帯緑からなる大理石。白いところではピンクが縞を造っている。帯緑色の部分はピンクの周りに多い。

　X線回折によると、原岩は方解石、苦灰石、雲母粘土鉱物からなる。塩酸処理物は石英、雲母粘土鉱物と、かろうじて判定できる緑泥石からなる（図3-14.15）。緑色の原因は2価の鉄による。緑泥石、蛇紋岩やオニックスの緑色と同一原因と考えられる

表3-6　ノルウェージアン　ローズの化学分析値（wt%）

SiO$_2$	Al$_2$O$_3$	Fe$_2$O$_3$	TiO$_2$	CaO	MgO	Na$_2$O	K$_2$O	Ig loss
4.66	1.03	0.31	0.05	47.2	4.63	0.01	0.16	41.7

共立マテリアル株式会社

表3-7　ノルウェージアン　ローズの各部の化学分析値（色部）

成分	赤	白	緑
SiO2	4.43	0.67	11.6
Al2O3	0.84	0.22	2.23
Fe2O3	0.54	0.46	0.83
CaO	49.5	31.0	41.5
MgO	3.19	21.9	5.96
K2O	0.07	0.05	0.27
Na2O	-	-	0.07
TiO2	0.08	0.03	0.17
P2O5	0.02	0.01	0.05
SrO	0.03	0.01	0.02
ZrO2	0.01	-	0.01
NiO	0.01	0.01	0.01
Ig loss	41.3	45.7	37.3
Total	100.0	100.0	100.0

備考：単位：wt%　FP法、ガラスビートによる定量分析
平成22年6月29日　　ヤマカ陶料株式会社

（表3-6.7）。

　ピンクの色に大変興味があって、2価の
マンガンイオン（菱マンガン鉱）が生成し
ていると期待して、別途2回の化学分析を
試みた。しかし、マンガンイオンは検出で
きなかった。

　化学分析値からすると、鉄の含有量が比
較的多いことから、赤色の原因が赤鉄鉱の
存在によると考えられる。赤鉄鉱は超微粒
子の状態で大理石中に共存して、ピンク色
になったと考えられる。鉄の含有量が少な
く、特に3価の鉄の存在確認が未だできて
いない。緑色の原因は2価の鉄がカルシュ

ウム（Ca^{2+}）やマグネシュ
ウム（Mg^{2+}）を置換して
いるからであろう。

　本岩に対し特に興味を
ひかれるのは、2価の鉄
と3価の鉄を含んでいる
ように考えられること。
どのような過程を経て本
岩が生成したか、知りた
いものだ（146頁参照）。

3.3.7.　ドロマイト（岩）
（Dolomite）

　稼行可能な大きなドロ
マイト鉱床は2つのタイ
プに分類できる。直接的
または一次的と、間接的
または二次的とである。

　直接的または一次的鉱
床は乾燥地帯にある塩湖
から苦灰石が結晶し、沈
殿・堆積して層状鉱床
を造っている。EMPERADOR DARK と
LIGHT、スペイン産。より重要なのは、方
解石の変質に由来する間接的または二次的
成因による鉱床で、日本に存在する全ての
ドロマイト鉱床はこれに分類される。

　ドロマイト（岩）の判定は原岩の微粉砕
物を用いたX線回折による。ドロマイトを
構成する苦灰石が、方解石とほぼ同量の例
はなく、いずれもはるかに多いことを示し
ている。大理石（広）の約1割程度存在する。

　二次的成因は次のようになる。

　顕微鏡観察によると、石灰岩を構成する
方解石は、概して粒度も形も不揃いである

のに対して、苦灰石の結晶は、ほぼ等粒状で結晶の形も整っている。ドロマイト化作用の結果と考えられる。

方解石から苦灰石への変質、ドロマイト化作用は次のように模式化できる。

海水中に、ナトリウム、マグネシウム、カルシウム、塩素、硫酸基などがイオンの状態で存在する。

石灰岩
方解石　＋　海水　→　反応しない
$CaCO_3$

海水　＋　淡水　→　汽水
　　　　地下水や雨水など
pH 高い　　　　　　　→pH 低下

$2CaCO_3 + Mg^{2+} \rightarrow CaMg(CO_3)_2 + Ca^{2+}$
　方解石　　汽水中に　　　苦灰石
　　　　　存在する
石灰岩　　　　　　　　ドロマイト

上に示した反応式は簡略化して基本変化を現している。自然界では、もっと複雑に進んでいる。しかも反応が短時間で完了するのではなく、千年とかあるいはそれ以上の長年月、反応が進んだり停止したりしながら、ドロマイト化作用が進行している。

なぜドロマイト化作用が起きるのか。両イオンのイオン化傾向の違いによる。強い金属から順に示すと、K、Na、Ca、Mg、Al、Zn…になる。海水が淡水と混ざり、PH7 以下になると上の反応が生じ、ドロマイトになる。

大きな Ca^{2+} イオンの半径が、より小さな Mg^{2+} イオンによって置換され、その体積は約5% 減少する。新しいドロマイト中に小さな空隙が斑点状に残ることになる。

1980 年頃、フィリピンのセブ島からドロマイトが日本へ輸出されていた。海岸に沿う隆起サンゴ礁がドロマイト化した鉱床である。現世に近いので、その組織が残っていて、空隙に富み、海水や雨水の通過が容易なので、鉱床形成が促進されていたと考えられる。鉱石は大変軟らかく、その組織や二枚貝の化石の形などが完全に残っていた。

3.3.7.1. エンペラドール　ダーク
　　　　（EMPERADOR DARK、スペイン産）

茶色の緻密なドロマイト（岩）。塩酸処理残渣の熱分析（TG・DTA）の図 3-16 が示すように、349.9℃ と 399.2℃ の大きな発熱反応がある。有機物を多く含んでいる。有機物が不均質に混在することから、色の濃淡や模様などに著しい変化を与えている。特に石灰岩よりドロマイト（岩）を造る苦灰石がより透光性に優れ、本磨き面で共存する有機物がより強調されている。細部の観察で、原岩が有機物によって汚染されているように見えるが、全体の色調は落ち着いている。

本岩が色彩や模様の変化に富んでいるように、異なる部分から採取した試料の X 線回折によって、共存する鉱物組成に変化が認められる。特に緑泥石の含有率が数％から零に近いものまである。（図 3-17）

茶色の石材の切断面に間口（3.5cm）、奥行（2cm）、高さ（1cm）の大きな空隙がある。苦灰石が結晶化した後に、内壁に厚さ 3mm の白色の方解石層が生成している。高さが

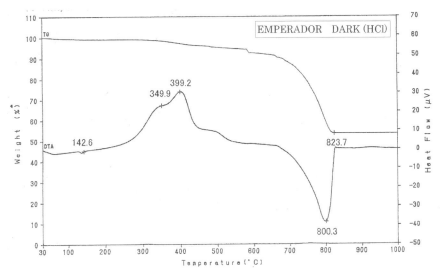

図3-16 エンペラドール ダーク（スペイン産）。ドロマイト（岩）。塩酸処理残渣の熱分析図。
註：冬季低温下で溶解を行ったので、苦灰石が溶けないで残った

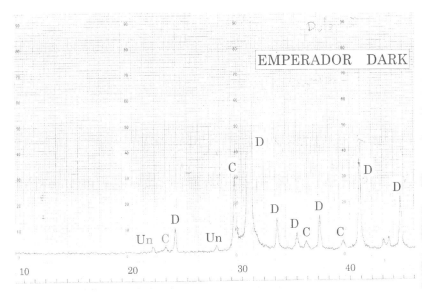

図3-17 エンペラドール ダーク（スペイン産）。ドロマイト（岩）。原岩の粉末法によるX線回折線図

4～5mmに減少している。このような空隙が多く存在するか否かは不明である。空隙が残っているから、ドロマイト生成後、岩体が深く埋没することなく保たれたのであろう。

鉱床が乾燥地帯にある。構成する苦灰石の粒径は不揃いで著しく変化に富む。多量の有機物が共存し、水の蒸発によって苦灰石が結晶化、沈殿・堆積したと推定できる（155頁参照）。

3.3.7.2. エンペラドール ライト

（EMPERADOR LIGHT、スペイン産）…
黄茶色の緻密なドロマイト（岩）。色の濃淡や模様の変化などから堆積環境が浮かんでくる。原岩のX線回折によって、かなりの量の方解石が共存する。淡茶色の壁面に空に浮かぶ雲のような白色部があって方解石からなる。4.06Åの弱いピークが確認でき、塩酸処理物からも同様に検出できる。クリストバライトの可能性があるが、

断定はできない。残渣から検出された9.02
Åのピークは小さいがシャープな形を示し
ている。輝沸石か、またはほかの鉱物か現
段階では判定できない。本岩の生成機構は
EMPERADOR DARK に類似すると考えら
れる（141頁参照）。

3.3.8. トラバーチン（Travertine）

トラバーチンは大理石（広）の一種で、
産地は限られ、イタリアのローマ近郊、イ
ランとトルコの３ヶ国に限定される。文献
が手元に入手できず困ったが、多数の試料
の観察から諸性質が明らかになってきた。

トラバーチンは淡色の緻密な炭酸塩岩で、
弱いながらも層理を示している。偏平な小
さな空隙が層理に平行して断続的に存在す
る。細粒の方解石が空隙内部の壁面を覆っ
て生成している。

偏光顕微鏡観察によると、方解石は微粒
でその形も大きさも不揃いで、雑多な集合
体に見える。原岩はX線回折によると、ほ
ぼ純粋な方解石からなり、不純物や異種鉱
物を含んでいない。塩酸処理残渣に含まれ
る鉱物はX線回折によって同定した。

次のタイプに分類できる。

（1）全く異種鉱物を含まない。

（2）僅かの石英を含む。

（3）ごく少量であるが、石英、長石、雲
母粘土鉱物が同定できる。

（4）比較的多くの石英、長石、雲母粘土
鉱物、カオリン鉱物が同定できる。

（5）特殊な例であるが、赤鉄鉱を含み赤
色を呈する。

偏平な空隙が多く残っていることから、
トラバーチンの堆積層は深く埋没していな

い。新しい堆積層と考えられる。方解石を
造る炭酸カルシュウムが、急速にしかも大
量に鉱泉などから供給され、水中でも結晶
化が進み、湖底に堆積して、不揃いの方解
石からなるトラバーチンを形成したのであ
ろう。層理の形成は鉱泉などから供給され
る物質の組成変化、気候変動、周年変化な
どによって生じたのであろう。

レッドトラバーチンを除けば、トラバー
チンの堆積時に混入したと考えられる鉱物
の種類がほぼ同じである。含有量の変化が
あっても共存する比率は類似している。石
英や長石を、あるいはカオリン鉱物を含む
こともあるので、これら混入鉱物は酸性火
山岩風化物から由来したと考えられる。こ
れらのことから、トラバーチンの堆積した
堆積盆は酸性火山岩類で構成されているの
であろう。ローマ付近には火山活動の盛ん
な地区があって、盛んに活動する鉱泉も多
く存在するので、トラバーチンの鉱床が集
中しているのであろう。

雲母粘土鉱物に関してみると、ローマ近
郊のトラバーチン鉱床において、その含有
量が少なくても、結晶性が良い。地下で生
成した雲母粘土鉱物が鉱泉によって運ばれ、
共に沈殿・混入したのであろう。これに対し、
イラン産トラバーチンに含まれる雲母粘土
鉱物は、いずれも規則性が悪い。生成条件
によっていくつかの事例が浮かぶが、有力
な結論が得られず、省略する。

3.3.8.1. レッドトラバーチン
（RED TRAVERTINE、イラン産）

明るい茶色のトラバーチン。色からする
と、赤鉄鉱の混入が予測される。主成分は

方解石で、イラン産の他のトラバーチンと同様に、その粒径はローマ近郊のトラバーチンより大きい。多くの空隙は偏平で堆積面に平行しているが、一部は全く関係ないように見える。丸みを帯びた空隙（3～6mm）は潰れていない。本岩は上部に厚い地層が堆積することがなく、急速に沈殿・堆積・固結したと考えられる。

着色の原因と考えられる鉄は移動しやすい2価の鉄イオンとして運ばれたのか、3価のイオンであったか、あるいは赤鉄鉱（Fe_2O_3）の形であったか、見本から判定できなかった。ほぼ均質に着色されていることから、鉄は鉱泉によってもたらされたのであろう。最終産物として赤鉄鉱が存在し、着色の原因となっていることを述べるにとどめる。（3.3.3.10. 赤鉄鉱の項参照。152頁参照）

3.3.9. オニックス（Onyx）

元来オニックスはメノウを指す。縞模様をなす瑪瑙を縞瑪瑙（オニックス、Onyx）またはサードニックス（Sardonyx）と呼んでいる。装飾関係業界では、メノウの外観によく似た大理石をオニックスと呼んでいる。したがって、オニックスには2つのタイプがある。いずれも化学的沈殿作用によって生成している。片方は珪質（SiO_2）で、他方は石灰質（$CaCO_3$）で、両者の縞模様は供給される原材料物質の化学組成変化を示している。

これから取り上げるのは、縞大理石（オニックス）に限定し、その外観、産状、化学組成などについて報告する。

オニックス（縞大理石）は無色透明から半透明、淡緑色から緑色、稀には茶色まである。そのほかに、帯黄色透明、淡茶色半透明、白色半透明、淡灰色不透明に近いものまで種々の色調を示している。これらの色によって生じる縞模様は、ほぼ平行に走っている。これらの事実がオニックスの沈殿・成長と密接な関係にあることを示している。

オニックスを代表するパキスタンオニックスが、どのような構造をしているか調べるために、縞に対し垂直と平行の2方向の薄片を作成した。（口絵 7-1）

縞の切断面、即ち堆積面の縦の切断面で、方解石が縦に細長く生成している。各結晶の柱面が密着していることから、結晶面での光の乱反射が起きないので、透明になっている。縞に平行な面は堆積面を示している。束状になっている方解石の細い結晶の横断面でもある。各結晶は等粒状に見える。方解石はほぼ同じ太さの細長い結晶の集まりで、湖底で結晶が成長し、束状になっている。パキスタンオニックスはこのタイプに属する。

これとは対照的に異なって見えるタイプに、中国産イエローオニックスがある。方解石はときには長柱状でなく、大きな短柱状や塊状に見えることもある。劈開も一部に見える。結晶面はよく密着していて、透光性が大変良くて透明である。

オニックスは化学的沈殿作用によって、清澄な静かな淡水中に形成され、概して層理を示すことが多い。この層理は供給物質の変化によって生じている。多くの試料について塩酸処理を行ったが、石英、長石、粘土鉱物などはX線回折によって捕捉できなかった。

43

3.3.9.1. パキスタン オニックス

（PAKISTAN ONYX、パキスタン産）

パキスタンオニックスは日本に最も多く輸入されている。試料が得られやすいので、鉱物学的実験を行った。無色から緑色までの透明な部分は方解石からなり、ドロマイトは認められなかった。化学分析の結果は表3-8に記した。分析に用いた試料の写真は口絵7-2に載せた。化学分析は蛍光X線による。鉄は2価と3価の合計値を示した。

緑色の鉱物に、緑泥石や蛇紋石などがある。結晶構造中のマグネシュウムイオン（Mg^{2+}）が、2価の鉄イオン（Fe^{2+}）によって一部置換されて緑色になっている。緑色のオニックスにおいても同じような現象が起きている。方解石を造るカルシュウムイオン（Ca^{2+}）の一部が2価の鉄イオンによって置換され、発色している。表3-8に示すように、鉄の分析値は2価の鉄の量を示していると考えられる。還元の条件下で緑色部が堆積したのであろう。

茶色の縞は堆積面にほぼ平行で、緑色部

を上下に分けている。時には繰り返し存在する。X線回折によると茶色の縞は方解石からなる。茶色から水酸化第二鉄の存在が考えられるが、X線回折で捕捉できなかった。熱分析（TG・DTA）を行ったが、方解石以外の吸熱ピークは全く現れなかった（図3-18）。その理由は

(1) 淡茶色不透明の縞は予想以上に水酸化第二鉄を含んでいない。

(2) 水酸化第二鉄の結晶成長が遅いために、成長の早い方解石によって取り囲まれて、大きな結晶粒子になれない。それでX線回折線が現れないのであろう。

緑色は還元を、茶色は酸化を現している。緑色と茶色を繰り返すパキスタンオニックスは、還元環境と酸化環境を繰り返しながら堆積したことを示している（143頁参照）。（口絵7-1, 7-2）

3.3.9.2. トルコ オニックス

（TURKEY ONYX、トルコ産）

トルコ産オニックスの産地は Halit Ke-

表3-8. オニックス（透明〜緑色部）の化学分析値（wt%）（口絵7-2 参照）

産地	試料番号	SiO_2	Fe_2O_3	Al_2O_3	CaO	MgO	P
パキスタン	1	0.02	0.011	0.025	55.13	0.61	0.004
	2	0.06	0.461	0.025	53.65	0.96	0.002
	3	0.01	1.663	0.025	52.49	0.57	0.007
	4	0.03	2.329	0.026	50.79	0.82	0.013
	5	0.01	2.223	0.025	50.81	0.52	0.02
	6	0.01	2.783	0.025	51.42	0.93	0.028
富山県下立		0.200	0.960	0.025	51.98	0.530	0.018
三重県大山田		0.36	0.123	0.033	54.72	0.20	0.003
中国、イエローオニックス		0.02	0.074	0.006	54.79	0.77	0.004
岐阜県金生山		0.18	0.027	0.056	55.72	0.02	0.007

清水工業株式会社

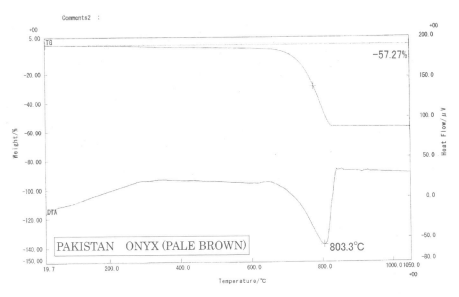

図3-18 パキスタンオニックス（パキスタン産）。オニックスの茶色の部分の熱分析図。

les,Sirkef,Yunus Emre,Mihaliccik,Eskisehir,Turkey。1988年に調査する機会があった。オニックスの堆積層は石灰岩の採掘現場に残る垂直壁の中ほどに、数m四方の空隙を充填するように存在していた。オニックスは白色透明に近く、近郊の町で使われていた。残念ながら試料は採取できなかった。

3.3.9.3. 下立オニックス
　富山県黒部市下立（下新川郡下立村）産のオニックスは国会議事堂で使われている。昭和60年頃に現地調査をした。鉱床は飛騨変成帯と太美山層群との境界付近にあった。小さな鉱体で、採掘が終わっていて、その形状や大きさは把握できなかった。わずかに人頭大の塊2個採集した。採集した試料は帯灰白色だが、国会議事堂に使用されたオニックスは、多分淡茶色であろう。(口絵8)

3.3.9.4. 大山田オニックス
　三重県伊賀市大山田（阿山郡大山田村）のオニックスは領家変成岩帯から産する。この岩体は中生代ジュラ紀に堆積した、泥質岩や砂質岩からなり、白亜紀に入り、低変成作用を受け、黒雲母や白雲母を生成している。変成作用に伴う構造運動により、この地区に張力が働き、岩体内に割れ目や空隙が生じ、炭酸カルシュウムの沈殿によって、オニックスが割れ目を充填した。均質で乳白色透明度が高い（口絵9-1,9-2）。最近の調査によると、オニックスの層は走行北30°西、60°西落ち。層厚約30cm、露出する面積は左右約3m、上下約5m。

　構造運動に伴う岩体中の割れ目はしばしば観察できる。大から小まである。

　岐阜県揖斐郡揖斐川町（揖斐郡春日村）春日鉱山の坑内外で、玄武岩岩脈が観察できる。層厚約1m以内、走行南北、垂直、ほぼ平行に走っている。

　愛知県新城市八名井、中央構造線の東側の採石場で、上下約30cm、左右4mの割れ目があって、白色のβ-セピオライトが充填していた。

3.3.9.5. イエロー オニックス
（YELLOW ONYX、中国産）

イエローオニックスは中国河南省南陽市内郷に産する。帯黄色で透明度が著しく高い。イエローオニックスは、パキスタンオニックスと異なり、堆積面から成長した方解石が肉眼でも識別できる。太さは1mm、長さ1cmほどから、最大で太さ1cm、長さ10cm以上まで存在する。組織が大きくなると縞模様が不鮮明になる。方解石の結晶は独立していないで、完全に密着している。透光性が高くなったとみなされる。厚さ2cmの板でも電燈の光が透過する（95頁参照）。

3.3.9.6. 金生山オニックス

岐阜県大垣市赤坂町金生山オニックスは、昭和45年頃、石灰岩の採掘現場で転石の姿で見いだし、最近切断研磨した。

顕著な平行する縞模様が出現している。オニックスは石灰岩体中の空洞内に沈殿生成しているが、供給物の組成が著しく経年変化していることを現している。（口絵10）

3.3.9.7. オニックスの産状と供給源

金生山、トルコ、下立、大山田村の4ヶ所の産地を調査する機会があった。金生山産とトルコ産のオニックスは石灰岩体中の空洞に沈殿堆積したと見なされる。熱水や鉱泉などの痕跡は見られなかった。石灰岩から供給された炭酸カルシュウムが澄んだ静水中にゆっくり沈殿成長したのであろう。金生山産のオニックスから方解石の結晶が肉眼でもよく見える。最大太さ約1cm、長さ5cm、長さは縞の間隔に左右されている。

黒部市下立の現地露頭からは、温泉作用などを示す証拠は得られなかった。飛騨変成帯の一部を構成する結晶質石灰岩から炭酸カルシュウムが供給されたのであろう。

パキスタンオニックスの大きな輸入原石を見る機会に恵まれたり、必要な試料を十分に集めることができた。現地調査をしていないが、次のように要約できる。

鉱床は平坦な地域に広くて適度な深さを保った澄明で静かな湖水にゆっくり炭酸カルシュウムが沈殿堆積したと考えられる。炭酸カルシュウムの供給源は不明である。塩酸処理実験で、石英や粘土鉱物などの他種鉱物が検出できなかった。堆積盆は山地に囲まれていなかったと考えられる。

パキスタンオニックスは他の産地に比較して、緑色を示すことが多い。その原因は少量の2価の鉄イオン（Fe^{2+}）がカルシュウムイオン（Ca^{2+}）を置換して方解石の結晶構造に入っているから生じている。緑色の濃淡は鉄イオンの供給量の変化によるであろう。何故、緑色部が多いのか、それは還元状態が長時間保たれていたことになる。産状や成因に思いを巡らせていると、地表の大気中で2価の鉄は不安定で3価に容易に変わる。おそらく、地下の密閉状態に近い空洞に堆積・成長したと考えるようになった。現地調査が解答を与えるだろう。

オニックスは炭酸カルシュウムの化学的沈殿作用で形成される。

カルシュウムイオンの供給源として、天水作用や温泉を含めて、鉱泉が考えられる。しかし、明瞭な証拠は得られなかった。

トルコと大垣市金生山産のオニックスは、

石灰岩体中の空洞から産する。天水作用と考えられる。鍾乳石は大気中で、オニックスは水中で形成される。

富山県下立の採掘現場は完全に破壊され、産状や成因などのデータは得られなかった。産地は飛騨変成岩（飛騨変成帯？）に近いことから、天水作用も考えられる。判定は難しい。

中国産イエローオニックスは使用実績が少なく、供給源は不明で今後の調査を待つ。

三重県大山田産のオニックスは高い急峻な滑り面に露出していて、十分な調査はできなかった。5万分の1地質図、上野・津西部によると、付近に石灰岩の記載はない。鉱泉によると考えられる。

3.3.10. 石筍と鍾乳石
（Stalagmite & Stalactite）

大気中で基盤から上に成長するのが石筍で、天盤から下に向かって成長するのが鍾乳石。お互いに成長して合体することもある。太って大きくなると石材として使えるようになる。

石灰岩は風化現象に対し強いが、二酸化炭素（CO_2）が溶けた水溶液に対し弱く、徐々に溶けて移動する。化学反応は次のようになる。

$$CaCO_3 + H_2O + CO_2 \rightarrow Ca(HCO_3)_2$$

炭酸水素カルシュウムは水の中で安定し、遠くまで移動できる。石灰岩の割れ目などから、にじみでた水溶液は圧力の低下、温度の上昇、水の蒸発などによって炭酸水素カルシュウムの溶解度の低下になる。余分

の成分が炭酸カルシュウムとして析出し、方解石を造る。

$$Ca(HCO_3)_2 \rightarrow CaCO_3 + H_2O + CO_2 \uparrow$$

このような反応で石筍や鍾乳石が成長する。石材として使われている石筍、鍾乳石を入手できなかったので、研究は進まなかった。

3.3.10.1. スタラティーテ　サマトルサ
（STALATTITE SAMATORZA、イタリア産）

東京日本橋高島屋本館1階エレベーター枠側壁の石材。木目縞模様。

3.3.11. 角礫石灰岩（Limestone breccias）

角礫石灰岩は大小種々の形をした角礫状の石灰岩片を含む石灰岩で、断層運動や高い崖の崩壊などによって破砕された石灰岩が、同質の石灰成分による再固結によって生じた堆積岩だ。

岐阜県大垣市赤坂町金生山から産出し、美濃更紗の商品名で出荷され、ビルの内装材として使われている。東京銀座松屋デパート1階吹抜け東側の壁に、名古屋市中区丸栄デパート本館1階と地下1階への階段腰壁など、いずれも古い建物に使われている。採掘現場には石材は残っていない。試料の入手ができなかった。

註：一般に Limestone conglomerate が使われている。美濃更紗は多くの角礫片から構成されているので、それを強調するために、あえて Limestone breccias を用いた。

図3-1. ピエトラ ドラータ（イタリア産）。石灰岩。原石の粉末X線回折線図

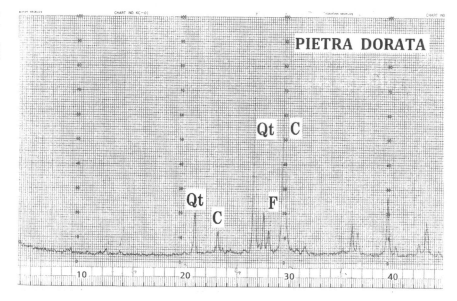

3.3.12. 蛇紋岩（Serpentinite）

蛇紋岩は建築業界では大理石（広）として扱っているが、全く異質の岩石である。蛇紋岩は鉄やマグネシュウムを多く含む超塩基性岩などが変成作用（蛇紋岩化作用）を受けた一種の変成岩で、蛇紋石主成分の岩石である。

蛇紋岩を造った原岩の性質や変成作用の強弱の差によって、生成する蛇紋岩に相違が生じるのであろうと予想される。今回、世界各地から産する蛇紋岩を薄片とX線回折によって調べた。産地によって外観が異なり、特に方解石や苦灰石が特徴づけている。結果は各論の項に譲る。

蛇紋岩についての一般的な説明は省略する。他の文献を参考にしてほしい。（橋本：1987）

3.3.13. 砂岩（Sandstone）

砂岩は堆積岩に分類する。主成分をなす構成物、砂粒が粒間を埋める微細な物質、膠質物や粘土などと共に堆積し、地質時代を経て固結する。軟らかい砂岩から硬砂岩まである。一般に砂粒の主成分は石英粒で、少量の長石粒や僅かであるが、ジルコンなどを含むことがある。主成分をなす石英粒は角張ったものから、丸みを帯びたものまである。石英粒が辿った自然淘汰の過程を現している。

ホワイトサンドストーン、レッドサンドストーン（インド産）がこれに該当する。

3.3.13.1 ピエトラ ドラータ
（PIETRA DORATA、イタリア産）

離れてみると少し光沢の悪い大理石に見える。

ルーペを使うと砂粒が見える。偏光顕微鏡下で角張った石英粒が多く観察できる。しかし各粒子は密集でなく散らばっている。鏡下で石英と方解石とが占める断面積を比較すると、方解石がより大きい。

原岩の粉末X線回折によると、方解石がより強い回折線を示している。（図3-19）

一般の砂岩と異なり、方解石で固結され

ている。本岩は陸地の近くで形成・堆積と
同時に多量の石英粒が陸地から供給され、
石灰岩中に混入・保存固結したと考えられ
る（133頁参照）。

（参考文献）

橋本光男（1987）：日本の変成岩、岩波書店

工藤晃・牛来正夫・中井均（1982）：議事堂の石、
　　㈱新日本出版

Mackenzie,R.C.（1957）：Differential Thermal In-
　　vestigation of Clays,Mineralogical Society

水谷伸治朗・斎藤靖二・勘米良亀齢（1987）：日本
　　の堆積岩、岩波書店

大野寛次・下坂康哉（2000）：ビル街の化石・鉱物、
　　風媒社

Roberts,W.L,Rapp,G.R.and Weber,J.：Encyclopedia
　　of Minerals,Van Nostrand Reinhold Company

下坂康哉・山田直利・谷津良太郎（1984）：都会は
　　世界の岩石博物館 – 輸入石材　特に外装材
　　その1、地質ニュース362号、実業広報社

下坂康哉（1993）：岐阜県春日鉱山の形成および珪
　　灰石について、地質ニュース464号、実業広
　　報社

下坂康哉（1998）：粘土鉱物の分類、粘土科学　38
　　巻　2号

須藤俊男（1974）：粘土鉱物学、岩波書店

須藤談話会編（2000）：粘土科学への招待 – 粘土の
　　素顔と魅力 – 、三共出版

坪井誠太郎（1959）：偏光顕微鏡、岩波書店

全国建築石材工業会編：地球素材、建築用石材総
　　合カタログ

ASTM-Card: Mineral Powder Diffraction File,
　　(1980). U.S.A

第4章　ミカゲ石

4.1.　石の歴史と人のかかわり

石（石材）と人類ははるか昔の先史時代から深いかかわりがあり、石からのいろいろの恩恵を受けて今日の文明が栄えたともいえる。

石といえば広くいろいろなことが連想される。河原の石、宝石、墓石、神社・寺の石段、城の石垣、さらに石器、古代のエジプトのピラミッド、ギリシャのパルテノン神殿や南太平洋のイースター島のモアイ巨石像、さらに今日の日本での国会議事堂、東京都庁や街中のビルなどがある。これらの石に関しては、石自体の産状、性状や成因などの自然科学的の見方やそれに関する考古学、歴史学、建築学、天文学、宗教学などの分野とも密接に結びついている。

4.1.1.　石の素材

40数億年前の地球の創生、約40億年前の生命の誕生、それ以降の種としての人類の登場は1000万年前くらいと想定され、直立二足歩行を始めた人類は前足すなわち手の延長として道具の発明に乗り出し、火の使用とともに文明を育てることができたのである。

周知のように人類の発達史を使用した道具の材料（技術の発展段階）により、石器時代→青銅器時代→鉄器時代とわけ、現世をプラスチック時代などという人もいる。

これらの中で石が遠い昔から材料として用いられてきたのは、1）さびない　2）燃えない　3）硬い　4）加工できるという本来の素材の性質によるもので、金属やプラスチックがどんな良機能をもっていようとも、さびたり、燃えたり、傷ついたりの欠点があり、金属時代を通しても石は材料として大きな役割を果たし続けており、現在でも石の素材性の中ではやや劣る加工面でのプロセスを強化したのが現世の人工石器であるセラミックということができるのであろうし、また半導体や光ファイバー、超伝導体の一部も石材の産物なのである。

4.1.2.　石器から土器へ

石による道具の製作で最も古い石器はアフリカ東部で見つかった「礫石器」といわれる河原の円礫の一端を打ち欠いたもので、約200万年前といわれる。猿人や原人の時代には自然石をそのまま用いていたが、円い河原の石よりもそれを叩き割った鋭い綾や角のある石の方が道具として役立ち、石の質もただ硬い粗粒の花崗岩のようなものよりち密なチャート、石英や硬い頁岩、細粒の火山岩などが使われるように次第に学習していったのであろう。

このように石器時代は旧石器という打製した粗悪なものから非常に長い年月を経て、新石器という研磨して使い勝手を意識した磨製石器時代へと移っていく。旧石器時代といわれる約200万年前から約1万3千年前までの間は石器の形状の違いから前・中・後期に分けられており、それはそれぞれ前

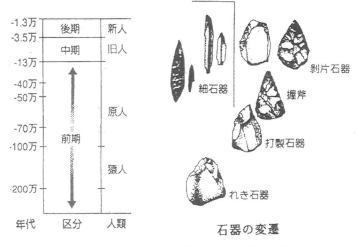

図4-1 旧石器時代の区分と石器の変遷

期（約200万年前〜13万年前）、中期（約3万5千年前まで）、後期（約1万3千年前まで）と分類され、その時代区分および石器変遷を図4-1に示す。

また同図で旧石器前期時代は最古の円礫の一端のみを打ち欠いた礫石器から片側だけや両側を打ち欠いたいろいろな形の打製石器が主体であり、約70万から40万年前後頃に両面石器の先端を引き伸ばした形の「握り斧」が作られている。やがて約25万年前頃になると剥片石器が登場し、これには槍の穂先や矢じりなどが含まれる。長く続いていた旧石器の時代は約1万3千年前頃から1万年前後にかけての地球の大規模な環境変化による温暖化によって氷河時代が終わり、地質学的分類の洪積世から沖積世へ移る。大体この時期が石を磨いて作った磨製石器で特徴付けられる新石器時代への変遷期であり、黒曜石などのガラス質のものが世界的にも石材として広く利用され石斧や石鏃などが作られるようになり、人類が狩猟から次第に牧畜や農耕生活に定着

するようになって急速に文明が発達する。一方、石材の少ない地方などでは石材の代わりに粘土を固めて日干しにした土器や、また火との密接な関わりと共に焼成土器や煉瓦を建築材料として使うようになり粘土文明が展開されていく。日本では新石器時代はほぼ縄文土器文化時代に相当し後年の弥生時代へと引き継がれる。

土器の材質の粘土は広い意味では微細粒の石ということができる。石（岩石）は粒度によって岩石→礫（>2mm）→粗砂（2〜0.2mm）→細砂（0.2〜0.02mm）→シルト（0.02〜0.002mm）→粘土（<0.002mm）に区分しており、粘土も石材の一種として、ここにも人類との深いつながりが存在していることになる。

4.1.3. 古代の石の文明

古代史の道具としての素材が石材から金属材へと移り変わっていく過程の中で、人類文明の芽生えから現在までの間には約5500年の時間が流れている。しかしこの期間は人類が誕生してからの歴史に比すとほんのわずかではあるが、この間に世界各地でいくつかの新しい文明の華が鮮やかに開きそして短い間に急速に滅亡している。この期の世界の文明の代表的なものではBC.（紀元前）4000年頃のエジプトで石器と金属器の併用の時期があり、BC.4000年頃の中国の彩

写4-1　ストーンヘンジ（イギリス）

写4-2　モアイ像（イースター島）

陶文明、ついでBC.3000年頃には西アジアのシュメールの都市国家の設立、インドのインダス文明が起こり、BC.2800〜1400年にイギリスのストーンヘンジの構築がおこなわれ、BC.2600年頃にエジプトで大ピラミッドが建てられている。これらの石で代表される文明の面影は巨石記念物や巨大建築物として今日に遺されている。

4.1.3.1. 巨石記念物
（ストーンヘンジ、モアイ像）

　新石器時代に入り、自然石を環状に並べた巨石の環石や列石として、イギリスの巨大石柱群として有名なストーンヘンジではその入り口の立石は高さ6.1m、巾2.4m、厚さ2.1mで重量35t、巨石柱の上に板状石を屋根として載せている。またフランスでの柱石列石では石の数3000個で総延長は6kmにも及ぶとされている。

　同じく巨石記念物としてはAD.12〜17世紀の「モアイ」石像が有名で、南米チリ沖の南太平洋上のイースター島に1000体を超す巨大石像が立っており、その平均の大きさは4〜5m、重さ20tで、最大のものは高さ20m、重さ90tにも達する（写4-2）。石材質は同島の死火山内壁の凝灰岩で、それをより硬い安山岩で作った石器を道具として加工したとされる。

　ストーンヘンジは墓、宗教儀式の場や天文観測に用いたとする説があり、モアイ像は先祖の霊を神格化したものといわれ、古代の人々も堅固で不変の石を人とのかかわり合いの中で自然界の神秘や生命力の源として信仰していたとも思われ、その巨石に寄せる思いが生き続けていたのであろう。

4.1.3.2. 巨大建築（ピラミッド）

　打製石器が磨製石器にとって代わられた時代には、石材は石器のみならずいろいろな道具や建築物に使われるようになってくる。石の少ない草原地帯では細石器（図4-1）が作られ、農業という新しい産業の進歩にともなっては石臼、石鍬などがあらわれる。さらに人々には石、宝石や貝などの装飾具で身を飾ることが広がり、それにつれて石の細かい精密な加工技術が進み、またBC.5000年頃からは金属器も登場し、青銅器をつくる鋳型として軟らかい石（砂岩など）が用いられていた形跡がある。石器と共に金属器を用いることによって石材の

写4-3 クフ王のピラミッド（エジプト）

写4-4 パルテノン神殿（イタリア）

切り出しや加工がより容易に精密に行われるようになり、エジプトのピラミッドにおいては巨石記念物に比して格段の精密さを示す石の文化が誕生している（写4-3）。

古代のエジプト人ほど石と巧みにかかわり、石を制御した民族はその前にも後にもいないといわれ、BC.2600年頃にどうしてナイル川の西岸にピラミッドが建てられたのかについて、次のようないくつかの理由があげられている。

1) 自然条件として石の原産地であり、ナイル川流域に沿って大理石、アラバスター（透明な雪花石膏）、石灰岩、砂岩、頁岩、粘板岩、花崗岩、閃緑岩、玄武岩、蛇紋岩などの各種岩石やトルコ石、くじゃく石などの宝石類、さらに砂金、銅鉱石などが豊富で、銅鉱石は銅器や青銅器を生み出している

2) エジプト人の宗教観で、太陽を神と崇め、ミイラに象徴されるように人は死後に再生し復活することにより永遠の生命が保たれると信じ、王の墓地としてピラミッドを建築した

3) ファラオ（王）の強大な権力

4) エジプト人の抜群の素質と努力などといわれている。

ピラミッドに関する物語や書物は数多くあるので、その詳細は略するが、大ピラミッドといわれるものは、基辺が231m、高さ147m、平均2.5tの巨石（石灰岩）を230万個積み上げ、全体の重さは600万tになる。また複雑な内部構造の地下通路に5tの巨大な花崗岩板が運び込まれており、石灰岩のみならず硬い花崗岩まで加工されている。この巨大建築物を実現させたその当時での道具としては、木、鋼、石器の他に唯一の金属器として銅器（のみ、斧、鋸など）があるだけで、このピラミッドの建造にはまだ多くのなぞが残されている。

ピラミッド以外にも古代文明にはさまざまな民族がその時代時代での人類と石とが密接にかかわった遺跡がスペイン北部のアルタミラ洞穴に残る旧石器時代の動物の岩絵やインドのアジャンターの仏教石窟群（BC.1～AD.7世紀）および中国の人類最大の建築物といわれる万里の長城（BC.5世紀）などに遺されている。

4.1.3.3. 大理石（彫刻像と神殿）

大理石といえば今日でも「イタリア」を

連想するように地中海地域の石材として知られ、古代のギリシャ人によって「輝ける石」として愛され、BC.5世紀のパルテノン神殿（写4-4）や多くの彫刻人体像に用いられている。

　大理石は粒子が細かくち密で適当な硬さと粘りがあり独特の光沢を有し、また金属道具での加工も容易のために先史時代から各種の民族に注目されていたが、限られた産地のみでの使用であったのがBC.6世紀頃から海上輸送が行われるようになって広い地域での用途が拡大されて、後世のローマの古代建築にも及んでおり、多くの人々とのかかわりが深くなっていったのである。

　また大理石には純白のもの以外にも不純の鉱物成分の含有によって赤、緑、黒などの色彩縞を帯びるものも多く、宮殿の支持円柱や豪華な内装などに広く用いられている。

4.1.4. 日本での石とのかかわり
（過去から未来へ）

　日本の旧石器時代での先祖とのかかわりあいでは、旧石器の前・中期遺跡として（前述の図4-1参照）宮城県上高森遺跡の70万～60万年前の地層の中から見いだしたとする石器がねつ造であり（2000年11月発覚）、一時は70万年前までさかのぼったとされる日本列島の石器研究は再検討を迫られ、前期旧石器はゼロ、従来の中期のものも激減しせいぜい10数ヶ所、最古級は岩手県金取遺跡（9～8万年前）とされている。また鹿児島県水迫遺跡で旧石器時代（1万5千年前）の定住集落が発見されたとしているが、従来「旧石器時代」といわれた人骨も年代測定では縄文以降と見直されている。

　新石器時代に入り、わが国ではほぼこれに相当する時代を土器による縄文時代（BC.数千年～BC.3世紀）と弥生時代（BC.3世紀～AD.3世紀）とに区分している。わが国最古の土器は従来は1万2千～3千年前といわれていたが、青森県大平山元遺跡の縄文土器で1万6500年前（放射性炭素）とより古くなっている。この時代にはもちろん磨製石器が用いられていたであろうが、農業での定住とともに土器も普及していったと思われる。

　我々の先祖の人達は石を神秘的なもので信仰や伝説の対象としていたことは古文書にもみられ、また神話や地方の民話として多く語り継がれている。石は神社のご神体あるいは石仏像や石地蔵として信仰の対象であり、厄除け石、安産の石、墓石、庭石など人々の生活とも深く密着している。

　上述のように、新石器時代以降人間は石を加工していろいろな構築物をつくるようになりヨーロッパの中世では12世紀から14世紀にかけて都市を取り囲む石造りの市壁や石造りの教会が競って建てられていった。

　一方、わが国の中世の歴史の中で本格的に石材を利用したのは戦国時代（15世紀から16世紀にかけて）の大阪城をはじめ各地での築城といわれる。

　大阪城の石垣には六甲山や小豆島や瀬戸内海の島々の花崗岩が運ばれている。石材建築には多くの人々の協力が必要であり、産地での石の切り出しや運搬、加工、成型、石積みなどにそれぞれの専門知識と経験を要する石工師達やその多くの関連職種の人々がかかわりあっており、また石材の利

写4-5　名古屋城天守閣（1880年ごろ）

写4-6　東京都庁

用には産地での自然破壊および当時の社会情勢や文化、経済などの諸条件がその背後に結びついているのであろう。

　日本の近代的な石材業の始まりは20世紀初めであり、それ以降約100年の間に加工、施行技術は今日世界のトップクラスで、東京や各地の都市の公共施設や街中の多くのビルではいろいろな色や組織の花崗岩類や古い化石のみられる大理石類など200種以上にも及ぶ石材が使用されている。国内産での石材業界の最盛期は1955〜1965年頃で、1970年以降では海外からの輸入石材が大半を占め、年間で100万t近くも輸入されている。それらの世界の石材の原石は研磨・加工され日本古来の木造建築と西洋風石造建築とを調和させた建築様式でビルの外壁や内装用石材として繊細に配置されている。

　建材用の石材は、これからどうなるのか？
　今日では石造建築の本場のヨーロッパでも石積みの建物が造られることはなく、建物の構造材としての石材の役割は近年の鉄筋コンクリート工法の進歩によってほとんどなくなり、現在では切断した板石としておもに化粧装飾用に貼り付けて使用されることが多くなっている。さらに最近ではビルの高層化にともない軽量、耐火性、保温性、防音性、防湿性などでの利点のある人造石材も広く用いられてきている。しかし、現代建築用素材としての石材は最良のものであり、加工・施工技術の今後の開発進歩とともにその優位が脅かされることはないであろう。

　石器時代の昔から人類とかかわりの深かった天然石石材、その生成ははるか数億年、数十億年という長い長い単位の時間を経たものであり、また太古からの生命の進化を化石として刻み残している。また古い石造建築物では天然石の持ち味である質感、重厚さ、色あいなどは長い風雪に耐えてその落ち着きを保って今日にも及んでいる。世界にはどれ一つとっても同じ石は存在しない。石は人類にとって共有の貴重な財産であり、人とのかかわりの石の文明を大切にしていきたい。

4.2. 石材岩種の一般的性質

　石材岩種は前述のように建築、墓石、彫刻、装飾など多方面で用いられており、使用目的によって求められる適用性には岩質

によって多少の異なりがある。石材の一般的性質としては外観的に美しいことに加えて、いろいろな物理・化学的性状としての強度のあるものや耐火性、耐風化性などに優れたもの、また加工面で容易なものおよび量産が可能で経済的にも安価であることが望まれる。

4.2.1. 石材の物理的性質

石材物性として強度の大小は圧縮、曲げに耐える強さであり、比重、吸水性、硬度なども製品の検査項目に入れられている。これらの物性でのいくつかの岩種での比較を表4-1に示す。

一般にビル石材として花崗岩は外壁用に大理石は内壁用に使われており、大理石は花崗岩に比してその物性がより劣っているように思われがちであるが、その吸水率や空隙率などは花崗岩より小さく、圧縮や曲げ強度もほぼ同じで単に内装飾用のみではなく構造体材としての機能も十分に有していることになる。ただ大理石は以下に述べるような風化（雨水）に対しては弱く、磨いた面は外部にさらされると光沢が1年ほどで消えてしまう。

また花崗岩類石材がビル建材として多用されているのはその優れた耐久性にあり、加えて物性での耐摩耗性や硬度が高いことからは駅や人通りの多い階段や床材としても適し、彫刻、墓石や記念碑のほかに塩害に強い特性から海岸の堰堤にも利用されている。さらに膨張率の少ないことから精密加工業で高度の平らの面が要求される定番台としての用途もある。

石材の比重（見掛け比重）は通常2〜3

の範囲で、岩石はそれぞれのおもな構成鉱物の比重に支配される。石英の多い花崗岩の比重は国内産で2.60〜2.64（石英：2.65〜2.66）であり、南アフリカ産のはんれい岩では有色鉱物が多くなるので、2.68（輝石類：2.86）とやや高くなる。ポルトガル産のモンチカイト（霞石−閃長岩）は2.61（霞石：2.5〜2.6）でイタリア産の大理石は2.65〜2.75（方解石：2.70）の値を示す。

4.2.2. 石材の一般的性質

表4-1（次ページ）は石材として広く用いられている花崗岩、はんれい岩、大理石、砂岩、蛇紋岩や凝灰岩の耐火性、耐風化性、耐酸性などの一般的性質を示す。

石は古来から不変不滅のものといわれているが、長い時間のスケールでの経時変化（aging）は着実に進むものであり、ビル石材の磨いた面での耐久性は一般に50〜200年くらいともいわれているが、長い間野外にさらされると風化作用によって劣化が進みまた時に災害や火災に遭ったりすることもあるであろう。これらの変化は石材本来の岩質によって異なるほか研磨、仕上げの状態、使用する土地の気温変化、湿度、大気や雨水の性質によっても変化の程度に影響が及ぶであろう。

岩種別でのいくつかの特性を以下に述べる。

4.2.2.1. 耐火性

耐熱性は岩石の構成鉱物や組織に基づいている。花崗岩類はもっとも広く、多量に用いられている石材ではあるが熱に対しては大理石や凝灰岩などに比して弱く、関東

表 4-1　石材の物理特性

	見掛比重	給水率 （％）	圧縮強さ （kgf/cm²）	曲げ強さ （kgf/cm²）	硬さ （ショアー）	摩耗率 （mm）	線膨張率 （×10⁻⁶/℃）	熱伝導率 Kval/mh℃
広島県産 花こう岩（白）	2.64	0.20	1432	104.0	105.0.13	6.5	2.30	
南ア産 斑れい岩（黒）	2.86	0.21	2848	201.0	104	0.02	7.89	2.09
イタリア産 大理石（白）	2.68	0.10	1240	186.0	45	0.41	7.96	–
埼玉県産 蛇紋岩（緑）	2.76	0.34	1124	144.4	69	–	–	–
イタリア産 砂岩（茶）	2.29	4.60	222	2601		–	–	–
栃木県産 凝灰岩（黄土）	1.99	18.20	89		–		–	–

大震災（1923）や第2次世界大戦下での火災により国内外でビルの崩壊が多くみられた。花崗岩ではそのおもな構成鉱物である石英が573℃で結晶構造が通常の低温型から高温型に転移するため急激に膨張する。したがって粗粒の石英を多く含む花崗岩石材はこの転移温度を超えると崩落が生じる。一方、大理石は主要鉱物である方解石の分解温度が約800℃であるためその耐熱性は花崗岩より強いということがいえるが、実際の火災では約1000～1200℃に達するため大理石も崩壊する。また凝灰岩は火山の噴出にともなって生じた火山灰や火山塊などが堆積してできた火砕岩質で、マグマの地表近くでの噴出温度が約1200℃であることからも凝灰岩は高温に耐えることができる。日本では栃木県大谷町産の緑色凝灰岩（グリーンタフ：green tuff）石材を大谷石と呼び古くから壁や石塀として広く用いられており、関東大震災時に旧帝国ホテル本館の壁材として使用されていた同岩が、火災に対して非常に強いことが分かり石材としての価値が高まった。さらに耐風化性に優れ軟らかく加工しやすいことなどからも家屋の土台や塀としてその需要が非常に多かった。しかし近年ではそれらに替わって人造のコンクリートブロックがおもに用いられるようになってきている。他方、大谷石は古くから地下での大規模採石が行われてきたためその巨大空洞跡での大陥没が最近続いている。

4.2.2.2.　耐風化性

石材（岩石）が長い間野外にさらされるとその構成鉱物の風化耐久性に差があるため表面がザラザラになった野面の状態がみられる。これは表面が太陽熱によって日中は膨張し夜間は気温の低下によって収縮することに因する。したがって岩石はこの膨張と収縮を繰り返すことによって内部にき裂が入り破砕され岩屑となっていく。このような風化過程を物理的（機械的）作用と

呼ぶ。また寒冷地では岩石の割れ目に入った水が氷結して体積が増して割れ目を押し広げ崩壊を早める。

さらに物理的作用によって破砕が進むと同時に化学的風化作用も促進される。化学的作用はおもに雨水が岩石中に浸み込みその成分を溶かし、微生物の働きなどと共に岩石を分解・変質していく。たとえば花崗岩ではその構成鉱物が石英、長石、雲母と単一粒でないためそれぞれの粒の熱に対する膨張率が異なり内部で破砕が生じ岩屑になっていく。また同時に長石や雲母は化学的作用によって分解変質して粘土化しボロボロに崩れた石英粒、粘土、岩屑の混じたまさ（真砂土）に変わる。これらの岩石の物理・化学的風化作用に対する抵抗力はその構成鉱物の種類による違いがあり、花崗岩のような火成岩ではマグマから晶出する順位での早期の造岩鉱物ほど風化に対しては逆の順に抵抗力が小さい傾向があり、石英は最後に晶出する鉱物で風化に対して最も抵抗力が大きい。

また岩石中のクラックや空隙中に雨水や地下水が浸透して化学成分の移動が起きると新しい含水鉱物（沸石、粘土鉱物、褐鉄鉱など）が形成され隙間を埋めたり、一方変質・分解した鉱物が水に溶解して流れ出したりする。花崗岩では鉱物が風化分解して溶脱した鉄分を含む地下水が岩体の割れ目を循環する過程で酸化鉄として沈積して赤褐色の「さび」を生じる。この石をわが国ではさび石として石材に用いる。モンチカイト（閃長岩）のビル外壁や公園噴水壁材の表面に小さな穴がみられることがある。これは岩石中に含まれるゼオライト（沸石）が水によって消失した跡であり、同様に大谷石（凝灰岩）の石塀にはさつまいものような形の大小のさまざまの穴がみられる。大谷石生成時はこの穴の部分は火山弾であってその火山弾が風化分解（熱水作用）されて粘土鉱物に変わったものであり、新鮮な大谷石の石材ではこの粘土鉱物が穴を埋めているが、野外にさらされると雨水によって粘土が洗い流されて穴にかわる。

大理石は石灰岩が再結晶し粗粒の方解石の集合体からなる一般に美しい石灰岩で、石材に用いられているものの総称でもある。大理石片（方解石：炭酸カルシウム：$CaCO_3$）を常温でうすい塩酸液（HCl）に入れると急激に発砲して溶解する。雨水は大気中の二酸化炭素（CO_2）を溶かし込んでいるため弱い酸性で、この雨水と同じように地下水によっても石灰岩は容易に溶食され地下には石灰洞ができ、また一度水に溶けた炭酸カルシウムが再び沈殿して鍾乳石や石筍に成長する。このように大理石（石灰岩）は風化（雨水）に対する抵抗力が弱く、外部にさらされた大理石建材も少しずつ侵食され減じていく。

蛇紋岩は濃緑色を示し硬度は軟らかいが、磨いた面での光沢と模様は美しく内装での装飾材に広く使われている。本岩は Mg を主成分とする含水けい酸塩鉱物（蛇紋石）からなり、弱酸にはやや溶解する。また蛇紋岩の一種の蛇灰岩は、濃緑色の蛇紋石の地の中に純白色の方解石が脈状に入り網目状の特異な美しい模様を呈し内装用の洗面台や壁材に適しているが、方解石を含むためにうすい酸には弱い。

砂質堆積物およびそれが固結した砂岩は

世界各地に広く分布しており、続成作用や変成作用を受けた砂岩は比較的均一で花崗岩と同じ程度に強固で風化に対しても強く、砕石や建材に用いられる。

4.2.2.3. 劣化性

石材の劣化、変化、変質は自然環境下で起きる現象であり地表の屋外での露出した石材（岩石）に生じる破砕、分解、変質などを上述のように通常風化あるいは風化作用（weathering）と呼び、その他の地表下のある深さのところで起きる岩石およびその組成鉱物の改変ならびに変化を生じたものを変成としている。

石材の劣化進行の差は風化作用の諸要因に対するそれぞれの石材種の生成時の耐風化度の大小に支配される。また石材の占める位置の地理的条件（寒冷地や乾燥地では物理的風化が、温暖湿潤地では化学的風化が進む）やそれを取り囲む人気や雨水の性質も含めた気象条件も影響を与えるであろうし、時に動植物の働き（鳥のフン：燐酸石灰の形成、植物根：クエン酸、腐植酸、フルボ酸の作用など）も原因として加わることがある。

近年では石材の周りの自然環境の中に人為的問題もからんできている。周知のように人工源による環境汚染の悪化が進んでおり大気中では工場排煙や車の排ガスに含まれる窒素酸化物（NOx）や硫黄酸化物（SOx）が化学反応して希薄の硝酸や硫酸に変わり、雨水に溶け込んで酸性雨として地上に降る。この酸性雨がひん発する地域でビル外壁や記念碑などに与える劣化の影響は以前に比してより増大していることが考えられ、さらに有害成分を含む粉塵やミストなども石材構造物外壁に付着して劣化を生む原因ともなっているであろう。

石材の劣化や変質は屋内で使用された石材にもき裂、穴、へこみ、しみ、むらや斑点などが生じることも少なくない。これらも野外での同じ風化作用の一環であり、結露、凍結、振動やこけ、カビなどの作用や働きによるものであろうし、また石材設置時の接着剤や止め金などの腐食の影響も考えられる。

4.3. 石材岩種と岩石学

石材は古くから人類によって建築、土木、墓石、彫刻、装飾品などに使われ、利用されている。石材は使途目的によっていろいろな岩種のものが用いられている。たとえばビルディング用の石材は使用目的によって、大別して外壁用と内壁用があり、それぞれ装飾用の美しさと同時に耐摩耗性、耐久性などの条件で異なる岩種のものが用いられる。最近では自然石のほかに人造石も使われてきている。

岩石は一般に数種類の鉱物の集合体であり、部分によっては不均質であるがこの岩石を構成する鉱物の一つひとつは均質であり、石材とはこれら岩石と鉱物の総称ともいえる。

岩石学では、その成因から大別して火成岩、堆積岩、変成岩に分類し、さらにそれらは産状、岩石の組織、構成鉱物の種類、化学組成などの組み合わせから細分化される。

建築や石材業界では、石材を岩石学的分類とはやや異なって用いており、わが国で

は石材を一般に「ミカゲ石」と「大理石」と呼んでいる。イタリヤ石材業界では［大理石、花崗岩、その他の石］に、ブラジル業界では［大理石、花崗岩、粘板岩］に大別し、一部の州ではこれに［玄武岩］が加わる。

わが国での「ミカゲ石」という用語は、岩石学的には花崗岩、はんれい岩、閃長岩などの火成岩の完晶質の深成岩のすべてを指して用いている。また石材名としての「大理石」は岩石学的には変成岩に分類されるが、ここでいう「大理石」は本来の大理石（結晶質石灰岩）のほかに堆積岩源の石灰質岩や砂岩、スレートおよび蛇紋岩などのような岩種のものも含んでいる。

ブラジル業界用語の「大理石」は切断にダイヤモンドカッターを必要としない炭酸塩岩一般を指し、結晶質石灰岩、けい灰質片麻岩、非変成石灰岩などが含まれる。一方、「花崗岩」とはダイヤモンドカッターが必要なけい酸塩の粗粒火成岩、変成岩に相当し、花崗岩類のほかに閃長岩類、ドレライト、眼球片麻岩類やグラニュライト類も

含む。「粘板岩」は粘板岩やクオーツァイトなどのへき開のある岩石一般を示す。「玄武岩」はブラジル南部の特産の溶結凝灰岩である。

建築用におもに用いられる石材を岩石学的に分類しまとめると表4-2のようになる。

これらの石材岩種を理解するために岩石学的分類について述べる。岩石は上述のようにでき方によって 1）火成岩 2）堆積岩 3）変成岩の3つに分けられる。

火成岩は地下深部のマグマが地表や地殻の中で冷え固まってできた岩石で、地殻の全体積の約80％を占める。地表の岩石が分解・変質し、運ばれ、沈積したものが堆積岩で、地表全体の5％ではあるが、陸地表面では75％をおおっている。変成岩は既存の岩石の鉱物組成や組織が変化して生じた岩石で、地殻全体では約15％を占める。さらにこれらをそれぞれ細分化して分類する。

4.3.1. 火成岩（Igneous rock）

火成岩は地下深部のマントルまたは地殻下部で生じた高温のマグマが上昇し、地殻

表4-2 石材の岩石種的区分

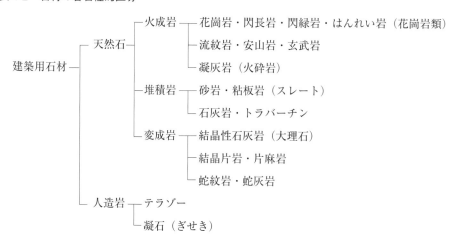

中に貫入したり、地表に流出したりして冷却、固結した岩石である。高温のマグマから形成される火成岩の過程には2つの要素が考えられる。その1つはマグマが固まるとき、へい入した位置およびその場における冷却速度で、地下深部でゆっくり冷却すると鉱物を形成する原子が規則正しく配列して粒の粗い鉱物だけが集まった完晶質でほぼ等粒状の組織を示す深成岩となり、地表あるいは地表近くに噴出して急に冷却すると、マグマ（溶岩）はガス類のぬけた気孔ができ微細な鉱物の集合とガラス（非晶質）からなる石基およびその中にやや大きな鉱物（斑晶）が散在する岩石となりこれを火山岩という。この両者の中間の位置で冷却・固結し、石基と斑晶からなる組織を持つ岩石を半深成岩という。

　その2の要因は、マグマの化学組成およびその相違によって晶出される造岩鉱物の種類、量比によるものであるが、この2つは本質的には同じ要素ということもできる。岩石の総化学組成をみると、含まれる珪酸（SiO$_2$）の量が圧倒的に多く普通35〜80%

を占める。岩石学では SiO$_2$ が66%より多いものを酸性（珪長質）、52%以下の少ないものを塩基性（苦鉄質）、その中間のものを中性に分類し、さらに45%以下のものを超塩基性岩に区分する。これらいくつかの要素を単純化して組み合わせた分類を表4-3に示す。

　岩石を構成する鉱物を造岩鉱物という。火成岩の造岩鉱物は主成分鉱物と副成分鉱物とがあり、地球上には約4000種の鉱物が存在し、わが国では約1400種以上が知られている。火成岩の主成分鉱物はおもに次の7種で、無色鉱物での石英、カリ長石、斜長石、および有色鉱物の黒雲母、角閃石、輝石、かんらん石である。無色鉱物はシリカが多く、Na、K に富み、珪長質鉱物ともいう。一方、有色鉱物はシリカが少なく Fe、Mg が多く苦鉄鉱物ということもある。Ca と Al はいずれにも含まれる。色の有無は一般に鉄分を含むか含まないかによる。したがって、この有色鉱物の量比を色指数として暗色→明色に分け、色指数の大きいものが苦鉄質鉱物、小さいものが珪長質鉱

表4-3　主な火成岩の単純化した分類

粗 ↑ （結晶粒度） ↓ 細	完晶質 ↑ ↓ ガラス質	深成岩	花崗岩	閃緑岩	はんれい岩	かんらん岩
		半深成岩	石英斑岩	ひん岩	輝緑岩	
		火山岩	流紋岩	安山岩	玄武岩	
SiO2（重量%）（化学成分）		多 ←（酸性岩）— 66 —（中性岩）— 52 —（塩基性岩）— 45 —（超塩基性岩）→ 少				
色指数（%）（有色鉱物の量）		明 色 ←———— 10 ———— 40 ———— 70 ————→ 暗 色				
主要構成鉱物（鉱物の種類）		石英・カリ長石・斜長石・（石英）　斜長石・輝石　かんらん石 斜長石・黒雲母　黒雲母・角閃岩　かんらん石　輝石・（斜長石）				

物に相当する。この構成鉱物による分類と火成岩の化学組成の区分は当然本質的に同じものである（表4-3参照）。

石材の主体をなすとも言える火成岩の珪酸塩鉱物は石英（SiO$_2$）のような単純な化合物を除いて大部分の鉱物での大きな特徴は、固溶体（solid solution）をつくることである。固溶体とは液体のように化学組成が連続的に変わる固体のことで、いくつかの純粋成分（端成分：end member）が溶け均質の一つの固溶体（結晶）をつくっていることで、その混じりあう成分の割合は連続的に変化しうる。たとえば、かんらん石では、苦土かんらん石（Mg$_2$SiO$_4$）と鉄かんらん石（Fe$_2$SiO$_4$）の端成分とが均一にいかなる割合でも混じりあって一つの結晶ができているとみることができる。

この場合かんらん石の結晶は基本的な構造が乱されることなく、Mg$_2$SiO$_4$ という化学組成をもつ鉱物の中のMgイオンがFeイオンによって置換されていると考えられMgとFeとが相互に置換しうることを示すため、かんらん石固溶体の化学式を(MgFe)$_2$SiO$_4$ と書くことが多い。これらのことは、すなわち結晶をつくっている元素の原子位置のところどころを他の元素の原子が置換したものである。したがって一つの種類の鉱物でも少しずつ化学組成の異なったものがあり、それぞれ色、光学的性質なども異なってくる。このように鉱物は固溶体をつくることによって、数多くの元素を含み、複雑な化学成分をもついろいろの岩石種でも比較的少数の鉱物から構成されていることの大きな要因になっている。

石材としての用途の多い火成岩は、その形成過程で上述のように2つの基本的系統が考えられており、その1つがマグマからの冷却・固結するへい入位置と冷却速度、第2はマグマの組成と晶出される構成鉱物の種類ということができ、花崗岩質石材はその構成鉱物や化学成分に広い多様性があり、たとえば花崗岩と閃緑岩の中間にあるものは花崗閃緑岩と呼ばれる。これらの名称はその主要構成鉱物の石英（Q）、アルカリ長石（A）、斜長石（P）の3成分の量比によって細かく分類されている（図4-2）。

この3角図形では底辺側（AP線）付近のものは石英（Q）の比が少なく、アルカリ岩的の性状を帯びている。一方、右下端付近では斜長石（P）の割合が多く、斜長石はAn成分に富み、有色鉱物が加わって

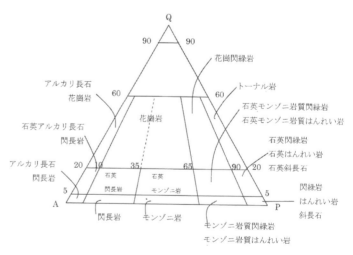

図4-2　花崗岩類のQAP成分比による分類
　　　　（国際地質学会連合による、1989）
Q：（石英）　A：（アルカリ長石）　P：（斜長石）

きて中性岩になる。また同図で花崗岩（狭義）の領域は左側でのやや真ん中より下部にかけての範囲内に限られる。

火成岩中で世界的に最も産出の多いのが深成岩類の花崗岩と火山岩類の玄武岩で、日本列島では花崗岩と火山岩の安山岩が広く分布しており、花崗岩は国土の約12%を占める。

わが国では花崗岩質の石材はミカゲ石と呼ばれ、珪長石質の白っぽい岩石でビルディングの外壁などによく使われる。またはんれい岩は有色鉱物の多い黒っぽい岩石でビルディングや墓石などに用いられる。安山岩はマグマから冷却するときの条件によって規則性のある割れ目（節理）ができることがあるので板状の石材として利用される。

一方、火山活動によって生成される破片状または塊状の物質を火砕物（火山砕屑物）と呼び、火砕物の集合が固結して生じる岩石を火砕岩という。火山砕屑物のなかにはマグマから直接由来したものだけではなく、基盤の堆積岩などの破片が火口から投げ出されることもあるであろうし、また同じ火山を構成している古期の溶岩の破片などの混入することも考えられる。これら火砕岩はその構成鉱物の粒径や性質によって、たとえば火山礫岩、粗粒凝灰岩、細粒凝灰岩などに区分される。

火山砕屑物が陸上または水中で堆積し火砕性堆積物または火砕岩となる過程は岩石学的分類での「堆積岩」の範疇でもある。わが国で石材として塀によく使われる凝灰岩（大谷石）は海底火山活動により海水中に堆積した軽石と火山灰が固結してできた火砕岩である。

4.3.2. 堆積岩（Sedimentary rock）

堆積岩は生成過程、構成物質の起源によって2つに大別することがある。

1つは既存の岩石が風化作用によって形成された砕屑粒子（岩石や鉱物の破片）が運搬、沈積して集積し、やわらかい未凝固の堆積物が固化して（続成作用：diagenesis）、硬い堆積岩となる。第2は風化で溶かされた可溶性物質が運ばれ、湖沼や海中に化学的に沈殿して形成されたり、また生物の遺骸の石灰質の硬組織が集結して堆積岩になったものである（表4-4）。

堆積物は海洋、河川、湖沼などさまざまな環境の下で形成されており、その堆積環境の物理的、化学的、生物的の条件は、堆積物の構成粒子、構造の特徴や堆積物中に含まれる生物起源物質（化石）に反映されていると考えられる。

砕屑物は移動、運搬、そして沈積する過程で粒子の大きさによってふるい分け（分級）が起きる事があり、その粒子は粒径の大きいものから礫、砂、泥（シルト、粘土）に区分し、それぞれの粒子を主体とする岩石を礫岩、砂岩、泥質岩（シルト岩）と呼ぶ。このように区分された砕屑岩は、次にそれ

表4-4　主な堆積岩の分類

砕屑岩	礫岩　砂岩　頁岩　泥岩		
火山砕屑岩	角礫凝灰岩　集塊岩　凝灰岩		
沈殿岩 （化学的、生物化学的）	石灰質：石灰岩　ドロマイト		珪質：チャート

それの組織や鉱物成分などにもとづいて細分される。たとえば、粘土とシルトの粒子が混じりあい、剥離性の少ない泥質塊は泥岩といわれる。また堆積岩の特徴の一つに層をなしていたり層状に重なりあっていることや、縞模様あるいは上下に粒径の変化がみられるなど、いろいろの堆積構造がみられるものがある。層理面に沿って、剥離面が発達したものは頁岩（シェール）また弱い変成作用を受けて二次的にへき開を生じたものは粘板岩に区分される。

砂岩は砂粒と砂粒の間を埋める微細な粒子（基質：matrix）と続成作用で形成される膠着物質から構成されており、現在用いられている砂岩の分類は砂粒と基質の比、砂粒の鉱物、膠着物質などを用いて分類している。

水に溶けている物質が無機化学的および生物的作用をとおして沈殿して生じた堆積岩のおもなものでは、炭酸塩岩の石灰岩やドロマイト岩や珪酸質のチャートがあり、蒸発岩として岩塩、石膏などが含まれる。また化学的作用で石灰岩の二次的生成物としては縞状模様のある鍾乳石もある。

炭酸塩の$CaCO_3$からなる方解石（calcite）は石灰岩としておもに海水から沈殿する。一見、無機的の沈殿にみえる石灰岩にも生物起源のものもあるようで、しばしばその区別は困難である。また生物の遺骸が集積しそのまま堆積岩となったものでは石灰岩とチャートがよく知られ、前者は有孔虫、サンゴ、貝などの石灰質の殻を持った生物遺骸が、後者は放散虫などの珪酸質の殻を持った生物遺骸の集積したものである。

これらの化学的および生物的の堆積岩の鉱物組成は単純で、しばしば一種類（方解石）の鉱物のみからなり、低温での結晶作用のため化学組成も純粋に近いものが多い。

石材としてビルディングの内壁に広く用いられている大理石は、非結晶質の石灰岩が熱変質を受けて方解石が再結晶したものであり、未変成含化石石灰岩や無機質源の石灰岩もしばしば使用されている。

岩石学的に石灰岩はいくつかの分類があり、現在国際的に広く用いられている分類法はその構成粒子を盆内成石灰同時礫（intraclast）、ウーイド（ooid）、生物遺骸とその破片・生屑物の（fossil、bioclast）、ペレット（pellet）に四大別し、これらと石灰泥基質をもつか、または透明方解石セメントをもつかの組み合わせで区分している。

4.3.3. 変成岩（Metamorophic rock）

変成岩は原岩の堆積岩、火成岩また別の種類の変成岩などが、地殻変動のため地殻内部に押し込められたり、マグマの貫入を受けたりしてそれらの生成時の環境とは異なった温度、圧力、応力などの条件の下で岩石全体としては固体の状態を保ったままで鉱物組成や岩石の組織が変化し再結晶して新しい性質の岩石ができたものである。（表4-5）

このような成因の変成岩は、マグマからの形成による火成岩では塊状構造のものが多くまた堆積岩の多くは層状構造を示すのに対して、変成作用により有色鉱物の多い部分と珪長質白色の多い部分との互層からなる縞状構造などを示すものがみられる。

変成岩は産状によって2つに大別される。その1つは火成岩がへい入してマグマの熱

表4-5　主な変成岩の分類

変成作用の型	原岩	弱い ←──────変成度──────→ 強い		
広域変成作用	泥質岩	黒色片岩　黒雲母片岩　黒雲母片麻岩		
	塩基性岩	緑泥石片岩　角閃石片岩　輝石—角閃石片麻岩		
接触変成作用	泥質岩	黒雲母ホルンフェルス　黒雲母—菫青石ホルンフェルス		
	塩基性岩	角閃石ホルンフェルス　輝石—角閃石ホルンフェルス		
	炭酸塩岩	大理石		
変形・変成	各種岩石	カタクラサイト（破砕状岩）　　ミロナイト（圧砕状岩）		

のため周りの岩石がその影響を受け、再結晶作用がおこって変質したもので、これを接触変成岩といい、塊状でち密なホルンフェルスやスカルンがこの種の岩石であり、また石灰岩が接触変成を受けたものが結晶質石灰岩（大理石）である。その2の変成岩類は、特定の火成岩に直接の関係はないが非常に広い範囲にわたって変成作用が及んで変成地帯が形成される。そこでは結晶片岩、片麻岩などがつくられ、この種の岩石は広域変成岩と呼ばれる。この他に、変形変成作用として断層や破砕帯などで機械的な圧砕作用によって生じる変成岩を別の分類とすることもある。この種の岩石は、圧砕岩あるいはミロナイト（mylonite）と呼ばれ、ミロナイトは構成鉱物が圧砕によって細粒化したときに縞状構造のみられるものもある。またカタクレーサイト（cataclasite）は圧砕が十分に進行せず、圧砕変形の跡は明らかに現れてはいるが原岩の組織が残されているものに用いる。石材として用いられている輸入岩石にはこのカタクレーサイト質の岩石がかなり含まれている。

変成作用によって形成される広域変成岩の種類には千枚岩、片岩、片麻岩、グラニュライト、エクロジャイト、（ミグマタイト）などがある。

千枚岩は結晶の程度が低く細粒で片状構造がある。片岩は再結晶がやや進み中粒で片状構造（片理）が発達する。さらに変成が進むとやや中粒ないし粗粒の縞模様の片麻状組織を示す片麻岩となる。変成度がいっそう高くなり、高い温度、圧力の下でエクロジャイトやグラニュライト質などの岩石ができる。この岩石は片麻岩と似た組織で、斜方輝石、ざくろ石などの高温高圧で安定の鉱物を含むことが多い。またミグマタイトは、変成岩中に花崗岩あるいは花崗岩様物質が混合した複合岩で、花崗岩と同じような粗粒で超変成岩とも呼ばれることもある。

片麻岩類では再結晶作用により選択的な特定の鉱物が他の鉱物より大きい斑状の結晶（斑状変晶：porphyroblast）ができることがあり、長石の丸い斑状変晶が周りの細粒からなる縞状組織の中に形成され、ちょうど眼のように見えるので、眼球片麻岩と呼

ばれ、また片麻岩には縞が褶曲構造を示すものがあり、これらの特異な構造を持つ片麻岩は石材としてしばしば用いられている。

さらに広域変成岩地域の中には、大洋底プレートが列島や大陸縁に衝突して地下にもぐりこむ地帯で、高圧作用のもとで形成された変成岩や海洋底の複変成岩が地上に押し上げられたものなどが混じっていることも考えられる。

変成岩の鉱物組成は岩石の総化学組成と変成作用の物理的条件下で規定され、同じような化学組成の岩石でも再結晶時の物理的条件が異なれば違った鉱物組成の変成岩になる。したがって変成岩の原岩の種類はほぼ次の5つに分けられる。

1. 苦鉄質組成の変成岩で、Mg、Fe、Caに富み、玄武岩や安山岩およびそれら火砕岩を原岩とするもので、緑色片岩や角閃岩などの変成岩になる。

2. 泥質および砂質組成の変成岩、AlやKに富み、変成を受けて雲母類を生じて緑泥石白雲母片岩や黒雲母片麻岩などができる。

3. けい質組成の変成岩で、チャートのような SiO_2 に富む堆積岩を原岩とする石英片岩などを生じる。

4. 石灰質組成の変性岩、Caに富む石灰岩から生じ、方解石からなる結晶質石灰岩（大理石）となる。

5. 超苦鉄質組成の変成岩で、かんらん岩のように Mg に富み、SiO_2 の乏しい岩を原岩とする蛇紋岩がある。

これらの中で、蛇紋岩は滑らかな肌の美しい模様をもった緑色の岩石で、ビルディ

ングの内壁用に広く用いられ、石材用分類では「大理石」に入れられているが、おもにかんらん岩などの Mg に富む超塩基成岩が蛇紋岩化作用を受けてできる一種の変成岩（あるいは変質岩）とされている。

以上のように石材（岩石）にはいろいろな性状を示すものがあり、それぞれの野外での産状や地質的背景および構成鉱物組成、岩石組成、化学組成などの組み合わせで命名分類されている。

古くから岩石学の分類には偏光顕微鏡が多く使われ現在でもなお主要な方法として広く用いられている。一方、近年では新しいいろいろの分析機器の開発・進歩によって、これらを用いた岩石や鉱物のより詳細な特性が多く得られるようになっている。たとえば、X-線解析による鉱物の同定、X-線 CT（X-ray computerized tomography）使用の岩石内部の観察、EPMA（electron probe micro analyzer）を用いた鉱物の小領域の分析や XPM（X-ray photoelectron spectroscopy: ESCA）や、AFM（atomic force microscopy）の鉱物表面分析、さらに画像解析ソフトを用いたコンピューターによる岩石組織の測定や岩石・鉱物表面の反射色の測定などに利用されてきている。

昔から人類の営みと深くかかわってきた石材の岩石学的分類や研究、応用などは地球の成り立ちの科学としても今後ますます重要でさかんに行われることが期待される。

4.4. 石材の記載

次章に主文の輸入石材の花崗岩（約100種）と大理石（約90種）の性状について記載している。記載には個々の実物写真およ

び偏光顕微鏡写真をのせ、それぞれについて磨いた面での肉眼的観察および顕微鏡下での鑑定とを併用して岩石学的の分類、特徴、成因などを記している。

　石材（岩石）は鉱物の集合体である。一つの例として、石材では最も多く用いられている花崗岩をとってみると、この岩石は無色鉱物の石英、長石（カリ長石、斜長石）と有色鉱物の黒雲母が一般的であるが、同じ種類の岩石でも粒の大きさや組織がちがい、角閃石が有色鉱物として加わるなどの構成鉱物の量比も異なってくる。また圧砕作用を受けて岩石には割れ目があらわれていたり、変質作用によって色が違ってきていたりしている。これらの特徴は肉眼的あるいはルーペを用いたりしてある程度の概要を知ることはできるが、岩石の組織、構成鉱物の種類や変成作用の程度などは偏光顕微鏡なしでは分からないことも多く、この両者の観察を組み合わせることによって（岩石の産状、構造などの野外観察を含めることが望ましい）岩石の正確な理解が得られる。

　肉眼的および顕微鏡の観察で、本文での記載を理解するために、特にしばしば用いている専門用語のいくつかを述べる。

4.4.1. 肉眼的観察
4.4.1.1. 組織（texture）
　通常、花崗岩は結晶粒が大きく、ほぼ等しい半自形の粒状結晶が入り混じっている組織で、これを花崗岩組織または粒状組織という。一方、ときにカリ長石などが特に大きく発達して斑晶となり、これが周りの細粒の鉱物の集合からなる基質部の中に散

在する組織を斑状組織（porphyritic texture）という。この場合カリ長石の斑晶が早期にマグマから晶出し、基質部の結晶はそれにともなってひきつづいたと考えられている。またこのカリ長石はときに濃いピンク色を帯びるなど美しい色調を呈するものがある。

4.4.1.2. 粒度（grain size）
　結晶の粒度区分はかなり任意性があるが、大体粗粒（coarse-grained）：（10mm 以上）、中　粒（medium-grained）：（10 ～ 1mm）、細粒（fine-grained）：（1mm 以下）を基準にしている。石材用語としては粗目、中目、小目、糠（ぬか）目に区分している。

4.4.1.3. 長石の閃光（schiller）
　本文のラルビカイト（閃長岩）のアルカリ長石は強い青色の閃光を放っている、またはんれい岩などの中には弱い閃光を発する斜長石が含まれている。このように長石類には月の光のような閃光（色彩）を内部から出す月長石（ムーンストーン）やラブラドライト（曹灰長石）という斜長石で美しい青緑、黄色などの閃光を出すもの。サンストーンという赤褐色の反射光が閃光として出るなどの鉱物は宝石鉱物として知られており、これらの多くはシラー効果（Schiller）と呼んでいる閃光がみられる。

　この閃光効果は長石の結晶構造によるものであり、長石の成分については次の顕微鏡下の組織（4.4.2.4.）の項でやや詳しく述べているが、アルカリ長石は高温では 2 つの成分（カリウム：K とナトリウム：Na を含むアルミニウムけい酸塩）が混じている

1つの均一の固溶体であるが、温度が下がるとこの2つの成分から2種類の長石に分かれて晶出する。このため主体の結晶の中に非常に細かい（顕微鏡でも観察できない）もう1つの成分の相が規則正しく配列して、薄い層状組織ができる。この多くの薄層の界面で光が干渉しあって閃光がみられるといわれる。またサンストーンと同じようにその内部に含まれる非常に細かい包有物が規則正しく配列しているために閃光が出るという説やこの2つが関係しているという考えもあってはっきりはしていない。

4.4.2. 偏光顕微鏡観察

普通の顕微鏡（生物顕微鏡）は微細な試料を拡大して観察するのに使用されるが、偏光顕微鏡（岩石顕微鏡）は拡大すると同時に装着されている上・下の2つの偏光ニコルにより生じる偏光を用いて構成鉱物の光学的特性を同定し、岩石の命名、分類などを行う際に欠くことのできない方法である。

4.4.2.1. 岩石薄片（section）

岩石はそのままでは光を通さないので、試料を約 2×3 cm 大に切断しこれをスライドガラスに張りつけ厚さ $0.02 \sim 0.03$ mm の薄い板にすり減らし、上から接着剤でカバーガラスをかける。これを岩石薄片という。

4.4.2.2. 偏光および鉱物光学特性

太陽光や蛍光灯光は進行方向に垂直な面であらゆる方向に振動しているが、水面や鏡の面に反射した光や鉱物（結晶体）を通過した光は、平面内である特定方向にだけ振動する光であり、これを偏光（polarized

light）という。

鉱物は7つの結晶系（32族）に分類されている。これらは光学的には等方性と異方性に分けられる。等方性の鉱物群はその中を通る光に方向性による差異がなく、1つの方向に進む光は通常光（太陽光）のみである。これに対して異方性を示す鉱物群のものも多く、これらは方向によって差異があり、1つの方向に進む光は互いに速度の異なる2つの偏光に分かれる（この中はさらに2つの偏光特性を持つ群に分類される）、このような個々の鉱物の光学特性を偏光顕微鏡を用いて同定することができる。

4.4.2.3. 偏光顕微鏡の構造

偏光顕微鏡の構造を右の図（図4-3）に示す。光源から入る光は通常光（太陽光）で、下方のニコルを通ることによって一つの偏光だけになり（他の一つの光はニコル内で全反射させて系外に出される）、ステージの上に置かれた薄片中の個々の鉱物を通るときに互いに速度の異なる2つの偏光に分かれて進む。この偏光は対物レンズを通り、鏡筒内を上に進む。この時上方ニコル（分析ニコル）を入れていなければ（上方ニコルは鏡筒内に自由に入れたり除いたりすることができる）そのまま接眼レンズを経て観察者の目に達する。このように下のニコルのみで見る方法が単ニコル（plane nicol）による観察で、生物顕微鏡とほぼ同じ使用法である。一方、上方ニコルを入れると（このニコルは下方ニコルの振動方向が前後の方向に対して左右方向に平行になるように配置されている）、このニコルを通過することによって2つの直交する偏光は互い

68　第4章　ミカゲ石

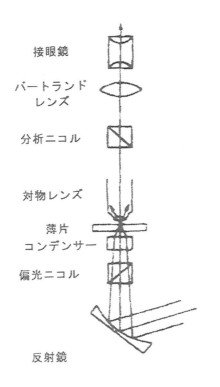

図 4-3 偏光顕微鏡の構造

に干渉しつつ接眼レンズを通って目にとどく。このように上方ニコルを入れてみる方法を直交ニコル（クロス ニコル，crossed nicols）という。

次の写真は薄片を同じ視野で、単ニコルと直交ニコルで見たものである（口絵 11、12）。

4.4.2.3.1. 単ニコルによる観察
（上方ニコルを除いて下方ニコルのみ）

鉱物結晶の形、大きさ、へき開、色、多色性、屈折率、吸収などをみる。形では、その結晶固有の輪郭がよくあらわれているものを自形、隣接する他の結晶との接触によって輪郭がよく発達しないものを他形、その中間的なものを半自形と記載する。大きさはマイクロメーターで読み取る。鉱物にはへき開がよくあらわれているものといないものがある。薄片での色は肉眼での色と異なることがある。多色性とはステージを回転した時に鉱物の色が変化する現象であり、屈折率も鉱物ごとに異なり、一般にその高いものは浮き上がってみえ、低いものは表面が平坦ないし凹んだようにみえる。

4.4.2.3.2. 直交ニコルによる観察
（上方ニコルを入れた状態）

この状態では鏡下で鮮やかな色の模様が作り出す美の世界がみえる。

直交ニコルではおもに消光角、干渉色などを観察し、また鉱物内部の微細な組織、構造が認められる。消光とはステージを回転すると明るさが異なり、360°回転する間に4回暗黒になる、この暗黒にみえる現象が消光で、この消光の位置から各鉱物の特有の消光角を読み取る。また同じように回転によって色づいてみえたり、暗くなったりする干渉色を用いてその鉱物の複屈折の大きさを測る。

4.4.2.4. 顕微鏡下での長石にみられる組織

長石はすべてのけい酸塩鉱物の中でも最も重要なもので、火成岩の分類はこの長石の性質に基づいていることが多い。長石類の化学組成は下の三角図形（図 4-4）で、各頂点の成分 Or（カリ長石）、Ab（アルバイト：曹長石）、An（アノーサイト：灰長石）の3つの成分が混じり合っている固溶体と考えられているが、その混じり合う割合はすべての組み合わせでできるものではなく、長石の存在しない領域も多い。したがって、長石類はその化学成分からアルカリ長石と斜長石の2つに大きく分けられる。アルカリ長石は Or（カリ長石）：$(KAlSi_3O_8)$ か

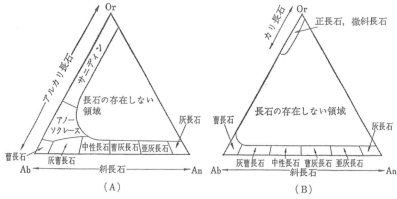

(A) 高温で形成された長石（たとえば火山岩中の長石）
(B) 中温ないし低音で形成された長石（たとえば深成岩や変成岩中の長石）

図4-4　長石の化学組成と分類
Deer et ai, 1963 と Dietrich・Skinner, 1979 による

らAb（アルバイト）：(NaAlSi$_3$O$_8$)までの固溶体、斜長石はAb（アルバイト）からAn（アノーサイト）：(CaAl$_2$Si$_2$O$_8$)の間の固溶体をさす。

　花崗岩類の構成鉱物としても長石類はその主体であり、この中には顕微鏡下でなければみられない特異な組織、構造がみられるのでこのいくつかの写真（口絵13～16）を示す。

4.4.2.4.1. パーサイト（perthite）

　マグマからの長石成分で上述のような成分のうち、高温（700℃以上）では1つの相であったOr成分とAb成分がゆっくり冷却していくと、カリ長石に富むものとアルバイトに富むものとに分かれる（離溶する）ことがあり、このためカリ長石や微斜長石の中にアルバイトの結晶が細かく含まれているものがある。これをパーサイト構造という（口絵13）。この現象は花崗岩では普通に多くみられる。パーサイトはその大きさや形状によって、細ひも状、ひも状、棒状などに分類されている。

4.4.2.4.2. ミルメカイト（myrmekite）

　石英が同時に他の鉱物と結晶するときにこれらの鉱物が互いに貫入して連晶をつくる。斜長石と虫食い石英の連晶をミルメカイトといい、斜長石とカリ長石の接触部に形成される（口絵14）。花崗岩の末期に生じるといわれる。

4.4.2.4.3. 斜長石の双晶（twin）

　斜長石は単ニコルでは一つの無色の均質の結晶にみえるが、直交ニコルにすると巾の狭い多数の個体からなる集片双晶の明暗の細い平行の縞がみえる。これがアルバイト式双晶である（口絵15）。

　双晶とは同じ種類の鉱物の結晶が部分的に平行して集合するものをいう。すなわち2つの同じ結晶の個体が形態的要素の一部を平行（共通）にして常に同じように互いに成長したものである。

　斜長石にはアルバイト式双晶を示すものの他に2つの個体が単純な双晶をする（鏡下で明暗の2つの個体のみがみられる）のをカールスバット式双晶という。この双晶

は斜長石のほかにカリ長石にもみられる。この他にもいくつかの形式の双晶があり、微斜長石に特徴的にみられる格子状構造は細かいアルバイト式双晶とペリクリン式双晶が直交しているものである。

4.4.2.4.4. 斜長石の累帯構造（zonal structure）

斜長石が、直交ニコル下で、結晶の中心部から周縁部にかけて不連続ないくつかの明暗の帯状縞が重なり合ってみえるものがあり、これを累帯構造という（口絵16）。これは斜長石がいろいろの成分の混晶であり、晶出するときに核部から周縁部に向かって低温で安定な組成の異なるいくつかの部分に変化していくための現象といわれる。ふつうでは内部ほどAn成分に富み、外側ほどAb成分に富むものが多い。

4.5. 輸入石材（ミカゲ石）の性状

わが国は大陸の縁に位置し、国土が狭く、山は多いがその割には他の天然資源と同様に石材も種類には比較的恵まれているが量的には少なく、近年では建築用石材のほとんどを輸入にたよっており、国内産の「ミカゲ石」の占める率は約2割、大理石は100％が依存で、その種類は200種以上といわれている。

4.5.1. 産地分布と年代

図4-5に輸入石材産地のいくつかの世界的な分布を示す。これらの石材の中にはわが国に産しない岩質のものも多く含まれ、たとえば「ミカゲ石」に分類される花崗岩石材で、カリ長石が濃い紅色を示す「赤ミカゲ」（NEW IMPERIAL RED, インド産）やラルビカイト（EMERALD PEARL, ノルウェー産）といわれ、内部に青色の閃光が

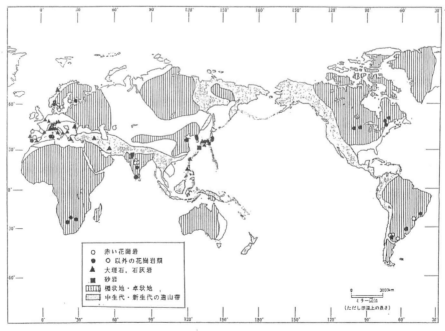

図4-5 輸入石材のおもな産地と世界の楯状態地や各地質時代の岩層の分布
河田誠子（1994）：建築用石材の性状, 名古屋地学56号

みられる暗黒色の閃長岩、また卵形の斑晶長石の周りを小さな黒色鉱物が斑点状に環状配列して多数ならぶ組織が特徴的のラパキビ花崗岩（BALTIC BROWN, フィンランド産）などが含まれる。また大理石には純白透明の大理石や赤、黒、緑などいろいろな縞模様を有する岩質のものもある。

これらは世界的のそれぞれの地域の産地での地質年代、地球内部の物質移動、マグマの発生と分化、火成作用、変成作用およびプレートテクトニクスなどの地球科学的環境に基づいているのであろう。

また世界の石材での類似は、現在大西洋で隔てられている南アメリカ東部とアフリカ西部およびインド南部に産する赤や黒「ミカゲ石」は共に同じ先カンブリア時代の生成期されている。

次いで表4-6に地球の歴史である地質時代を示す。同表で最古の先カンブリア時代は地球年齢の7/8を占める長い期間であるが、この時期には生命の発生が確認されておらず大型化石もほとんど含まれていないために、時代の区分や対比は岩石中に含まれるウラン、カリウムなどの放射性元素の自然崩壊を利用した絶対年代に基づいている。

先カンブリア時代は古い方から約25億年前を境に始生代と原生代に区分されており、現在の各大陸の核心を占める位置に始生代や原生代の岩層（花崗岩や片麻岩など）が基盤岩として広く分布する大陸塊があり、その周りを細い海が取り巻き、大陸塊が盾を地面にふせたような形であったことより楯状地と呼ばれている。この跡が安定地域として、今日の大陸のカナダ、ブラジル、シベリア、中国東北部、オーストラリア西

部、インド東南部、スカンジナビアなどに多く分布している。これら楯状地の世界的分布を図4-5の中に示している。したがってこの地域（国）には古い先カンブリア期生成の岩石（石材）が豊富に賦存しており、それらの国々からのわが国への石材の輸入量が多い。また楯状地には金、銀、鉄、ニッケル、ダイヤモンドなどの鉱産資源が大量に形成されている。

一方、表4-6の先カンブリア時代より新しい地質年代では、古生物（化石）や層序学的方法などから細分化されており、先カンブリア時代の楯状地でも変動が起きていたことは推定されるがそれ以降の古生代、中生代、新生代をとおして大陸の周辺では地球全体規模での長い周期の大変動（カレドニア、バリスカン、アルプス変動）があり、この造山運動にともなう花崗岩類などの大規模なへい入や変成が行われ、それぞれの時代で、たとえば古生代末期（二畳紀）のラルビカイトや中生代後期（白亜紀）の中国の花崗岩など多くの花崗岩類が各地に生成され、それらが石材として日本に輸入されている。またイタリアの大理石はおもに中生代（白亜紀）に生成されている。（図4-5）

4.5.2. 国内産との対比

4.5.2.1. 全体的特徴

わが国の石材関係での「ミカゲ石」は白色系の白ミカゲと黒ミカゲに分けられており、白ミカゲといわれているものはほとんどが花崗岩ないし花崗閃緑岩で、白ミカゲのなかでピンクを帯びたカリ長石を含むものが「桜ミカゲ」と名付けられる。国内では中国地方に多くみられるが中部地方や領

表 4-6　国際年代層序表

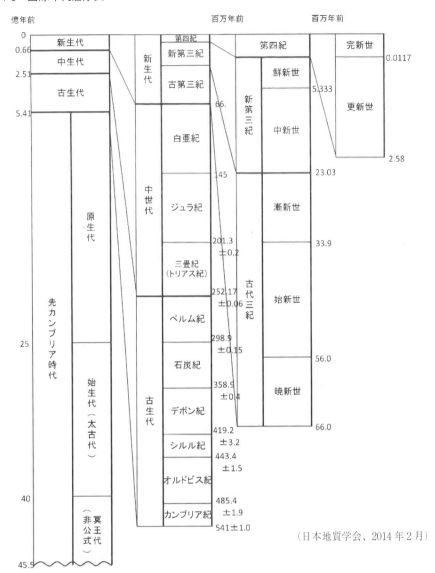

(日本地質学会、2014 年 2 月)

家帯ではほとんど白色系で、全般的に白色系のものが多い。これに対して国内には産しないカリ長石が濃い紅色を示す「赤ミカゲ」はおもにスウェーデン、ブラジル、北米、インドなどから輸入されており、またそれらの多くはカリ長石の斑晶が大きく成長して全体に粗粒の斑状組織を呈している。これらの産出国ではこの赤ミカゲが普遍的な石材のようである。

また「黒ミカゲ」といわれる石材ははんれい岩や閃緑岩で、国内ではこれらの岩石の存在自体も限られているので石材としての産出もごくわずかである。この種の石材は南アフリカ、ブラジル、アンゴラ、カナダ、スウェーデンなどから運ばれている。この赤と黒のミカゲ石の大半は上述のような大陸楯状地の先カンブリア時代の産出が多い。

一方、最近ではヨーロッパやアフリカなど

の遠隔地からの石材の輸入とともに近隣の韓国、中国、東南アジアなどからも白や黒ミカゲが輸入されてきている。中国や韓国から運ばれている石材は白色系が多く、中国の中国桜（山東省）はカリ長石が淡いピンクを帯びており日本のピンクを代表する御影石（兵庫県）や万成石（岡山県）と同様に淡色系である。また韓国や中国の白ミカゲはその粒度が日本産のものに比してやや粗いが、組織や構成鉱物にも類似性がみられる。

　年代的に日本の花崗岩の形成時期は次の4つに分けられている。1）古生代およびそれ以前（430〜250Ma：百万年）、2）三畳紀・ジュラ紀（240〜180Ma）、3）白亜紀・古第三紀（130〜40Ma）、4）新第三期（30〜4Ma）で、この中で第三番目の花崗岩が日本列島の花崗岩分布面積の60％を占める。この時代は日本列島に限らず環太平洋地域では大量の花崗岩のへい入があり、中国山東半島などの石材は白亜紀後期（130〜80Ma）の燕山期活動のもので、中国や韓国の白ミカゲは日本を含めて約1億年前後のほぼ同時期の産物であろう。

4.5.2.2.　化学組成と構成鉱物

　建築用石材として広く利用されている花崗岩は日本列島では国土の約12％を占め、世界的にも深成岩としてもっとも多く分布している。花崗岩の起源については古くからマグマ起源か変成作用によるものなのか論争されてきたが、高温高圧実験から大部分は花崗岩質マグマの固結体であるとされるに至っている。したがって多様の花崗岩が形成されるのはそのマグマの性状での源物質そのものの違いなのか、マグマ上昇中に周りの物質を取り込んで同化したり、異なった組成のマグマ同士が混合したのか、また分別結晶作用の進行過程での変化によるものなのかなどが考えられる。

　火成岩全般の種類や化学組成については前項にも述べているが、花崗岩の構成鉱物にはそれぞれ特有の化学組成があるので、それらからなる岩石も特定の化学組成の範囲内にある。筆者は輸入石材について化学分析を行っていないが、構成鉱物の組成や量比などからある程度の花崗岩の化学組成タイプとの適応が考えられる。

　化学組成による花崗岩は次のように分けられている。1）I型（Igneous source type）とS型（Sedimentary source type）：この両者はAl_2O_3/Na_2O+CaO比が1.1以下I型、1.1以上がS型で、I型はAl_2O_3に乏しくCaOに富み、角閃石や単斜輝石、少量のスフェーンなどを含み、日本での花崗岩はほとんどがこのI型で、S型は少ない。S型の構成鉱物は白雲母、斜方輝石、ざくろ石などを含むが、角閃石を含まない。I型は火成岩、S型は堆積岩と成因的に関連している。2）M型（Mantle source type）はK_2Oがきわめて少なく、CaOに富むので、斜長石に富みカリ長石に乏しい。また角閃石に富み黒雲母が少なく、スフェーンを含むことが多い。この型は国内にはごく一部に同じ性質に近いものがみられる。3）A型（Anorogenic type）は非造山帯に特徴的で、アルカリ元素が多く、H_2Oが少なく、またCaに乏しい斜長石とアルカリ長石に富み、アルカリ角閃石、蛍石、Feに富む黒雲母、希土類やF、Clに富む。日本ではこの型はきわめてまれである。

元素の同位体比の変動では、I型がS型に比してSrの初生値とδ180比がともに低く、δ34Sは高い傾向がある。さらに微量元素では、I型のSn、Rb、Fの含有量もS型より低い。

このような化学成分のタイプ別と構成鉱物との適合は国内や中国、韓国のI型に対して他の輸入石材では、たとえば北欧のスウェーデン、デンマークの赤ミカゲではアルカリ角閃石、黒雲母に常に蛍石がともない、また北米の赤ミカゲでも白雲母、蛍石が共存するなどA型に近く、カナダ、アルゼンチン、インドなどでの赤ミカゲにはスフェーンを多量に含み、他の鉱物組み合わせからM型に近く、ウルグアイなどにはS型に近い赤ミカゲも含まれているようであるが、これらの詳細は今後の課題である。

4.5.2.3. 変形と変質

輸入花崗岩質石材は国内産のものに比してほとんどが変形や変質を受けているのが特徴の一つでもある。それらの多くは古い時代に形成されそれ以降の長い期間を経るうちに何度か変成される場が繰り返されたのであろう。

変成（metamorphism）とは岩石の物理的または化学的変化や変態をいうので、機械的（動力的）変形によって生ずる場合や既存の鉱物が新しい組織を呈して再結晶する場合もあり、さらには交代作用にまで及ぶこともある。またこれらの変性が局部的の場合や広域にわたって行われる場合もある。

試料のそれぞれの変形や変成については前項（4.3.3.）に記載しているが、この中の多くは動力変成によって生じた破砕組織

（カタクレーサイト）を呈しており、個々の組成鉱物粒子が破砕され、特に石英や長石類粒にはその影響がみられ、ひびが入り細粒化（サブグレイン化）縫合線状のジグゾウパズル模様を生じている。さらに圧砕が進行し粒状化がよりいちじるしくなると圧砕状組織（ミロナイト）になり、この中には鉱物が差別運動によって平行配列して片状や縞状構造を呈し、母岩の長石の一部が圧砕をまぬがれてレンズ状に残留しその周りをより細かい基質鉱物が取り巻き、人の目のようにみえる片麻岩も含まれる（SKURU、ブラジル産）。

石材の中には国内産ではみられないやや濃い緑色や青紫色を呈する変花崗岩が含まれる。この種の岩石は圧砕作用とともに変質がいちじるしく、内部は汚染され微粒子を多く含み、二次鉱物のセリサイトや緑泥石、緑れん石が多数生じている。またブラジルやインド産の先カンブリア時代末期の石材には、長い年代の間に酸化鉄や水酸化鉄が長石や石英に浸み込んで鮮やかな赤や黄色を示す色ミカゲもあり、また塩素を含んだ水溶液の交代作用を受け、ソーダライトを含む紫色の閃長片麻岩もある。

一方、加工業の方の話では輸入石材は多少の差はあっても国内産の同種のミカゲ石に比して切断・研磨が容易で、切断カッターのダイヤモンド刃の減りが少なく、鏡面磨きの石材を並べて表面に水をたらした際に、日本産のものは丸く盛り上がった水玉を作るのに対して輸入材では水滴が平たく伸びるとのことで、多分この現象は粒間に生じた隙間に水が浸み込んでいくからであろう。石材の加工には原石の物理性（硬度、吸収

率、圧縮、曲げ強度）とともに風化、変形、変質の程度も関与するようで、輸入石材の多くが破砕の影響で細粒化して粒内や粒間に細かい割れ目を生じ、また二次鉱物への変質が多いことなどが国内産との差としてあらわれているのであろう。

4.5.3. 類似性とプレートテクトニクス

世界のミカゲ石材は色・組織・構成鉱物・化学組成・年代などから地域的に類似や共通性がみられる。山岸（1991）によるとミカゲ石の色はアジア東部での日本、中国、韓国で白とグレーおよび淡いピンクが多く、インドや北欧に産する赤や黒ミカゲはほとんどみられない。インドや南アフリカでは逆に黒や赤ミカゲあるいは茶色や緑色といった色ミカゲが多く、アフリカ南部、アンゴラやナミビアと南米東部のブラジル、ウルグアイ、アルゼンチンあたりでは黒、赤などのミカゲが出る。カナダ東部のケベック、オンタリオ州では赤、茶、紫、黒ミカゲ、もう少し西に入って北米大陸の中央北部のカナダのマニトバ、アメリカのノースダコタ州あたりでは紫、赤ミカゲが産出する。北米大陸の東側沿いに北から南へバーモント、ノースカロライナ、ジョージアの各州では白とグレーが出る。これから大西洋を隔ててその対岸のスペイン、ポルトガルには同じように白とグレーミカゲとピンクが出る。北欧のノルウェー、スウェーデン、フィンランドでは黒、赤、茶ミカゲとアルカリ長石の閃光を放つラルビカイトが産出する。また大西洋とハドソン湾にはさまれたケベック州を含む半島はラブラドールと名付けられており、これはここで見いだされた閃光を発する斜長石のラブラドライトに因んだもので、このアルカリ閃長岩を含むカナダ東部と北欧の両地域の間にも関連性があるのかもしれない。

図4-6はこれらのミカゲ石のいくつかの石材産地の地域別および産出国を記し、また同図では大陸移動の年代による過程を示している。ミカゲ石の地域による類似性は現在大西洋を隔てた大陸間で関連していることが、現代の地球科学で定説化しているプレートテクトニクス（Plate tectonics）でも裏付けられている。

プレートテクトニクスの前段階には大陸移動説がある。世界地図で大西洋の両岸にある南北アメリカ大陸とアフリカ・ヨーロッパ大陸の海岸線が相似していることに注目して20世紀初頭のウェーゲナー（Wegener,1912）は、もともと一つにくっついていて大きな大陸だったものが分離、移動して現在のように散らばった大陸になったとし、これを古生物（化石）や古気候などの科学的資料で裏付けた。

古生代（石炭紀から二畳紀：約3億年前）に存在したとする仮想巨大大陸をパンゲア（Pangea）と名付けた（図4-7）。この南北に伸びた一つの超大陸は中生代頃から次第にアフリカを中心として西にアメリカ大陸、南に南極大陸やオーストラリア、東北にインドが分離したと考えた。図4-6（上左）は中生代の三畳紀末頃（約2億5000万〜2億年前）の復元図で、パンゲアが中央部で分裂し、北のローラシア（Laurasia）と南のゴンドワナ（Gondwana）に分かれ始め、その割れ目に大西洋の中央部が生まれ次第に拡大していく。またゴンドワナの下部で

A地域：インド、南アフリカ
　　　産地：1, 2
　　　色：黒、赤、茶、マルチカラー
B地域：アンゴラ、ナミベ、ブラジル、ウルグアイ
　　　産地：3, 4, 5, 6, 7
　　　色：黒、錆、赤、マルチカラー
C地域：スペイン、北米、サルデニア
　　　産地：8, 10
　　　色：白、グレー、ピンク
D地域：カナダ、スウェーデン、ノルウェー、フィンランド
　　　産地：9, 11, 12
　　　色：黒、赤、ラブラドライト
E地域：日本、韓国、中国
　　　産地：13, 14
　　　色：白、グレー、ピンク

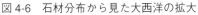

図4-6　石材分布から見た大西洋の拡大

図4-7　ゴンドワナ大陸の復元と地質区の連続性
(Craddock, 1977, 矢内, 1979)

はY字型の割れ目ができ、インドが分裂し移動をおこす。図4-6（上右）は白亜紀初期頃（約1億3500万年前）で、これまでにローラシアとゴンドワナが少し南北に離れ、インドがかなり北上し南極とオーストラリアが分裂し、現在の各大陸の配置にやや近い原形がうかがえる。

ただ大陸移動説は大陸を動かす原動力の裏付けがないことにより忘れ去られていたが、1950年頃から古磁気学的検証や海洋底拡大説などから10個程度の大陸を含む硬い板（プレート）同士が移動し、その結果として地震・火山活動がおこりまた大陸同士の衝突による山脈の形成などの現象が、地球内部を含めた地殻全体の規模でのプレートテクトニクスとして説明されている。

上述のようにパンゲアやユーラシア、ゴンドワナ大陸が存在していたとして、現在の大陸を元に復元してみると南アフリカ、ブラジル、インドといったダイヤモンドの産地が相接する位置にあることから、これらの国のダイヤモンド産出は共通の成因によることが考えられ、ダイヤモンドを含むキンバレー岩という母岩は先カンブリア時代の楯状地のみに限られる。これと同じように石材岩石に関しても図4-6の丸で囲んだ地域ではA,B地域には赤、茶、黒の色ミカゲが多く、C,E地域には白、グレー、ピンクなどの比較的色の淡いミカゲ石しか産出しない。これらの共通の性状は地域ごとの特性に基づいているのであろう。

また図4-7はゴンドワナ大陸の復元状態を示している。南極の東楯状地もアフリカ、

マダガスカル、インド、スリランカ、オーストラリアの各楯状地とその岩相、構造、岩石年代が共通し、さらに先カンブリア時代以降の Ross 帯などの造山帯の地質構造も全体としてかなり連続性がみられる。したがって現在世界的に不足している黒ミカゲ石材は主産出国の南アフリカやインドと隣り合わせであったオーストラリア西北部、南極大陸北部、マダガスカルなどは今後有望な賦存地と考えられる。

（参考文献）

都築秋穂他1名、（1945）、岩石学Ⅰ：偏光顕微鏡と造岩鉱物、共立全書

都築秋穂他1名、（1976）、岩石学Ⅱ：岩石の性質と分類、共立全書

都築秋穂他1名、（1987）、岩石学Ⅲ：岩石の成因、共立全書

青山信雄、（1952）、岩石学Ⅰ：火成岩一般及び各論篇、日本鉱物趣味の会

青山信雄、（1955）、岩石学Ⅱ：火成岩成因論篇、日本鉱物趣味の会

青山信雄、（1956）、岩石学Ⅲ：沈積岩、変成岩篇、日本鉱物趣味の会

久城育夫他2名、（1989）、日本の火成岩、岩波書店

水谷伸治郎他2名、（1987）、日本の堆積岩、岩波書店

橋本光男、（1987）、日本の変成岩、岩波書店

黒田吉益他1名、（1983）、偏光顕微鏡と岩石鉱物、共立出版

松尾禎士他9名、（1993）、地球化学、講談社

久野久、（1976）、火山及び火山岩第2版、岩波書店

Deer,W.A. 他2名、（1966）、Rock Forming Minerals. Longmans,London

Howell Williams 他2名、（1982）、Petrography,-Freeman

Keer,P.F.、（1962）、Optical Mineralogy,Mc Grau Hill

西村祐二郎他 山口地学会、（1991）、山口県の岩石図鑑、第一学習社

含石文雄他2名、（1990）、赤玉と赤井氏の魅力、第一法規出版株式会社

全国建築石材工業会編、地球素材－建築石材総合カタログ

山田直利他1名、（1984）、外装用輸入石材、口絵：地質ニュース362号

山岸良隆、（1991）、世界をまわる石材の旅：地質ニュース441号

石原舜三他1名、（1991）、日本の白みかげ、口絵：地質ニュース441号

吉田 元、（1991）、ポルトガルの石材産地について：地質ニュース441号

久保和也、（1991）、阿武隈山地の白みかげと黒みかげ：地質ニュース441号

笹田政克、（1991）、稲田みかげ石：地質ニュース441号

佐藤興平、（1991）、岡崎みかげ－領家帯の両雲母花崗岩：地質ニュース441号

清水 智他1名、（1991）、需給動向からみた石材産業の現状：地質ニュース443号

服部 仁、（1991）、変貌する石材と廃材世界の石材－自然の素顔を見せる貴重な資源：地質ニュース443号

大原勲、（1991）、都庁の石：地質ニュース443号

羽田忍、（1991）、城の石垣：地質ニュース443号

山田哲雄、（1991）、ラパキビ花崗岩：地質ニュース443号

蟹澤總史、（1991）、オスロ地域の花崗岩類と石材、口絵：地質ニュース448号

蟹澤總史、（1991）、オスロ地域－近代岩石学発祥の地と古リフトー：地質ニュース448号

山田哲雄、（1991）、ラルビカイト：地質ニュース448号

石原舜三、（1991）、アルゼンチン、ソトの菫青石石材：地質ニュース448号

戸野昭、（1992）、イタリア、カララ地方の大理石石材をたずねて：地質ニュース455号

第5章
大理石各論

1. タソス ホワイト　THASSOS WHITE
ドロマイト（大理石）　Dolomite（Marble）

産　地（Locality）	Thassos, Kavala, Anatoliki Makedonia Kai Thraki, Greece
鉱物組成 (Mineral composition)	苦灰石＞方解石 Dolomite＞Calcite
色（Color）	白（White）

　白色緻密なドロマイト（岩）。肉眼で見えるキラキラする光が美しい。本磨き面からは、層理を示す縞模様は見え難いが、弱い透光性があって縞模様はより明瞭に見える。
　顕微鏡によると、鏡下での苦灰石と方解石との区別が大変難しい。これら炭酸塩鉱物は大きく成長していて、顕著な劈開、綺麗な干渉色を示し、熱変成作用を受けている。
　X線回折によると、原岩は苦灰石と方解石からなる。

塩酸処理によると、不純物（鉱物）がほとんど得られなかった。

化学分析

SiO_2	0.03	Fe_2O_3	0.046
Al_2O_3	0.029	CaO	35.05
MgO	22.76	P	0.002

（クロス　ニコル）

2. サン クリストバン　SAN CRISTOVAN
ドロマイト　Dolomite

産地（Locality）	Itaocara, Rio de Janeiro, Brazil
鉱物組成	苦灰石＞方解石＞＞菱苦土石？
(Mineral)	Dolomite>Calcite>>Magnesite?
色（Color）	白（White）

　白色緻密なドロマイト（岩）。本磨き面上や内部からの反射が大変顕著で、面を傾けると他の面からも反射する。以上の観点から本岩は極めて粗粒の透過性のよい大理石（ドロマイト）だ。研磨面でこの粗粒のこれらの鉱物をよく観察すると、粒子ごとに光沢が異なって見える。粒子ごとに結晶の軸方向が異なることから、その面の性質が違ってくるからであろう。透光性に優れている。
　顕微鏡によると、大きな結晶からなるが、劈開が明瞭に現れているものと、明瞭でないものがある。
　X線回折によると、原岩は苦灰石、方解石と少量の菱苦土石（？）からなる。
　塩酸処理によると、各ピークはいずれも大変弱い。鉱物の同定は大変難しい。透角閃石（8.47Å）の可能性はある。その他に不明鉱物（5.11Å、3.88Å）が共存する。
　ドロマイト化作用後に、熱変成作用によって結晶は成長している。

（クロス　ニコル）

3. インペリアル ダンビー IMPERIAL DANBY
大理石 Marble

産地 (Locality)　　　　Dorset Mountain, Danby, Rutland, Vermont, America
鉱物組成　　　　　　　方解石 >>> 雲母
(Mineral composition)　Calcite>>>Mica
色 (Color)　　　　　　白 (White)

　白色緻密な大理石。ごく淡い灰色の縞が白い中に霞のようにぼんやり見える。小さな点がキラキラとよく光る。
　顕微鏡によると、方解石は大きく成長している。劈開もよく発達している。
　X線回折によると、原岩は方解石とごく少量の雲母粘土鉱物からなる
　塩酸処理によると、シャープで強いピークの雲母粘土鉱物、弱い石英のピーク、滑石（?）（9.41Å）と輝沸石（?）（8.04Å）などが読み取れる。
　　　　　　　　　　（クロス　ニコル）

4. ゴールド ベイン セレクト　GOLD VEIN SELECT
大理石　Marble

産地（Locality）　　　　Marble, Gunnison, Colorado, America
鉱物組成　　　　　　　　方解石
(Mineral composition)　　Calcite
色（Color）　　　　　　　白（White）

　白色緻密な大理石。透光性に優れている。純白で美しい。小さくキラキラ光る反射が素晴らしい。
　顕微鏡によると、再結晶した方解石は大きく成長していて、劈開もよく現れている。干渉色がきれい。
　X線回折によると、原岩は方解石からなる。
　塩酸処理によると、石英の強いピーク、シャープであるが弱いピークの雲母粘土鉱物と長石（？）(3.12Å)などが見られる。
　　　　　　　　　　　（クロス　ニコル）

5. シベック ホワイト　SIVEC WHITE
ドロマイト　Dolomite

産地（Locality）　　　　Prilep, prilep, Pelagonija, Makedonija
鉱物組成　　　　　　　苦灰石 >> 方解石
(Mineral composition)　Dolomite>>Calcite
色（Color）　　　　　　白（White）

　白色のドロマイト（岩）。淡い灰～茶色の細長いぼんやりした斑点が、一方向に伸びていて層理をかろうじて観察できる。僅かではあるが、透光性を示している。肉眼で劈開面からの反射がよく見える。
　顕微鏡によると、ドロマイト（岩）を構成する苦灰石の粒径が揃っていて、等粒状をなしている。写真で示すように劈開がきれい。本岩がドロマイト化作用を受けた後に熱変成作用によって大理石化したのであろう。

X線回折によると、原岩は苦灰石と少量の方解石からなる。
塩酸処理によると、石英も含めて、不純物（鉱物）を含まない。

（クロス　ニコル）

6. ホワイト ペンテリコン　WHITE PENTELICON
大理石　Marble

産地（Locality）　　　　Pendelikon oros, Athina, Greece
鉱物組成　　　　　　　　方解石 >> 雲母 > 石英
（Mineral composition）　Calcite>>Mica>Quartz
色（Color）　　　　　　白（White）

　白色の緻密な大理石。霞のような淡いぼんやりした縞がある。キラキラ光る反射光が研磨面や切断面からも見られる。表面ばかりでなく、内部からの反射もある。透光性がある。
　顕微鏡によると、方解石は大きく成長している。劈開もよく発達している。
　X線回折によると、原岩は方解石とごく少量の雲母粘土鉱物と石英からなる。
　塩酸処理によると、石英が顕著に現れる。長石（？）（3.132Å）、雲母粘土鉱物は少ない。原岩では明瞭なピークを示すのに、なぜ雲母粘土鉱物が少ないのか原因は不明だ。多分、試料の採取した部分の違いによるのであろう。

（クロス　ニコル）

7. アラベスカート　ロベルト　ARABESCATO ROBERTO
大理石　Marble

産地（Locality）　　　　　Carrara, Massa e Carrara, Toscana, Italy
鉱物組成　　　　　　　　方解石
（Mineral composition）　Calcite
色（Color）　　　　　　　白（White）

　白色緻密な大理石。銀灰色の淡いぼやけた筋が、巻雲のように浮かんで見える。内部からのキラキラ光る小さな反射は、方解石の結晶が小さいのであろう。透光性がある。
　顕微鏡によると、方解石は直径0.2〜0.4mmで、どの結晶粒も同程度に成長し、劈開がよく発達している。
　X線回折によると、原岩は方解石からなる。
　塩酸処理によると、分離した不純物（残渣）が甚だ少なく、X線回折実験ができなかった（白色部分による）。
　　　　　　　　　　（クロス　ニコル）

8. ビアンコ カラーラ　BIANCO CARRARA
大理石　Marble

産地（Locality）　　　　Carrara, Massa e Carrara, Toscana, Italy
鉱物組成　　　　　　　　方解石
（Mineral composition）　Calcite
色（Color）　　　　　　 灰白（Grayish white），銀灰（Pearl gray）

　灰白色の緻密な大理石。模様が白い中に灰白色の雲のように浮かんで見える。方向性がある。堆積面と関係があるか否かは、現地での観察が必要である。本岩を造る結晶粒はかろうじて見えるが、キラキラする反射が少ない。透光性がある。
　顕微鏡によると、方解石の結晶は直径 0.3～0.5mm で大きく成長していて、劈開が発達している。
　X線回折によると、原岩は方解石からなる。
　塩酸処理によると、雲母鉱物（白雲母）がシャープなピークを示している。不明鉱物（7.9Å, 6.43Å）などのピークがある。
　化学分析によると、ほぼ純粋な方解石からできている。灰白色は不純物として混入した少量の炭素によると推定できる。

　　化学分析
　　SiO$_2$　　0.14　　　Fe$_2$O$_3$　0.019
　　Al$_2$O$_3$　0.035　　CaO　　55.78
　　MgO　　0.83　　　P　　　0.003

（クロス　ニコル）

9. ドラマ ホワイト　DRAMA WHITE
ドロマイト（大理石）　Dolomite（Marble）

産地（Locality）　　　　　Volas, Drama, Anatoliki Makedonia Kai Thraki, Greece
鉱物組成　　　　　　　　苦灰石 > 方解石
（Mineral composition）　　Dolomite>Calcite
色（Color）　　　　　　　白（White）

　白色緻密なドロマイト（岩）。はけで塗った霞のような縞が見られる。白色部には透光性がある。
　顕微鏡によると、苦灰石と方解石は直径 0.1 ～ 0.3mm で粒径が揃っている。劈開は顕著でない。苦灰石を多く含んでいるが、この結晶化による劈開が明瞭でないので、ドロマイト化の過程で生じたのであろうか。その後弱い熱変成作用を受けたと考えられる。
　X 線回折によると、原岩は苦灰石と少量の方解石からなる。
　塩酸処理によると、不純物（鉱物）はほとんど含んでいない。回折実験はできなかった。　　　　（クロス　ニコル）

10. ビアンコ　ブルイレ　BIANCO BROUILLE
大理石　Marble

産地（Locality）　　　　　Carrara, Massa e Carrara, Toscana, Italy
鉱物組成　　　　　　　　方解石 > 苦灰石
（Mineral composition）　Calcite>Dolomite
色（Color）　　　　　　　白（White）

　白色緻密な大理石。銀ねず色の雲のようにぼやけた紋様が美しい。方解石の結晶が小さいので、劈開面も小さくて、キラキラする反射が弱いが、数は多い。透光性がある。
　顕微鏡によると、熱変成特有の組織を示していて、中粒ほどで等粒状である。方解石と苦灰石が共存しているが鏡下での判定は大変難しい。劈開はそれほど発達していない。
　X線回折によると、原岩は方解石と苦灰石からなる。
　塩酸処理によると、シャープなピークを示す雲母粘土鉱物、ごく小さなピークの長石（？）（3.263Å, 3.22Å）、滑石（？）（9.5Å）と輝沸石（？）（8.1Å）が認められる。

（クロス　ニコル）

11. ダンビー ホワイト　DANBY WHITE
大理石　Marble

産地（Locality）　　　　　Dorset Mountain, Danby, Rutland, Vermont, America
鉱物組成　　　　　　　　方解石 >> 雲母 > 石英
（Mineral composition）　Calcite>>Mica>Quartz
色（Color）　　　　　　　白（White）

　白色緻密な大理石。明るい灰色の帯のような幅広の縞が伸びている。キラキラ光る面が均一に散らばっている。雲母のような薄い板状の結晶は白色部に少なく、灰色部により多く、縞に沿って点々と存在する。
　顕微鏡によると、再結晶した方解石は大きく成長している。劈開もよく発達している。雲母は鏡下とX線回折で確認している。
　X線回折によると、原岩は方解石と少量の雲母鉱物、かろうじて検出できる石英からなる。
　塩酸処理によると、シャープで大変強い雲母鉱物と少量の石英が確認できる。更にごく少量の滑石（？）（9.40Å）と輝沸石（？）（8.84Å, 8.04Å, 4.65Å, 3.99Å）を含んでいる。

（クロス　ニコル）

12. アラベスカート コルキア　ARABESCATO CORCHIA
大理石　Marble

産地（Locality）	Cervaiole, Massa e Carrara, Toscana, Italy
鉱物組成	方解石 >> 雲母
（Mineral composition）	Calcite>>Mica
色（Color）	白（White）

　白色緻密な大理石。銀ねず色の大きな紋様が〝はけ〟でさっと描いたように入っている。方解石の結晶は小さいようで、キラキラする反射がルーペでかろうじて見られる。白色部の透光性は大変良好で、黒色部に生成している鉱物は雲母であろう。

　顕微鏡によると、白色部の方解石は大部分中粒で少量の細粒を含む。透光性の良いのは、方解石の結晶間の密着度がよく、粒子間で乱反射が起き難いからであろう。劈開は中粒の方解石に見られるが、顕著ではない。黒色部からは、雲母鉱物が確認できる。

　X線回折によると、原岩は方解石とシャープなピークを示す雲母鉱物からなる。

　塩酸処理によると、強くてシャープなピークの雲母鉱物、より弱いがシャープなピーク（9.23Å）は滑石かパイロフィライトか、少量の輝沸石（？）（8.67Å，7.90Å，4.65Å，3.95Å）が認められる。

（クロス　ニコル）

13. バルカン ホワイト BALKAN WHITE
(マケドニア ホワイト MACEDONIA WHITE)
大理石　Marble

産地 (Locality)	Thassos, Kavala, Anatoliki Makedonia Kai Thraki, Greece
鉱物組成 (Mineral composition)	方解石　Calcite
色 (Color)	白 (White)

白色緻密な大理石。半透明でキラキラ光る。かろうじて識別できる灰色の部分が帯状に分布している。この部分は透光性が少し悪くなる。

顕微鏡によると、方解石は直径0.3～0.4mmに成長している。劈開の見える結晶もあるが、その数は少ない。

X線回折によると、原岩は方解石からなる。

塩酸処理によると、シャープで強い雲母粘土鉱物、シャープであるが弱いピークの滑石(?)(9.51Å)と輝沸石(?)(9.03Å, 8.17Å)、長石(?)(3.27Å, 3.132Å)とが共存していると推定できる。石英は少ない。得られた不純物(鉱物)が少ないことから化学分析値とよく一致する。

化学分析

SiO_2	0.05	Fe_2O_3	0.012
Al_2O_3	0.028	CaO	55.00
MgO	0.65	P	0.001

(クロス ニコル)

14. ビアンコ スペリオール　BIANCO SUPERIORE
大理石　Marble

産地（Locality）	Carrara, Massa e Carrara, Toscana, Italy
鉱物組成（Mineral composition）	方解石 Calcite
色（Color）	灰白（Grayish white）
	銀灰（Pearl gray）

　灰白色緻密な大理石。同じ方向に伸びる灰色の筋がぼんやり見える。方解石の粒が細かくて、ルーペでも見えにくい。灰白色は少量含まれる炭素によると推定できる。
　顕微鏡によると、方解石の結晶は、直径0.1mmほどでよく揃っている。劈開は僅かに見える。
　X線回折によると、原岩は方解石からなる。
　塩酸処理によると、シャープなピークを示す雲母粘土鉱物。より小さなピークの滑石と輝沸石（？）（8.93Å, 8.08Å）が検出された。

（クロス　ニコル）

15. カリッツァ　カプリ　CALIZA CAPRI
石灰岩　Limestone

産地（Locality）　　　　Cabra, Cordoba, Andalucia, Spain
鉱物組成　　　　　　　方解石
（Mineral composition）　Calcite
色（Color）　　　　　　茶味白（Brownish white）

塩酸処理によると、不純物（鉱物）が得られなかった。

　茶味白色の緻密な石灰岩。白い丸っぽい粗粒の方解石の集まりからできている。
　顕微鏡によると、直径約1mmの丸い化石が濃集している。化石の内部の結晶化が遅れていて、微細な方解石粒からなる。これに対して、化石の間を埋めて、方解石が細粒から中粒まで成長している。化石間を一つの結晶が占める部分もある。弱い劈開が見られる。
　X線回折によると、原岩は方解石からなる。

（クロス　ニコル）

16. イエロー オニックス　YELLOW ONYX

オニックス　Onyx

産地（Locality）	中国河南省南陽市内郷
鉱物組成 （Mineral composition）	方解石 Calcite
色（Color）	にぶい黄（Dull yellow） ネーブル　イエロー（Naples yellow）

　淡黄色緻密なオニックス。方解石の結晶は、柱状や束状に同じ方向に生成している。イエローオニックスと呼ばれ、透光性に優れている。
　顕微鏡によると、粒状の結晶が、団子状や太い棒状の形をしているが、劈開はほとんど見られない。
　X線回折によると、原岩は方解石からなる。
　塩酸処理によると、不純物（鉱物）は得られなかった。透光性の高いことは、水中でのゆっくりとした沈殿・成長と密接な関係にあると推定できる。
　　　　　　　　　　（クロス　ニコル）

17. シェル　SHELL

石灰岩　Limestone

産地（Locality）	Khvor, Nain, Esfahan, Iran
鉱物組成（Mineral composition）	方解石　Calcite
色（Color）	茶味白（Brownish white）

茶味白色の緻密な石灰岩。微細な割れ目が不規則に走っている。これを茶色の筋が埋めたり、縁どっている。化石から変わったであろう半透明な方解石が複雑な模様を与えている。

顕微鏡によると、基質は微細な方解石粒からなり、化石は結晶化によって方解石に変わっているが、その形は保っている。劈開は見られない。

X線回折によると、原岩は方解石からなる。

塩酸処理によると、ブロードで弱いピークを示す雲母粘土鉱物がある。少量の石英が共存する。

（クロス　ニコル）

18. ペルリーノ キアーロ　PERLINO CHIARO
石灰岩　Limestone

産地（Locality）　　　　Asiago, Vicenza, Veveneto, Italy
鉱物組成　　　　　　　　方解石
（Mineral composition）　Calcite
色（Color）　　　　　　　茶味白（Brownish white）

　茶味白色緻密な石灰岩。組織は微細で見えない。細くて淡色の筋がネット状になったり、樹枝状になったり、不規則な形をしているが、ほぼ同じ方向に伸びている。
　顕微鏡によると、基質は微細な方解石粒からできていて、斑晶に相当する方解石は少ない。より大きな化石は細粒の方解石集合体になっている。劈開はない。下方ポーラーで観察すると、約0.05mmの中空の円や楕円形が沢山見える。化石らしい。結晶して方解石になっている。

　X線回折によると、原岩は方解石からなる。
　塩酸処理によると、石英のピークが強く現れる。ブロードで弱いピークを示す雲母粘土鉱物と長石（?）（3.121Å）のピークが見られる。

（クロス　ニコル）

19. モカ クレーム　MOCA CREME
石灰岩　Limestone

産地（Locality）	Fatima, Ourem, Leiria, Portugal
鉱物組成 （Mineral composition）	方解石 Calcite
色（Color）	うす黄茶（Pale yellowish brown） 白茶（Ecru beige）

　うす黄茶色の緻密な石灰岩。微細な粒子が堆積した一見砂岩のように見える。かすかに層理が認められる。
　顕微鏡によると、0.3〜0.4mmの球形に近い化石が濃集している。化石から方解石への生成は見られない。しかし化石間の隙間を埋めて、ところどころに方解石が生成している。劈開は見えない。
　X線回折によると、原岩は方解石からなる。
　塩酸処理によると、シャープで強いピークを示すカオリン鉱物とブロードで弱いピークを示す雲母粘土鉱物が見られる。その他弱いピークを示す不明鉱物（6.75Å, 5.75Å）もある。石英はない。

（クロス　ニコル）

20. ブランコ ド マール　BRANCO DO MAR
石灰岩　Limestone

産地 (Locality)	Arrimal, Porto de Mos, Leiria, Portugal
鉱物組成 (Mineral composition)	方解石　Calcite
色 (Color)	うす黄 (Pale yellow)
	象牙色 (Ivory)

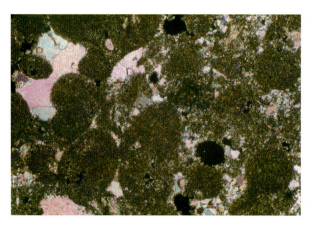

　象牙色の緻密な石灰岩。ルーペでよく観察するといろんな形の化石らしい異物が沢山入っている。
　顕微鏡によると、丸い形の化石がたくさん入っている。化石は方解石へと結晶していないが、周囲の隙間を埋めて結晶した方解石が見られる。劈開は発達していない。
　X線回折によると、原岩は方解石からなる。
　塩酸処理によると、シャープで強いピークを示すカオリン鉱物と少量の不明鉱物 (6.707Å, 6.326Å, 5.75Å) が見られる。比較的シャープであるが、弱いピークの雲母粘土鉱物も含まれる。石英はない。

(クロス ニコル)

21. シェル ベージュ　SHELL BEIGE
石灰岩　Limestone

産地（Locality）　　　Khvor, Nain, Esfahan, Iran
鉱物組成　　　　　　方解石
（Mineral composition）　Calcite
色（Color）　　　　　うすピンク（Pale pink）
　　　　　　　　　　さくら色（Pale rose）

　うすピンク色の緻密な石灰岩。赤茶色の不規則な細脈が走っている。この細脈に沿って割れやすいようだ。化石の有無ははっきりしない。
　顕微鏡によると、基質は微細な方解石粒からなる。大きな方解石の結晶は化石から変わったと見なされる。しかし劈開は見られない。
　X線回折によると、原岩は方解石からなる。
　塩酸処理によると、不純物（鉱物）が少ないが、石英とブロードの弱いピークを示す雲母粘土鉱物とカオリン鉱物が見られる。長石（？）（3.132Å）もある。
　　　　　　　　　　　　（クロス　ニコル）

101

22. トラベルチーノ　ロマーノ　キアーロ
TRAVERTINO ROMANO CHIARO
トラバーチン　Travertine

産地（Locality）　　　　Bagni, di Tivoli, Roma, Italy
鉱物組成　　　　　　　　方解石
（Mineral composition）　Calcite
色（Color）　　　　　　　うす黄茶（Pale yellowish brown）
　　　　　　　　　　　　白茶（Ecru beige）

　うす黄茶色の緻密なトラバーチン。方解石の粒子が細かくて、各粒子を識別できない。色も淡色で変化に乏しい。堆積時に混入する不純物の増減によって、堆積層の色の変化が見られる。したがって、堆積面にほぼ平行で帯状に伸びている。空隙は同様に層理面に沿って点々と並んでいる。
　顕微鏡によると、本岩は細粒の方解石に結晶化している。空隙の内壁の方解石はより大きな結晶へと成長している。劈開は見られない。

　X線回折によると、原岩は方解石からなる。
　塩酸処理によると、雲母粘土鉱物はシャープであるが小さく、2次、3次のピークはかろうじて読める。石英は含まない。

（クロス　ニコル）

23. クレマ　マルフィル　CREMA MARFIL
石灰岩　Limestone

産地（Locality）	Pinoso, Alicante, Valencia, Spain
鉱物組成 （Mineral composition）	方解石 >> 石英 Calcite>>Quartz
色（Color）	茶味白（Brownish white）

茶味白色の緻密な石灰岩。方解石が細い割れ目を充填して生成している。

顕微鏡によると、基質は微細な方解石粒からなっている。化石は形を保っているが、方解石になっている。劈開は見えない。

X線回折によると、原岩は方解石と石英からなる。

塩酸処理によると、少量の石英とより少ない長石（？）(3.132Å) が認められる。粘土鉱物は含まない。

（クロス　ニコル）

24. フィレット ロッソ　FILETTO ROSSO
石灰岩　Limestone

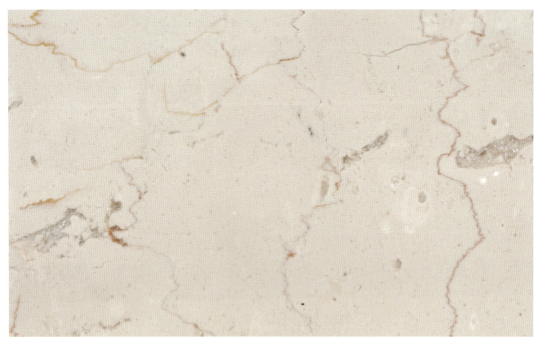

産地（Locality）	San Giovanni, Rotondo, Foggia, Puglia, Italy
鉱物組成（Mineral composition）	方解石　Calcite
色（Color）	茶味白（Brownish white）

　茶味白色の緻密な石灰岩。細い不規則な割れ目を填して、白色やうすい茶色を呈する方解石が埋めている。割れ目に関係ない細い不規則な茶色の筋もある。これらの筋に無関係の割れ目や方解石が、レンズ状、円形、クサビ形、三日月形など種々の形をしている。
　顕微鏡によると、基質は微細な方解石粒で、この中に化石から変わったであろう大きな方解石が見られる。劈開は見えない。
　X線回折によると、原岩は方解石からなる。
　塩酸処理によると、ややブロードで規則性が少し悪いが明瞭なピーク（10.1Å）とこれの2次、3次のピークが現れていることから雲母粘土鉱物であろう。石英はない。

（クロス　ニコル）

25. ボテチーノ　BOTTICINO

石灰岩　Limestone

産地（Locality）　　　　Botticino, Brescia, Lombardia, Italy
鉱物組成　　　　　　　　方解石 >> 苦灰石
（Mineral composition）　Calcite>>Dolmite
色（Color）　　　　　　 うす黄茶（Pale yellowish brown）
　　　　　　　　　　　　白茶（Ecru beige）

　うす黄茶色の緻密な石灰岩。構成する方解石が微細でルーペでも全く見えない。破砕面を見ると、結晶化が始まっているように見えるが、劈開面は見えない。細かい割れ目や空隙を埋めて、より大きな方解石が生じている。キラッと光ることによって、劈開の存在が確認できる。
　顕微鏡によると、基質は微細な方解石粒になっている。大きな方解石があって、化石から結晶したと考えられるが、元の化石の原型は読み取り難い。劈開は見られない。同時に消光する方解石の集合体がある。
　X線回折によると、原岩は方解石と少量の苦灰石からなる。
　塩酸処理によると、ややシャープさが欠ける雲母粘土鉱物と長石（？）（3.234Å）が認められる。石英はごく少量共存する。

（クロス　ニコル）

26. ビマンドルロ　BIMANDORLO
石灰岩　Limestone

産地（Locality）	Minervino Murge, Bari, Puglia, Italy
鉱物組成（Mineral composition）	方解石　Calcite
色（Color）	うす黄茶（Pale yellowish brown）
	白茶（Ecru beige）

　うす黄茶色の緻密な石灰岩。この中に化石の一部に見える棒状のもの、三日月のように湾曲しているもの、丸味を帯びたものなど、さまざまな形が見られる。
　顕微鏡によると、基質は微細な方解石粒になっている。方解石がより大きく結晶化して集まっている。元化石のようで、劈開はあまりよく見えない。
　X線回折によると、原岩は方解石からなる。
　塩酸処理によると、不純物（鉱物）の含有量が少なく、雲母粘土鉱物とカオリン鉱物は共にブロードの弱いピークを示している。石英はない。
（クロス　ニコル）

27. テレサ ベージュ　TERESA BEIGE
石灰岩　Limestone

産地（Locality）	Teresa, Rizal, Calabarzon, Philippines
鉱物組成（Mineral composition）	方解石 >> 苦灰石　Calcite>>Dolomite
色（Color）	うす茶（Pale brown）

うすい茶色の緻密な石灰岩。白い微少の斑点や茶色の細い筋が見られる。

顕微鏡によると、基質は微細な方解石粒からなり、結晶化は他に較べて弱い。化石の形を示す。方解石は化石の組織を残している。劈開は見られない。

X線回折によると、原岩は方解石とごく少量の苦灰石からなる。

塩酸処理によると、ブロードで大変強いピーク（15.2Å）が現れる。他にピークはない。スメクタイト（モンモリロン石）であろう。

（クロス　ニコル）

28. トラベルチーノ ロマーノ　TRAVERTINO ROMANO
トラバーチン　Travertine

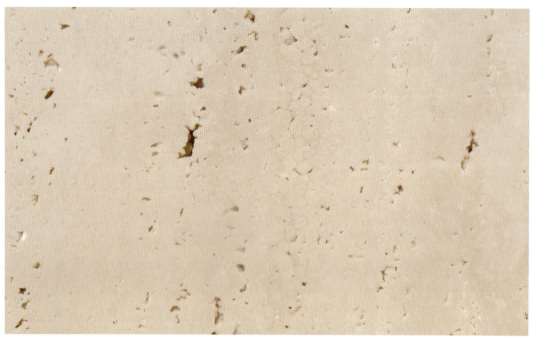

産地（Locality）　　　　　Bagni di Tivoli, Roma, Lazio, Italy
鉱物組成　　　　　　　　方解石
（Mineral composition）　Calcite
色（Color）　　　　　　　うす黄茶（Pale yellowish brown）
　　　　　　　　　　　　白茶（Ecru beige）

　うす黄茶色の緻密なトラバーチン。構成する方解石粒は肉眼やルーペでも識別できない。淡色の堆積物（石灰）は層理とほぼ平行に帯状に幅広く横たわっている。色のわずかの変化で層理が読み取れる。空隙は扁平で層理と調和して、断続的に存在する。
　顕微鏡によると、石灰分は結晶化してほぼ等粒の方解石になっている。空隙の内壁の方解石はより大きく結晶化している。いずれも劈開は見えない。
　X線回折によると、原岩は方解石からなる。
　塩酸処理を行ったが、不純物、他の鉱物がほとんど得られなかった。
　　　　　　　　　　（クロス　ニコル）

29. トラベルチーノ フローレンス TRAVERTINO FLORENCE
トラバーチン Travertine

産地（Locality）	Rapolano Terme, Siena, Toscana, Italy
鉱物組成（Mineral composition）	方解石 Calcite
色（Color）	うす黄～うす黄茶（Pale yellow ～ Pale yellowish brown）
	クリーム～白茶（Cream ～ Ecru beige）

　うす黄色からうす黄茶色の緻密なトラバーチン。色の濃淡によって造り出される縞が帯のように横に伸びている。堆積した物質の組成の変化によって生じたのであろう。多くの空隙が横に並んでトラバーチンの特徴を現している。

　顕微鏡によると、細粒の方解石が生成している。大きな結晶は見られない。化石は含まれない。

　X線回折によると、原岩は方解石からなる。

　塩酸処理によると、石英とシャープなピークを示す雲母粘土鉱物、長石（？）（3.21Å , 3.12Å）が確認できる。

（クロス　ニコル）

30. ホワイト　トラバーチン　WHITE TRAVERTINE
トラバーチン　Travertine

産地（Locality）	Nimvar, Mahallat, Markazi, Iran
鉱物組成（Mineral composition）	方解石　Calcite
色（Color）	うす黄茶（Pale yellowish brown） 白茶（Ecru beige）

うす黄茶のトラバーチン。小さな空隙は、堆積面に平行に生じている。

顕微鏡によると、方解石は主に細粒から中粒まで存在する。空隙部に、より粗粒の方解石が生じていることから初生であろう。劈開は明瞭でない。

X線回折によると、原岩は方解石からなる。

塩酸処理によると、石英は明瞭な回折ピークを現す。雲母粘土鉱物、カオリン鉱物と緑泥石（？）などのピークが確認できるが、いずれもブロードで弱い。

（クロス　ニコル）

31. ライト　トラバーチン　LIGHT TRAVERTINE
トラバーチン　Travertine

産地（Locality）　　　　Sivas, Sivas, Turkey
鉱物組成　　　　　　　方解石
（Mineral composition）　Calcite
色（Color）　　　　　　うす黄茶（Pale yellowish brown）
　　　　　　　　　　　白茶（Ecru beige）

　うす黄茶に見えるトラバーチン。その色の濃淡によって縞状の模様をしている。濃い色の縞の中に空隙が調和して並んでいる。
　顕微鏡によると、本岩を造る方解石は微細粒から細粒までであり、化学的に沈殿によって堆積・生成したのであろう。空隙に沿う方解石はより大きく成長している。劈開は見えない。大理石のように後から熱による再結晶と異なり、不規則な形を示す方解石が多い。
　X線回折によると、原岩は方解石からなる。
　塩酸処理によると、石英のピークがかろうじて読みとれる。他の粘土鉱物のピークは全くない。
　　　　　　　　　　（クロス　ニコル）

32. ジュラ マーブル イエロー　JURA MARBLE YELLOW
石灰岩　Limestone

産地（Locality）	Eichstatt, Eichstatt, Oberbayern, Bayern, Germany
鉱物組成 (Mineral composition)	方解石 >>> 石英 Calcite>>>Quartz
色（Color）	うす黄茶（Pale yellowish brown） 白茶（Ecru beige）

うす黄茶色の緻密な石灰岩。茶色の微細な斑点、白色粒状（約1mm）の斑点、白色の複雑な形などが散在している。微化石を多く含んでいるようだ。

顕微鏡によると、基質は微細な方解石粒からなっている。化石は方解石化しているが輪郭を保っている。劈開は見られない。

X線回折によると、原岩は方解石とごく少量の石英からなる。

塩酸処理によると、石英のピーク、弱くてブロードのピークの針鉄鉱（？）（4.211Å）、少量の長石（？）（3.121Å）が現れる。粘土鉱物はない。溶解残渣がにぶい赤茶色を示すこと、X線のベースラインが高いことから、鉄をより多く含んでいるからであろう。

（クロス　ニコル）

33. ニュー フィレット ロッソ　NEW FILETTO ROSSO
石灰岩　Limestone

産地（Locality）	Khvor, Nain, Esfahan, Iran
鉱物組成（Mineral composition）	方解石　Calcite
色（Color）	うす黄茶（Pale yellowish brown）
	白茶（Ecru beige）

　うす黄茶色の緻密な石灰岩。ブロック状をなすごく小さな割れ目が不規則に走っている。この割れ目に沿って赤茶色の細脈がある。化石の有無ははっきりしない。ごく弱い透光性が認められる。石灰岩からの結晶化の進行状況を示すものであろう。

　顕微鏡によると、基質は微細な方解石粒からなり、ところどころに元化石と見なされる結晶した大きな方解石が散在する。この方解石は劈開を示さない。

　X線回折によると、原岩は方解石からなる。

　塩酸処理によると、石英が比較的多く含まれる。長石（？）（3.267Å, 3.132Å）のピークが認められる。粘土鉱物の生成は確認できなかった。

（クロス ニコル）

34. オーシャン ベージュ　OCEAN BEIGE
石灰岩　Limestone

産地（Locality）　　　　　Diyarbakir, Diyarbakir, Turkey
鉱物組成　　　　　　　　方解石
（Mineral composition）　Calcite
色（Color）　　　　　　　うす黄茶（Pale yellowish brown）
　　　　　　　　　　　　白茶（Ecru beige）

　うす黄茶色の緻密な石灰岩。優白色の筋や白い粉を振りかけたような細かな模様を現している。白い模様を含まないうす黄茶の半透明な部分は方解石からなり、元化石であったようである。
　顕微鏡によると、基質は微細な方解石粒からなり、大きな方解石は元の化石の形を保っている。劈開は見えない。
　X線回折によると、原岩は方解石からなる。
　塩酸処理によると、ブロードで弱いピーク（10.8Å）、これの2次回折線はない。3次回折線（3.376Å）はかろうじて読める。雲母粘土鉱物を示しているようにも考えられるが、判定は大変難しい。石英はない。

（クロス　ニコル）

35. ファーンタン　FAWNTAN
石灰岩　Limestone

産地（Locality）　　　　Teresa, Rizal, Calabazon, Philippines
鉱物組成　　　　　　　　方解石 >> 苦灰石
(Mineral composition)　　Calcite>>Dolomite
色（Color）　　　　　　　うす黄茶（Pale yellowish brown）
　　　　　　　　　　　　白茶（Ecru beige）

　うす黄茶色の緻密な石灰岩。茶色の不規則な筋や、割れ目を充填したように見える優白色の細い筋が見られる。化石を示すような模様もある。
　顕微鏡によると、基質は微細な方解石粒からなり、化石は結晶化して方解石になっている。劈開は見られない。
　X線回折によると、原岩は方解石とごく少量の苦灰石からなる。
　塩酸処理によると、少量の石英が含まれる。粘土鉱物はない。
　　　　　　　　　　（クロス　ニコル）

36. ペルラート シチリア　PERLATO SICILIA
石灰岩　Limestone

産地（Locality）　　　　Monte Cofano, Custonaci, Trapani, Sicilia, Italy
鉱物組成　　　　　　　　方解石
（Mineral composition）　Calcite
色（Color）　　　　　　　うす黄茶（Pale yellowish brown）
　　　　　　　　　　　　白茶（Ecru beige）

　うす黄茶色の緻密な石灰岩。丸みを帯びたり、化石の破片様でもある形が見られる。
　顕微鏡によると、基質は微細な方解石粒になっている。化石は結晶化の進んでいないもの、結晶化が進んで外形だけが保存されているものまである。劈開は不明瞭である。
　X線回折によると、原岩は方解石からなる。
　塩酸処理によると、不純物（鉱物）は大変少なく、ブロードで弱いピークのカオリン鉱物のみが認められる。石英はない。

（クロス　ニコル）

37. カピストラーノ ブレッチア　CAPISTRANO BRECCIA
石灰岩　Limestone

産地（Locality）　　　　San Ildefonso, Bulacan, central luzon, Philippines
鉱物組成　　　　　　　　方解石
（Mineral composition）　Calcite
色（Color）　　　　　　うす黄茶（Pale yellowish brown）
　　　　　　　　　　　　白茶（Ecru beige）

　うす黄茶色の緻密な石灰岩。白い丸い斑点や、いろんな形などから、化石が多く含まれているように見える。
　顕微鏡によると、基質は微細な方解石粒からなり、その中に化石やその破片が含まれるが、いずれも方解石へ結晶化している。しかし方解石の劈開が見られない。
　X線回折によると、原岩は方解石からなる。
　塩酸処理によると、ブロードで弱い10.7Åのピーク1本だけ現れる。その他のピークが全く現れないことから、このピークがスメクタイトか雲母粘土鉱物かどちらになるか大変難しい問題だ。
　　　　　　　　　（クロス　ニコル）

117

38. ブレッチア　オニチアータ　BRECCIA ONICIATA
石灰岩　Limestone

産地（Locality）	Brescia, Lombardia, Italy
鉱物組成	方解石 >> 苦灰石
（Mineral composition）	Calcite>>Dolomite
色（Color）	うす黄茶（Pale yellowish brown）
	白茶（Ecru beige）

　うす黄茶色の石灰岩。うすい茶色やより白い細い筋が柔らかな縞模様をなしている。ルーペでも結晶した方解石が見えない。

　顕微鏡によると、細い等粒状の方解石からなる。その原因の一つはドロマイト化作用によって、等粒化したのであろう。空隙の内部に粗粒の方解石の結晶が見える。しかし劈開が殆んどない。

　X線回折によると、原岩は方解石と少量の苦灰石からなる。

　塩酸処理によると、ブロードで弱いピークの雲母粘土鉱物と長石（？）（3.255Å）がある。石英はない。

（クロス　ニコル）

39. アウリジーナ　フィオリータ　AURISINA FIORITA
石灰岩　Limestone

産地（Locality）　　　　Aurisina, Trieste, Friuli-Venezia Giulia, Italy
鉱物組成　　　　　　　方解石
（Mineral composition）　Calcite
色（Color）　　　　　　うす黄茶（Pale yellowish brown）
　　　　　　　　　　　白茶（Ecru beige）

　うす黄茶色の石灰岩。白色不透明から半透明まで、いろんな形をした方解石粒が集まって、この石灰岩を造っている。この中に茶色〜灰色の半透明で、化石の破片らしい折片が斑点状に入っている。これが石灰岩に特有の紋様を与えている。
　顕微鏡によると、基質は細いが結晶して方解石になっている。化石やその破片は、その外形を保っている。その内部は方解石になっている。劈開は見えない。
　X線回折によると、原岩は方解石からなる。
　塩酸処理によると、不純物（鉱物）は得られなかった。

（クロス　ニコル）

40. ゴハレー ベージュ　GOHAREH BEIGE
ドロマイト　Dolomite

産地（Locality）	Khorramabad, Khorramabad, Lorestan, Iran
鉱物組成（Mineral composition）	苦灰石　Dolomite
色（Color）	うす黄茶（Pale yellowish brown）

うすベージュ色の緻密なドロマイト（岩）。より淡色のぼやけた筋が不規則に伸びるが、多少方向性を示している。より濃い色の丸い形や短柱状の斑点などが観察できる。

顕微鏡によると細粒からなり、粒径がよく揃っている。

X線回折によると、原岩は苦灰石からなる。

塩酸処理によると、不純物（鉱物）は得られなかった。方解石や不純物を含まないことから、苦灰石100％のドロマイト（岩）である。

（クロス　ニコル）

41. ペルラート ロイヤル　PERLATO ROYAL
石灰岩　Limestone

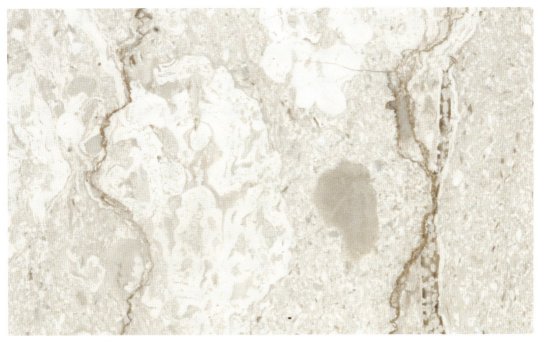

産地（Locality）　　　　　Coreno Ausonio, Frosinone, Lazio, Italy
鉱物組成　　　　　　　　方解石 >> 苦灰石
（Mineral composition）　Calcite>>Dolomite
色（Color）　　　　　　　うす黄茶（Pale yellowish brown）
　　　　　　　　　　　　白茶（Ecru beige）

　うす黄茶色の緻密な石灰岩。この中に白いうろこ雲のようにいろんな形が浮かんで見える。これは化石らしい。
　顕微鏡によると、基質は微細な方解石粒からなり、結晶化は進んでいない。化石は丸い形、細長い形など種々の形をしている。これらの化石の結晶化は概して遅れている。もちろん劈開は見えない。
　X線回折によると、原岩は方解石とごく少量の苦灰石からなる。
　塩酸処理によると、ブロードで大変弱いピークから、カオリン鉱物と雲母粘土鉱物が含まれることがかろうじて判定できる。雲母粘土鉱物（10.3Å）の低角度側のベースラインが次第に上がっている。

（クロス　ニコル）

121

42. モカ クレーム ダーク　MOCA CREME DARK
石灰岩　Limestone

産地（Locality）	Alcanede, Santarem, Leziria do Tejo, Portugal
鉱物組成	方解石
（Mineral composition）	Calcite
色（Color）	うす茶（Pale brown）

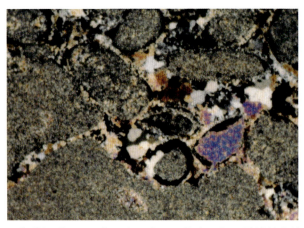

うす茶色の緻密な石灰岩。研磨面をよく観察すると化石の集合体のように見える。粒子の配列や淡色の縞模様から、堆積の方向が窺える。

顕微鏡によると、丸い形、丸味を帯びたもの、バナナのように細長い形をしたものなど、いろんな形の化石が濃集している。化石から方解石への結晶化が弱い。これらの隙間を埋めて方解石が成長している。劈開は見られない。

X線回折によると、原岩は方解石からなる。

塩酸処理によると、かろうじて検出できる雲母粘土鉱物とカオリン鉱物が含まれている。不明鉱物（6.37Å）がある。石英はない。

（クロス　ニコル）

43. ペルラート ズベボ　PERLATO SVEVO
(ズベボ　ロイヤル　SVEVO ROYAL)
石灰岩　Limestone

産地（Locality）　　　　Ruvo di Puglia, Bari, Puglia, Italy
鉱物組成　　　　　　　　方解石
（Mineral composition）　Calcite
色（Color）　　　　　　　うす黄茶（Pale yellowish brown）, 白茶（Ecru beige）

　黄味茶色の緻密で光沢のよい石灰岩。細い形、丸い形などいろんな形の模様が見られる。化石が濃集形成されたようだ。この白い模様の周囲に、半透明の方解石があって、キラキラ光る反射も観察できる。
　顕微鏡によると、基質は微細な方解石粒からなる。化石の結晶化は進んでいる。しかし、劈開は未発達で、全体としてこの石は比較的結晶化が進んでいるが、化石の形が残っていること、熱変成作用による再結晶化による大理石と組織が異なることなどから、石灰岩に分類した。X線回折によると、原岩は方解石からなる。塩酸処理によると、不純物（鉱物）は得られなかった。

化学分析
SiO₂　　0.16　　Fe₂O₃　0.034
Al₂O₃　0.034　　CaO　　55.40
MgO　　0.29　　P　　　0.003

（クロス　ニコル）

44. リオーシュ モンテモール　LIOZ MONTEMOR
大理石　Marble

産地（Locality）	Montemor, Loures, Lisboa, Portugal
鉱物組成（Mineral composition）	方解石　Calcite
色（Color）	うす黄茶（Pale yellowish brown）
	白茶（Ecru beige）

うす黄茶色の緻密な大理石。琥珀色をなす模様が美しい。ルーペで本磨き面をよく観察すると、沈殿成長を示す等間隔の層理が見られる。この部分に透光性がある。

顕微鏡によると、方解石の結晶が同一方向に伸びている。劈開が発達していないが、干渉色は綺麗である。これらの観察結果は、パキスタンオニックスと類似している。部分的にオニックスの性質を示している。

X線回折によると、原岩は方解石からなる。

塩酸処理によると、石英とシャープであるが弱いピークを示すカオリン鉱物とが認められる。その他に長石（？）（3.158Å）がある。

（クロス　ニコル）

45. トラベルチーノ ヌワゼット　TRAVERTINO NOISETTE

トラバーチン　Travertine

産地（Locality）	Bagni di Tivoli, Roma, Lazio, Italy
鉱物組成 （Mineral composition）	方解石 Calcite
色（Color）	うす黄茶（Pale yellowish brown） 幹色（Honey buff）

うす黄茶色の緻密なトラバーチン。つぶれた細長い穴が沢山横に並んでいる。色の濃淡の変化は少なく、より優白色の帯状の縞が横たわっている。

顕微鏡によると、基質は細かな方解石粒からできている。全体に結晶化が進んでいて、より大きく成長した方解石が多く見られ、干渉色が綺麗であるが、劈開は見られない。

X線回折によると、原岩は方解石からなる。

塩酸処理によると、不純物（鉱物）が極めて少なく他の鉱物は検出できなかった。もちろん石英はない。

（クロス　ニコル）

46. キァンポ ポルフィリコ　CHIAMPO PORFIRICO
石灰岩　Limestone

産地（Locality）	Chiampo, Vicenza, Veneto, Italy
鉱物組成（Mineral composition）	方解石　Calcite
色（Color）	うす黄茶（Pale yellowish brown）
	幹色（Honey buff）

　うす黄茶色の緻密な石灰岩。丸い形、紡錘形、棒状など種々の形をした化石らしい固体が多量に入っている。白色不透明の固体らしいものは少ないが、半透明の固体が多い。うす茶の細脈が概して層理に沿って生じている。

　顕微鏡によると、基質は細粒の方解石になっている。化石は外形を保ち、内部が方解石に変わっている。劈開は見られない。

　X線回折によると、原岩は方解石からなる。

　塩酸処理によると、10.7Åの強くてブロードのピークが見られるが、これに関係する2次、3次のピークがない。ブロードで弱いピークのカオリン鉱物が共存する。少量の石英が確認できる。

（クロス　ニコル）

47. ブラウン ベージュ　BROWN BEIGE
石灰岩　Limestone

産地（Locality）	Norzagaray, Bulacan, Central Luzon, Philippines
鉱物組成 (Mineral composition)	方解石 Calcite
色（Color）	うす黄茶（Pale yellowish brown） 白茶（Ecru beige）

　うす黄茶の緻密な石灰岩。丸い、だ円、或いは細長いなど種々の形をしている化石を沢山含むように見える。

　顕微鏡によると、基質は微細な方解石粒からなる。直径1mm以上の球形の化石が多く含まれている。化石は方解石化しているが、外形はよく保たれている。劈開は見えない。

　X線回折によると、原岩は方解石からなるか、極めて少量の苦灰石が共存する可能性がある。

　塩酸処理によると、7.1°（2θ）付近にブロードの極めて弱い回折線が見られる。これ以外に回折線はない。ごく少量の石英も含まれる。

（クロス　ニコル）

48. ポルフィリコ パリエリーノ　PORFIRICO PAGLIERINO
石灰岩　Limestone

産地（Locality）	Chiampo, Vicenza, Veneto, Italy
鉱物組成（Mineral composition）	方解石　Calcite
色（Color）	うす灰茶（Pale grayish brown）

3次のピークは現れない。石英はない。

　うす灰味茶色の緻密な石灰岩。化石が濃集しているように見える。丸形、紡錘形、棒状など、その形は変化に富んでいる。これらが、白色不透明から半透明まで存在する。
　顕微鏡によると、基質は微細な方解石の粒からなり、化石は外形を保ち、内部が方解石になっている。劈開は見えない。
　X線回折によると、原岩は方解石からなる。
　塩酸処理によると、10.5Åの強くてブロードのピークが現れる。これの2次、

（クロス　ニコル）

49. トラーニ ボテチーノ　TRANI BOTTICINO
石灰岩　Limestone

産地（Locality）　　　　　Trani, Bari, Puglia, Italy
鉱物組成　　　　　　　　方解石
（Mineral composition）　Calcite
色（Color）　　　　　　　うす黄茶（Pale yellowish brown）
　　　　　　　　　　　　白茶（Ecru beige）

　うす黄茶色の緻密な石灰岩。化石や異質物の混入が少なく均質に見える。
　顕微鏡によると、基質は微細な方解石粒からできていて、かろうじて方解石と認められる。数少ない化石の破片がある。化石は方解石になっている。もちろん劈開は見えない。
　X線回折によると、原岩は方解石からなる。
　塩酸処理によると、不純物（鉱物）が少なくごく少量の石英と雲母粘土鉱物が見られる。
（クロス　ニコル）

50. アンバー ライムストーン　AMBER LIMESTONE
石灰岩　Limestone

産地（Locality）	Huescar, Granada, Andalucia, Spain
鉱物組成 （Mineral composition）	方解石 >> 石英 Calcite>>Quartz
色（Color）	うす黄茶（Pale yellowish brown） 幹色（Honey buff）

　うす黄茶色の緻密な石灰岩。組織は細かく見え、白色の微細な点や、粒状の斑点が多く見られる。化石も含むようだ。
　顕微鏡によると、基質は微細な方解石粒からなる。化石は形を保ったまま方解石に変わっている。紡錘形や蜂の巣状をなしている。劈開はない。
　X線回折によると、原岩は方解石からなり、ごく少量の石英が共存するようだ。
　塩酸処理によると、石英が顕著に現れる。長石（？）（3.125Å）が含まれる。少量の石英が含まれることから、内湾や沿岸の堆積物であろう。

（クロス　ニコル）

51. マロン　トラバーチン　MARRON TRAVERTINE
トラバーチン　Travertine

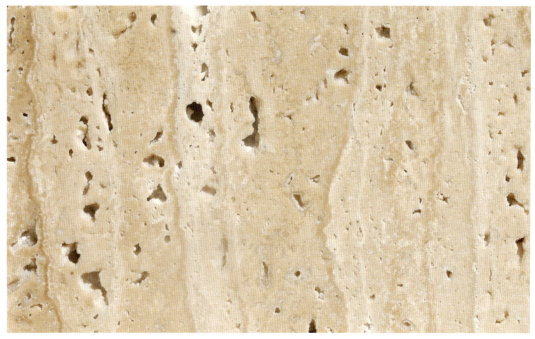

産地（Locality）　　　　Nimvar, Mahallat, Markazi, Iran
鉱物組成　　　　　　　方解石
（Mineral composition）　Calcite
色（Color）　　　　　　うす茶（Pale brown）

　うす茶色の緻密なトラバーチン。扁平な穴が堆積面にほぼ平行に並んでいて、堆積後のまだよく固結していない軟らかいときに、少し押しつぶされている。
　顕微鏡によると、基質は微細な方解石粒からなるが、結晶化は大変弱い。穴を取り囲んで中粒の方解石が並んでいる。結晶化も弱く、また劈開は全く見られない。
　X線回折によると、原岩は方解石からなる。
　塩酸処理によると、シャープで弱いピークの長石（?）（3.17Å）とシャープで弱い石英が少量含まれている。粘土鉱物は検出されなかった。
（クロス　ニコル）

52. オンダガータ ライト　ONDAGATA LIGHT
石灰岩　Limestone

産地（Locality）	Minervino, Bari, Puglia, Italy
鉱物組成（Mineral composition）	方解石　Calcite
色（Color）	うす黄茶（Pale yellowish brown）
	白茶（Ecru beige）

うす黄茶色の緻密な石灰岩。微細な石灰粒子の堆積物で、圧縮されて緻密になったのであろう。堆積時の素材の組成変化や他の夾雑物の変化によって生じた、淡色の薄い層理がかろうじて読み取れる。遠くから見ても、色調の変化で層理の存在が漠然と分かる。

顕微鏡によると、基質は微細な粒子からなっているが、干渉色から方解石であろう。化石やその破片は外形を保った状態で、方解石になっている。劈開は見えない。

X線回折によると、原岩は方解石からなる。
塩酸処理によると、比較的シャープなピークの雲母粘土鉱物とブロードの小さなピークのカオリン鉱物が認められる。石英はない。

（クロス　ニコル）

53. ゴールデン　マーブル　GOLDEN MARBLE
石灰岩　Limestone

産地（Locality）	Loralai, Balochistan, Pakistan
鉱物組成（Mineral composition）	方解石　Calcite
色（Color）	暗い黄だいだい（Dark yellow orange） 金茶（Golden yellow）

　金茶色の緻密な石灰岩。化石や方解石がさまざまな模様を石に与えている。さらに鉄による汚染によって、より複雑化している。

　顕微鏡によると、基質は微細な方解石粒からなる。化石は形を保っているが、その内部は方解石の集合体になっている。劈開は見えない。

　X線回折によると、原岩は方解石からなる。

　塩酸処理によると、ブロードの弱いピークのカオリン鉱物、同じく針鉄鉱とごく小さな石英のピークが判読できる。

（クロス　ニコル）

133

54. ピエトラ　ドラータ　PIETRA DORATA
砂岩　Sandstone

産地（Locality）	Grosseto, Grosseto, Toscana, Italy
鉱物組成 （Mineral composition）	方解石＞石英＞長石＞カオリン？ Calcite>Quartz>Feldspar>Kaolin?
色（Color）	黄茶（Yellowish brown） Golden honey

　黄味茶色の緻密な砂岩。粗粒の砂岩のように見える。研磨面に微細な凹凸が残っていて、光沢が出し難いようだ。
　顕微鏡によると、基質は結晶化した細粒の方解石からなる。角張った石英粒が多く含まれている。少量の長石も確認できる。石英粒を取り囲むように大きく結晶化した方解石が存在する。この砂岩が陸上からの砕屑物を多く含んでいることから、内湾や沿岸など陸地の近くで石灰岩層が成長し、多量の石英粒の供給を受けながら堆積、形成されたのであろう。
　Ｘ線回折によると、岩石は方解石、多量の石英、少量の長石、カオリン鉱物（？）からなる。
　塩酸処理によると、石英が顕著に、長石（？）（3.255Å, 3.198Å, 3.110Å）は少量、カオリン鉱物はブロードで弱いピークを示す。

（クロス　ニコル）

55. コンブランシェン　クレール　COMBLANCHIEN CLAIR
石灰岩　Limestone

産地（Locality）　　　　Dijon, Cote-Dor, Bourgogne, France
鉱物組成　　　　　　　　方解石
（Mineral composition）　Calcite
色（Color）　　　　　　うす茶（Pale brown）
　　　　　　　　　　　　ベージュ（Beige）

　ベージュ色の緻密な石灰岩。組織が微細ではっきりしないが、化石が入っているらしい。
　顕微鏡によると、基質は微細な方解石粒からなる。球形の化石が見える。結晶化は進んでいない。比較的大きな方解石もあるが、化石起源であるか不明だ。
　X線回折によると、原岩は方解石からなる。
　塩酸処理によると、シャープで強いピークを示す雲母粘土鉱物と比較的シャープな少し小さいピークのカオリン鉱物が見られる。雲母粘土鉱物（10Å）の低角度側に肩があって、ベースラインは下がらないで、横に伸びている。石英はない。

（クロス　ニコル）

56. ホワイト サンドストーン　WHITE SANDSTONE
砂岩　Sandstone

産地（Locality）	Karauli, Karauli, Rajasthan, India
鉱物組成 （Mineral composition）	石英 > 長石 >> 雲母 Quartz>Feldspar>>Mica
色（Color）	うす茶（Pale brown） ベージュ（Beige）

　ベージュ色の軟らかい砂岩。層理に沿って割れ易い性質を持っている。板状に割って使用されることが多い。表面は磨いても光沢はでない。
　顕微鏡によると、石英と長石はほぼ等粒状で、比較的多量の粘土、雲母粘土鉱物を含んでいる。この粘土は扁平で、同じ方向に並んでいることから、薄く割れ易い性質を砂岩に与えているのであろう。
　X線回折によると、原岩は石英、長石、ブロードの弱いピークを示す雲母粘土鉱物と、ごく弱いピークを示すカオリン鉱物（？）が読み取れる。

（クロス　ニコル）

57. アリア ライムストーン　ARRIA LIMESTONE
ドロマイト　Dolomite

産地（Locality）	Spain
鉱物組成	苦灰石＞方解石＞＞石英
（Mineral composition）	Dolomite>Calcite>>Quartz
色（Color）	うす黄茶（Pale yellowish brown）
	イエローベージュ（Yellow beige）

うす黄茶のドロマイト（岩）。本磨きしてもあまり光沢はでない。砂岩のような外観をしている。

　顕微鏡によると、基質は微細な炭酸塩鉱物粒からなるが、苦灰石と方解石の区別が難しい。泥や鉄で汚染されている。細粒から中粒の炭酸塩鉱物が多く生成しているが、どちらに属するか判定が難しい。劈開は発達していない。石英粒が共存している。陸地の近くで生成した石灰岩がその後ドロマイト化作用を受けたのであろう。

X線回折によると、原岩は苦灰石、方解石と少量の石英からなる。
塩酸処理によると、石英が不純物の大部分を占め、長石（？）（3.121Å）の弱いピークも見られる。
（クロス　ニコル）

58. ペルリーノ　ロザート　PERLINO ROSATO
石灰岩　Limestone

産地（Locality）	Asiago, Vicenza, Veneto, Italy
鉱物組成 （Mineral composition）	方解石 >>> 石英 Calcite >>> Quartz
色（Color）	ピンク（Pink），サーモンピンク（Salmon pink）

　ピンク色の緻密な石灰岩。構成する粒子が微細で組織がよく見えない。
　顕微鏡によると、基質は微細な方解石粒からなっている。小さな化石が沢山入っている。丸い中空の形（直径0.08mm）が多く含まれる。化石とその破片が方解石になっている。劈開は見えない。鏡下で見ると、夾雑物を多く含み、汚れて見える。
　X線回折によると、原岩は方解石とごく少量の石英からなる。
　塩酸処理によって、石英のピークは明瞭で、雲母粘土鉱物はかろうじて読み取れる。長石（？）（3.24Å）の弱いピークが読み取れる。
　化学分析によると、SiO_2 が3.83％含まれている。X線回折の結果とよく一致する。

化学分析

SiO_2	3.83	Fe_2O_3	0.331
Al_2O_3	0.177	CaO	51.27
MgO	0.61	P	0.060

（クロス　ニコル）

59. ローザ オーロラ ROSA AURORA

大理石 Marble

産地（Locality）	Vila Vicosa, Centro Alentejo, Portugal
鉱物組成	方解石 >> 雲母 > 石英
（Mineral composition）	Calcite>>Mica>Quartz
色（Color）	うすだいだい（Pale orange）
	肌色（Seashell pink）

うすだいだい色の緻密な大理石。かすかな層理を示している。方解石の小さな劈開面（？）がキラキラとよく光る。

顕微鏡によると、方解石は再結晶して特に大きく、劈開がよく発達している。干渉色も特に美しい。

X線回折によると、原岩は方解石、少量の雲母粘土鉱物、ごく少量の石英からなる。

塩酸処理によると、シャープで大変強いピークの雲母粘土鉱物、少量の長石（？）（3.22Å, 3.10Å）と石英、シャープで弱いピークの滑石（？）（9.4Å）、輝沸石（？）（8.8Å, 8.0Å, 4.65Å, 3.98Å）などが見られる。

（クロス ニコル）

60. アルピニーナ　ALPININA
大理石　Marble

産地（Locality）　　　　Alvados, Porto de Mos, Leiria, Portugal
鉱物組成　　　　　　　方解石
（Mineral composition）　Calcite
色（Color）　　　　　　うす茶（Pale brown）

うす茶色の緻密で輝きのよい大理石。琥珀色の不規則に走る脈が美しい。肉眼でも大きな方解石の結晶が見える。部分的ではあるが白色磁器と同じように透光性がある。透明度の高い大きな結晶が生成しているからであろう。

顕微鏡によると、方解石は特大の大きさで、劈開もよく発達しているし、干渉色も綺麗である。

X線回折によると、原岩は方解石からなる。

塩酸処理によると、石英とシャープで比較的強いピークのカオリン鉱物、かろうじて判定できる雲母粘土鉱物と長石（？）（3.121Å）などが判定できる。

（クロス　ニコル）

61. インディアナ ライムストーン　INDIANA LIMESTONE
石灰岩　Limestone

産地（Locality）　　　　　Bedford, Lawrence, Indiana, America
鉱物組成　　　　　　　　方解石
（Mineral composition）　Calcite
色（Color）　　　　　　　うす黄茶（Pale yellowish brown）
　　　　　　　　　　　　イエローベージュ（Yellow beige）

　うす黄茶色の緻密な石灰岩。一見粗粒の砂岩のように見える。堆積面を示すような淡灰色の層理が見られる。
　顕微鏡によると、化石の間を埋める基質は微細な方解石粒からなる。球形やあるいは丸味を帯びた化石が濃集している。化石は方解石からなっているが、外形を保っている。劈開は不明瞭だが、干渉色はきれい。
　X線回折によると、原岩は方解石からなる。
　塩酸処理すると、石英のピークが顕著に現れる。長石（？）（3.11Å）がある。
（クロス　ニコル）

62. エンペラドール ライト　EMPERADOR LIGHT
ドロマイト　Dolomite

産地（Locality）　　　　　Bunol, Valencia, Valencia, Spain
鉱物組成　　　　　　　　苦灰石 > 方解石
（Mineral composition）　Dolomite>Calcite
色（Color）　　　　　　　黄茶（Yellow brown）
　　　　　　　　　　　　Golden honey

黄茶色の緻密なドロマイト（岩）。微細な脈が縦横に走っている。この色は堆積時に混入した有機物によるであろう。

顕微鏡によると、細粒から中粒までの炭酸塩鉱物からなる。鏡下での判定はほとんど不可能である。劈開の見える結晶は少ない。

X線回折によると、原岩は苦灰石と比較的多い方解石からなる。

塩酸処理によると、X線回折でかろうじて検出できる程度の石英が共存する。その他ごく少量のカオリン鉱物、クリストバライト（4.06Å）と不明鉱物（9.02Å）が共存する。(EMPERADOR DARK 参照)
　　　　　　　　　（クロス　ニコル）

63. ポルフィリコ　ロザート　PORFIRICO ROSATO
石灰岩　Limestone

産地（Locality）	Chiampo, Vicenza, Veneto, Italy
鉱物組成 （Mineral composition）	方解石 Calcite
色（Color）	うす茶（Pale brown） ベージュ（Beige）

　ベージュ色の緻密な石灰岩。一見して、多種類の化石が混在するように見える。円形、紡錘形、棒状に近いものなどその形は種々雑多で、また白色不透明から半透明まで変化に富んでいる。茶色の細脈が蛇行したり、枝分かれしながら横に伸び、概して層理に沿っている。

　顕微鏡によると、基質は微細な方解石粒からなっている。化石は新鮮に見え、外形や内部の組織も保たれていて、小さな方解石の集まりになっている。

　X線回折によると、原岩は方解石からなる。

　塩酸処理によると、10.8Åのブロードの強いピークが現れる。多分雲母粘土鉱物であろう。低角度側のベースラインはあまり下がらず、14.2Åの小さなピークも見られる。これに対して、高角度側にこれらのピークの2次、3次の回折線は全く現れていない。緑泥石の可能性が強い。石英はない。

（クロス　ニコル）

64. パキスタン オニックス PAKISTAN ONYX
オニックス Onyx

産地（Locality）　　　　Pakistan
鉱物組成　　　　　　　　方解石
（Mineral composition）　Calcite
色（Color）　　　　　　　うす黄緑（Pale yellowish green），若芽色（Sprout）

オニックスは無色透明に近いものから、淡緑色透明～緑色半透明～不透明まで、その品質は変化に富んでいる。今回使用したオニックスはうす黄緑色透明、緻密で破砕面はほぼ断口状を示す。
　顕微鏡によると、オニックスを構成する方解石は長柱状で束ねたように見える。成長方向を示している。各結晶面は互いに密着していて、結晶面で乱反射が生じないため透光性がよいのであろう。堆積面に平行、長柱状結晶の横断面は四角形や丸味を帯びている。

　X線回折によると、原岩は方解石からなる。オニックスの茶色の不透明な部分は、水酸化第二鉄からなるが、X線回折線（ピーク）は大変弱い。水酸化第二鉄では超微粒子、色の割には鉄の含有量が少ない。X線回折が起きないのであろう
　塩酸処理によると不純物、不溶性の鉱物が得られなかった。石英はない。
　緑色の原因はカルシウムイオンが、2価の鉄イオンの置換によって起きる。

（クロス　ニコル）

65. ティー ローズ　TEA ROSE
石灰岩　Limestone

産地（Locality）　　　San Miguel, Batangas, Central Luzon, Philippines
鉱物組成　　　　　　　方解石
（Mineral composition）　Calcite
色（Color）　　　　　　明るい茶（Light brown），琥珀色（Amber grow）

　明るい茶色の緻密な石灰岩。化石のような模様が見える。うすい茶色の部分は方解石化している。化石らしい。顕微鏡によると、基質は微細な方解石粒からできていて、1mmほどの紡錘形などの形の化石が含まれているが、すべて方解石になっている。劈開は見えない。
　X線回折によると、原岩は方解石からなる。
　塩酸処理によると、15.5Åのブロードで強いピークがあり、しかも低角度側に肩をなしている。スメクタイト属の粘土鉱物であろう。7.3Åと3.59Åのブロードで比較的強いピークはカオリン鉱物であろう。化学分析値によると、SiO_2が少し多いようであるが、石英によるのではなく、粘土鉱物に由来すると考えられる。

化学分析

SiO_2	1.12	Fe_2O_3	0.112
Al_2O_3	0.130	CaO	52.92
MgO	1.44	P	0.012

（クロス　ニコル）

66. テレサ ロサタ　TERESA ROSATA
石灰岩　Limestone

産地（Locality）　　　　　Naga, Cebu, Central Visayas, Philippines
鉱物組成　　　　　　　　方解石
（Mineral composition）　Calcite
色（Color）　　　　　　　うすだいだい（Pale orange）, 肌色（Seashell pink）

うすだいだい色の緻密な石灰岩。優白色の不規則の縞が並んでいる。方解石が局部的に濃集していて半透明でキラキラ光る。化石はかろうじて識別できる。

顕微鏡によると、基質は微細な方解石粒からなるが、結晶化は進んでいない。化石も同じように遅れていて劈開は見えない。

X線回折によると、原岩は方解石からなる。

塩酸処理によると、ブロードで弱いピークを示すカオリン鉱物と、5～6°（2θ）にドーム状の弱いピークが認められる。スメクタイト（？）。石英はない。

（クロス　ニコル）

67. ノルウェジアン　ローズ　NORWEGIAN ROSE
大理石　Marble

産地（Locality）　　　　Fauske, Nordland, Norway
鉱物組成　　　　　　　　方解石 > 苦灰石 > 雲母
（Mineral composition）　Calcite>Dolomite>Mica
色（Color）　　　　　　淡赤茶（Pale reddish brown），ローズ ベージュ（Rose Beige）

　ピンク色の緻密な大理石。方解石の粒状結晶がよく見える。表面からの反射もよく、キラキラよく光っている。白色の部分はレンズ状か帯状をなして、同じ方向に伸びて、全体に縞模様を与えている。このピンクの部分に沿って細かい筋が見られる。灰味黄緑（Grayish yellow green）、錆青磁（Pastel willow）をしている。
　顕微鏡によると、方解石の結晶は中粒から粗粒で揃っている。劈開は弱い。白雲母も確認できる。
　X線回折によると、原岩は方解石、苦灰石、雲母鉱物からなる。
塩酸処理によると、石英とシャープなピークを示す雲母鉱物、ブロードでごく弱い緑泥石が見られる。本岩は緑色の縞の部分がある。方解石の Ca^{2+} を Fe^{2+} が置換したことによると推定できる。

化学分析

SiO_2	2.29	Fe_2O_3	0.446
Al_2O_3	0.166	CaO	46.78
MgO	5.16	P	0.004

（クロス　ニコル）

68. イラン　ランゲドック　IRAN LANGUEDOCK
石灰岩　Limestone

産地（Locality）　　　　Khvoy, Khvoy, Azarbayjan-e-Sharqi, Iran
鉱物組成　　　　　　　方解石
（Mineral composition）　Calcite
色（Color）　　　　　　うすピンク（Pale pink）, さくら色（Pale rose）

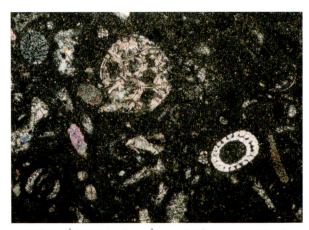

うすピンクの緻密な石灰岩。茶や灰色などの淡色の微細な模様やその形から化石を多く含んでいるように見える。

顕微鏡によると、基質は微細な方解石粒からなり、その中に種々の形をした化石が見られる。方解石への結晶化が弱い。劈開は見えない。ピンクの色の原因は3価の鉄によるであろう。

X線回折によると、原岩は方解石からなる。

塩酸処理によると、14.5Åのブロードで極めて強いピーク、それの2次（7.2Å）、3次（4.75Å）、4次（3.56Å）の各ピークはいずれもブロードで弱い。バーミキュライトか緑泥石なのか、決定は大変難しい。しかしバーミキュライトの可能性が強い。いずれにしても結晶化の初期の鉱物であろう。雲母粘土鉱物のブロードで弱いピークも共存する。

化学分析

SiO_2	1.56	Fe_2O_3	0.340
Al_2O_3	0.123	CaO	53.25
MgO	0.53	P	0.018

（クロス　ニコル）

69. タピストリー　レッド　TAPESTRY RED
石灰岩　Limestone

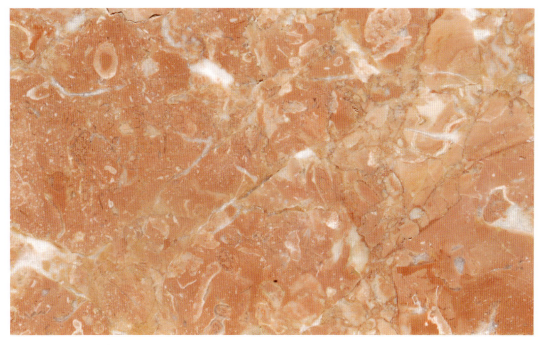

産地（Locality）　　　　　Khvoy, Khvoy, Azarbayjan-e-Sharqi, Iran
鉱物組成　　　　　　　　方解石
（Mineral composition）　Calcite
色（Color）　　　　　　　明るい茶（Light brown），琥珀（Amber grow）

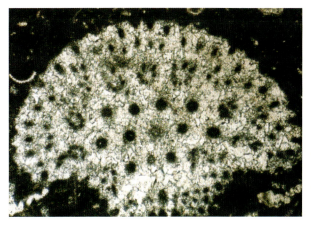

明るい茶色の緻密な石灰岩。この中に、うす茶色の大きなものと小さい模様が見られる。いずれも化石のようだ。これらの間を埋めている部分が明るい茶色をなしている。

顕微鏡によると、基質は微細な方解石粒からなる。結晶化は進んでいない。たくさんの化石が見られるが同じように見え、組織はそのまま残っている。

X線回折によると、原岩は方解石からなる。

塩酸処理によると、ブロードで弱いピークを示す雲母粘土鉱物と同様に緑泥石が低角度側に肩をなしている。スメクタイトの存在も考えられる。ブロードで明瞭な7.25Åのピークが判読できる。このピークは多分、緑泥石の2次回折線であろう。化学分析値によると、Al_2O_3が少ないのでカオリン鉱物ではないだろう。石英はない。

化学分析
SiO_2　1.02　　Fe_2O_3　0.175
Al_2O_3　0.088　　CaO　53.95
MgO　0.47　　P　0.018

（クロス　ニコル）

70. ローザ ジローナ　ROSA GIRONA
石灰岩　Limestone

産地（Locality）	Zarcilla de Ramos, Murcia, Murcia, Spain
鉱物組成 （Mineral composition）	方解石 Calcite
色（Color）	黄茶（Yellowish brown） らくだ色（Camell）

　らくだ色の緻密な石灰岩。より白っぽい部分が粒状の斑点（直径 1 〜 3mm）や、同色の不規則な形をしたり、脈状になったりして、ほぼ均等に散らばっている。化石が濃集しているようだ。
　顕微鏡によると、基質は細かい方解石粒からなり、化石（直径 0.4mm）は方解石になっているが、輪郭を保っている。弱い劈開が見えるものもある。
　X線回折によると、原岩は方解石からなる。
　塩酸処理によると、ブロードで弱いピークから雲母粘土鉱物と同定でき、ベースラインは低角度側に肩をなしている。石英がごく少量混在する可能性がある。
　　　　　　　　　　　　（クロス　ニコル）

71. ロッソ マニアボスキ ROSSO MAGNABOSCHI
石灰岩 Limestone

産地（Locality）　　　　Asiago, Vicenza, Veneto, Italy
鉱物組成　　　　　　　　方解石
（Mineral composition）　Calcite
色（Color）　　　　　　　明るい茶（Light brown）, 焦茶（Fudge）

　明るい茶色の緻密な石灰岩。茶色の中に明るい茶色の丸い粒が並んでいるように見える。構成する方解石の粒は細かくて識別できない。この粒は茶色で美しいが、汚れているようにも見える。

　顕微鏡によると、基質は微細な方解石粒からできている。化石は線状、長い棒状、湾曲した線状などが特に多い。化石は方解石になっている。劈開は見えない。

　X線回折によると、原岩は方解石からなる。

　塩酸処理によると、少量の石英、ブロードのピークを示す雲母粘土鉱物と長石（？）（3.234Å）などが見られる。茶色の原因は水酸化第二鉄と推定できる。原岩中の鉄の存在量が少ない。多分、X線回折を起こすほど結晶は成長していない。塩酸処理によって溶解するなどでその存在を確認できなかった。

　化学分析
　SiO$_2$　2.30　　　Fe$_2$O$_3$　0.311
　Al$_2$O$_3$　0.125　　CaO　52.62
　MgO　0.52　　　P　0.041

（クロス　ニコル）

72. ロッソ　アリカンテ　ROSSO ALICANTE
石灰岩　Limestone

産地（Locality）　　　　　La Romana, Alicante, Valencia, Spain
鉱物組成　　　　　　　　方解石
（Mineral composition）　Calcite
色（Color）　　　　　　　明るい茶（Light brown）,焦茶（Hudge）

　明るい茶色の緻密な石灰岩。黄味白色の不規則な脈や筋が多く見られる。他に茶色の部分や細い筋がある。
　顕微鏡によると、基質は微細な方解石粒からなる。化石起源と考えられる長さ1mmほどの方解石が観察できる。各個体は種々の干渉色を示しているが、同一個体内では同色の干渉色を示している。劈開は見えない。イタリア産のROSSO MAGNABOSCHIによく似ている。
　X線回折によると、原岩は方解石からなる。
　塩酸処理によると、ブロードであるが明瞭なピークで、低角度側に肩をなす雲母粘土鉱物と、ブロードで弱いカオリン鉱物が共存する。石英はない。本岩が堆積時に泥質物の供給を受けたのであろう。

　化学分析
　　SiO_2　　1.52　　Fe_2O_3　0.219
　　Al_2O_3　0.126　CaO　　53.17
　　MgO　　0.64　　P　　　0.019

（クロス　ニコル）

73. レッド　トラバーチン　RED TRAVERTINE
トラバーチン　Travertine

産地（Locality）　　　　Azar Shahr, Tabriz, Azarbayjan-e-Sharqi, Iran
鉱物組成　　　　　　　　方解石
（Mineral composition）　Calcite
色（Color）　　　　　　　明るい茶（Light brown），焦茶（Fudge）

明るい茶色のトラバーチン。色の濃淡によって縞をなしている。これに沿って空隙も点在する。色による縞は供給された方解石、特に3価の鉄の増減によって生じたものであろう。方解石は初生である。空隙は他のトラバーチンと同じく層理面に平行して存在する。顕微鏡によると、基質は細粒の方解石からなる。同一粒径の方解石は堆積面に平行に並び、上下方向で細粒から粗粒へと変化して、互層を形成している。空隙内により大きな方解石の結晶が見えるが、劈開は見えない。

　X線回折によると、原岩は方解石からなる。塩酸処理によると、赤泥が得られた。大変弱いブロードのピークから赤鉄鉱と推定できる。多量の方解石の中で、赤鉄鉱は大きな結晶へと成長できず、回折線が弱いのであろう。石英のごく弱いピークも判定できる。

　　化学分析
　　SiO_2　　0.07　　Fe_2O_3　0.821
　　Al_2O_3　0.030　　CaO　　54.74
　　MgO　　0.25　　P　　0.004

（クロス　ニコル）

74. ランゲドック　LANGUEDOC
石灰岩　Limestone

産地（Locality）	Carcassonne, Aude, Languedoc-Roussillon, France
鉱物組成 (Mineral composition)	方解石 >> 苦灰石 > 雲母 Calcite>>Dolomite>Mica
色（Color）	にぶ赤味だいだい（Dull reddish orange）, テラコッタ（Terra cotta）

　明るい茶色の緻密な石灰岩。白い模様は雲が浮かんだように見える。一部に透光性がある。

　顕微鏡によると、基質は微細な方解石粒からなる。化石は輪郭を保っているが内部は細い方解石の集まりになっている。雲母鉱物（白雲母）は別の場所から運ばれたのであろう。

　X線回折によると、原岩は方解石、少量の苦灰石と、かろうじて読み取れる雲母粘土鉱物からなる。

　塩酸処理によると、シャープで極めて強いピークを示す雲母粘土鉱物、シャープで小さなピークの滑石、長石（？）（3.111Å）と輝沸石（？）（8.8Å, 8.04Å）が共存する。石英はごく少量存在する可能性がある。X線と化学分析の結果はよく一致する。

化学分析

SiO_2	2.78	Fe_2O_3	0.373
Al_2O_3	0.279	CaO	51.02
MgO	0.91	P	0.008

（クロス　ニコル）

75. レッド サンドストーン　RED SANDSTONE
砂岩　Sandstone

産地（Locality）　　　　Karauli, Karauli, Rajasthan, India
鉱物組成　　　　　　　　石英 > 長石 >> 雲母
（Mineral composition）　Quartz>Feldspar>>Mica
色（Color）　　　　　　 にぶ赤（Dull red）
　　　　　　　　　　　　小豆色（Hovana rose）

　インド産の赤色の軟らかい砂岩。同国産の白色砂岩と類似の特性を示し、薄く割ることができるので、内装材に用いられる。研磨しても光沢はでない。
　顕微鏡によると、白色砂岩より石英粒が少し小さい（白色砂岩の項参照）。
　X線回折によると、原岩は石英、長石とブロードで弱いピークを示す雲母粘土鉱物からなる。赤色の原因は酸化第二鉄によるであろう。

（クロス　ニコル）

76. エンペラドール ダーク　EMPERADOR DARK
ドロマイト　Dolomite

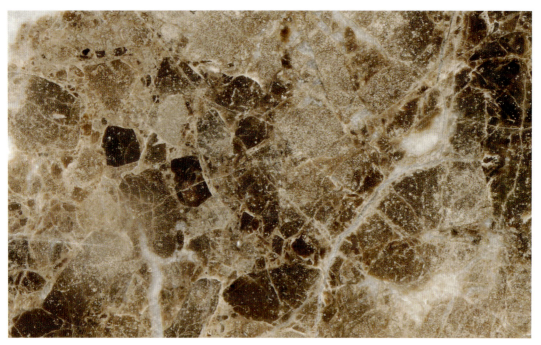

産地（Locality）	Yecla, Murcia, Murcia, Spain
鉱物組成 (Mineral composition)	苦灰石 >> 方解石 Dolomite>>Calcite
色（Color）	茶（Brown）, Oak leaf

茶色の緻密なドロマイト（岩）。微細脈は交差したり派生したりしてネット状になって綺麗な模様を与えている。

顕微鏡によると、苦灰石は細粒から中粒までであり、いずれも結晶化している。湖水などに有機物と共に、苦灰石が沈殿、堆積した。劈開は明瞭でない。

X線回折によると、原岩は苦灰石を主成分とし、少量の方解石を含む。緑泥石が局部的に少量含まれることもある。

塩酸処理によると、不純物が得られたが、X線回折を示さなかった。

熱分析によると、349.4℃と399.2℃の発熱ピークがあり、2種類の有機物が共存している。3価の鉄の含有量が多ければ赤みが強くなるはずなのに茶色である。茶色の起因は堆積時に混入した有機物によるであろう。

化学分析

SiO_2	0.22	Fe_2O_3	0.047
Al_2O_3	0.042	CaO	36.24
MgO	20.33	P	0.004

（クロス ニコル）

77. フィオール ディ ペスコ カルニコ　FIOR DI PESCO CARNICO
大理石　Marble

産地（Locality）	Pierabec, Udine, Friuli-Venezia Giulia, Italy
鉱物組成（Mineral composition）	方解石　Calcite
色（Color）	明るい灰（Light gray）

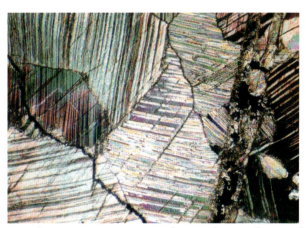

明るい灰色の緻密な大理石。白い方解石の太い脈と白い方向性を持つ細い筋が見られる。白い脈の部分は透光性を示す。

顕微鏡によると、基質は細粒〜中粒の方解石からできている。劈開は見られない。これに反してよく成長した方解石（直径約 0.5mm）が見られる。劈開は著しく発達している。

X線回折によると、原岩は方解石からなる。

塩酸処理によると、強くてシャープなピークを示す雲母粘土鉱物、滑石（？）（9.41Å）と輝沸石（？）（8.93Å, 8.04Å, 4.67Å, 4.00Å）、長石（？）（3.11Å）らしいピークとが現れている。石英は含まない。

（クロス　ニコル）

78. バルディリオ　キアーロ　BARDIGLIO CHIARO
大理石　Marble

産地（Locality）　　　　　Lucca, Toscana, Italy
鉱物組成　　　　　　　　方解石
（Mineral composition）　Calcite
色（Color）　　　　　　　明るい灰（Light gray）

　明るい灰色の緻密な大理石。大理石にしては結集粒が小さく、ルーペでも捕捉が難しい。不鮮明でぼんやりした灰色の細い縞が堆積面にほぼ平行に走っている。
　顕微鏡によると、本岩を作っている方解石は細かくて、直径0.1mm以下、粒径はよく揃っている。劈開は見えない。
　X線回折によると、原岩は方解石からなる。
　塩酸処理によると、雲母粘土鉱物、より少量の長石（？）、滑石と不明鉱物で、いずれもシャープなピークを示している。石英は含まない。1250℃で加熱すると白くなる。灰色の原因は少量含まれる炭素（C）による。
　化学分析値が示すように、カルシウム（Ca^{2+}）以外の元素が大変少ない。ほぼ純粋に近い。

　化学分析
　SiO$_2$　　0.04　　Fe$_2$O$_3$　0.014
　Al$_2$O$_3$　0.030　CaO　　55.33
　MgO　　0.49　　P　　　0.003

（クロス　ニコル）

79. パロマ　PALOMA
石灰岩　Limestone

産地 (Locality)　　　　Pau, Pyrenees-Atlantiques, Aquitaine, France
鉱物組成　　　　　　　方解石
(Mineral composition)　Calcite
色 (Color)　　　　　　茶味灰 (Brownish gray)

茶味灰色の緻密な石灰岩。多種類の化石が多く見られる。

顕微鏡によると、基質は微細な方解石粒からなり、結晶化が進んでいる。化石は方解石化していて、劈開の発達したものも見られる。

X線回折によると、原岩は方解石からなる。

塩酸処理によると、石英の強いピーク、長石（？）（3.132Å）と雲母粘土鉱物によるブロードで弱いピークが現れている。化学分析値の SiO_2 は石英に由来すると考えられる。

化学分析
SiO_2　　1.10　　Fe_2O_3　0.088
Al_2O_3　0.097　　CaO　　53.87
MgO　　0.68　　P　　　0.017

（クロス　ニコル）

80. ドゥケッサ グリス　DUQUESA GRIS
石灰岩　Limestone

産地（Locality）	Aldaz, Navarra, Navarra, Spain
鉱物組成	方解石 >> カオリン > 雲母 > 石英 ≒ 緑泥石
(Mineral composition)	Calcite>>Kaolin>Mica>Quartz ≒ Chlorite
色（Color）	明るい茶（Light brown）（Fawn, sandall wood）

　明るい茶色の緻密な石灰岩。いろんな模様が見られる。多種類の化石が含まれているのであろう。顕微鏡によると、基質は微細な方解石粒からなる。化石は石灰化して方解石になっているが、その形を保っている。劈開は見られない。
　X線回折によると、原岩は方解石を主成分とするが、その他にカオリン鉱物、雲母粘土鉱物、石英、緑泥石とが共存する。塩酸処理によると、カオリン鉱物、雲母粘土鉱物、石英、緑泥石が共存する。いずれもシャープで強いピークを示す。不明鉱物、長石（？）、輝沸石（？）などが少量混じっている。化学分析値とX線分析の結果はよく一致する。SiO_2は粘土鉱物と石英による。雲母、石英や緑泥石を含むことから、この石灰岩は内湾或いは陸地の近くで堆積したであろう。

化学分析

SiO_2	7.91	Fe_2O_3	1.362
Al_2O_3	0.593	CaO	44.75
MgO	0.94	P	0.017

（クロス ニコル）

81. ポルトーロ　PORTORO
（ブラック＆ゴールド　BLACK & GOLD）
石灰岩　Limestone

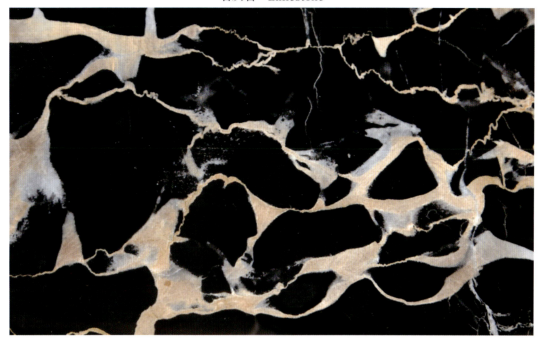

産地（Locality）	Campiglia, La Spezia, Liguria, Italy
鉱物組成（Mineral composition）	方解石 >> 苦灰石　Calcite>>Dolomite
色（Color）	黒（Black）

黒色緻密な石灰岩。細脈と細い筋が不規則に走っている。脈と筋の多くは淡黄茶色をなし、一部は白色である。これらは堆積後に形成されたと推定される。

顕微鏡によると、基質は微細な方解石粒からなる。脈や筋は苦灰石からなり、大きく成長していて、劈開がよく現れているものもある。X線回折によると、黒色部は方解石からなり、黄色や白色の脈や筋は苦灰石からなり、黄色は水酸化第二鉄による。

塩酸処理によると、残渣は黒色を呈する。雲母粘土鉱物、緑泥石、滑石（？）、長石（？）（3.22Å）、不明鉱物（8.1Å）等が含まれる。いずれもシャープなピークを示す。熱分析によると、321.2℃、449.5℃と525.2℃の3本の大きな発熱ピークがある。449.5℃のピークは硫化鉄による。試料は鉄さび色になる。黒色は炭素による。

化学分析

SiO_2	0.19	Fe_2O_3	0.057
Al_2O_3	0.043	CaO	54.04
MgO	0.85	P	0.005

（クロス　ニコル）

82. グリジオ カルニコ　GRIGIO CARNICO
石灰岩　Limestone

産地（Locality）	Cleulis, Udine, Friuli-Venezia Giulia, Italy
鉱物組成 （Mineral composition）	方解石 >> 石英 Calcite>>Quartz
色（Color）	茶味灰（Brownish gray）

組織は微細で、茶味灰色緻密な石灰岩。より濃い茶味灰色の細い筋が石灰岩を細かく区分けしている。さらに白色の方解石の脈が、先に出来た組織を切って不規則に走っている。

顕微鏡によると、基質は細かい方解石からなる。顕著な方解石脈は、大きな結晶からなり、劈開もよく発達している。

X線回折によると、原岩は方解石とごく少量の石英からなる。

塩酸処理によると、顕著な石英のピーク、長石（?）（3.11Å）、ブロードで弱い雲母粘土鉱物が認められる。化学分析の結果とよく一致する。灰色の原因は炭素によると考えられる。

化学分析
SiO$_2$　1.29　　Fe$_2$O$_3$　0.198
Al$_2$O$_3$　0.138　CaO　53.35
MgO　0.53　　P　0.007

（クロス　ニコル）

83. ネグロ マルキーナ　NEGRO MARQUINA
石灰岩　Limestone

産地（Locality）	Marquina, Vizcaya, Basque, Spain
鉱物組成（Mineral composition）	方解石　Calcite
色（Color）	灰黒（Grayish black）

　黒色緻密な石灰岩。太いのや細い方解石の白い脈が美しい。

　顕微鏡によると、基質（黒色部）は微細な方解石粒からなる。全体に薄汚れた感じがする。大きな化石が入っている。方解石への結晶化が弱い。白い脈は黒色部の堆積後に生成したと見られ、大きな方解石へと成長している。劈開が発達している。Ｘ線回折によると、原岩は方解石からなる。塩酸処理によると、雲母粘土鉱物のピークは強くてシャープであるが、大理石中の雲母粘土鉱物に比較すると規則性が少し悪い。滑石（？）（9.5Å）と不明鉱物（8.13Å）も共存する。石英はない。熱分析によると、476℃から508℃にかけて大変強い発熱ピークと減量が見られる。有機物は炭素と推定できる。試料によっては硫化鉄を含む細脈が走っているのもある。

　化学分析

SiO_2	0.46	Fe_2O_3	0.062
Al_2O_3	0.069	CaO	54.69
MgO	0.38	P	0.003

（クロス　ニコル）

84. ロッソ レバント　ROSSO LEVANTO

蛇紋岩　Serpentinite

産地（Locality）	Levanto, La Spezia, Liguria, Italy
鉱物組成	蛇紋石 > 方解石 > 緑泥石
（Mineral composition）	Serpentine>Calcite>Chlorite
色（Color）	暗い赤（Dark red）

暗い赤色緻密な蛇紋岩。一見黒色に見える蛇紋岩の中を方解石の脈や細い筋が不規則に走っている。数mm以下の透明な方解石が脈や筋に関係なく点在しているように見える。

顕微鏡によると、蛇紋石は屈折率が低く、平滑でのっぺりして見える。これに反して方解石は屈折率や複屈折率が高いので、でこぼこしているように見える。

X線回折によると、原岩は蛇紋石を主成分としている。少量の方解石とより少ない緑泥石よりなる。苦灰石はない。

化学分析によると、鉄が 8.37% も含まれている。主に2価の鉄が Mg^{2+} イオンを置換して蛇紋石や緑泥石に含まれ、緑色を呈している。本岩は色からして、鉄が3価の可能性もある。

化学分析

SiO_2	32.2	Fe_2O_3	8.37	Al_2O_3	1.85	TiO_2	0.02
CaO	8.99	MgO	29.7	K_2O	<0.01	Na_2O	<0.01
Co_2O_3	0.01	Cr_2O_3	0.33	MnO	0.09	NiO	0.24
SrO	<0.01						

（クロス　ニコル）

85. ベルジァン フォッシル　BELGIAN FOSSIL
石灰岩　Limestone

産地（Locality）　　　　Soignie, Soignies, Hainaut, Belgium
鉱物組成　　　　　　　　方解石 >> 石英 ≒ 苦灰石
（Mineral composition）　Calcite>>Quartz ≒ Dolomite
色（Color）　　　　　　　灰黒（Grayish black）

黒色緻密な石灰岩。種々の形の化石やその破片が集まって形成されている。

顕微鏡によると、基質は細粒の方解石からなる。化石は結晶化が進んだものもあるが、外形を保っている。弱い劈開が見えるものもある。X線回折によると、原岩は方解石、少量の石英と苦灰石からなる。塩酸処理によると、顕著な石英のピークとブロードで弱いピークの雲母粘土鉱物、長石（?）（3.175Å, 3.125Å）のピークが見られる。

1000℃以上で加熱すると脱色して白くなる。黒色の原因は炭素であろう。石英粒や炭素を含むことから内湾の堆積物であろう。

化学分析

SiO_2	4.48	Fe_2O_3	0.346
Al_2O_3	0.224	CaO	49.70
MgO	1.04	P	0.007

（クロス　ニコル）

86. ケッツアル グリーン　QUETZAL GREEN

蛇紋岩　Serpentinite

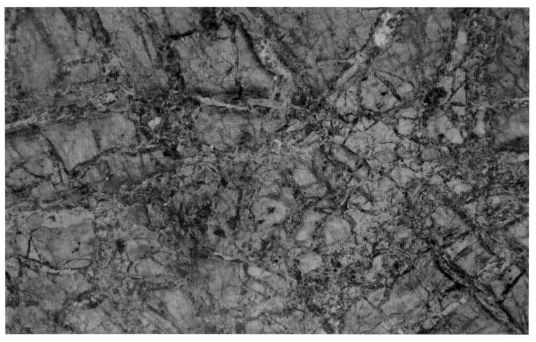

産地（Locality）　　　　Guatemala
鉱物組成　　　　　　　蛇紋石＞苦灰石
（Mineral composition）　Serpentine>Dolomite
色（Color）　　　　　　灰味緑（Grayish green）
　　　　　　　　　　　Spray green

　灰味緑色の蛇紋岩。淡緑色の細かい筋が不規則に走っている。不定形の黄鉄鉱が筋を埋めるような形で点々と生成している。
　顕微鏡観察によると、複屈折率の低い蛇紋石からなっている。蛇紋石は大きく成長していて方向性がある。
　X線回折によると、原岩は蛇紋石と苦灰石からなる。方解石は共存していない。
　　　　　　　　（クロス　ニコル）

87. グリーン マーブル　GREEN MARBLE

蛇紋岩　Serpentinite

産地（Locality）	Udaipur, Udaipur, Rajasthan, India
鉱物組成 (Mineral composition)	角閃石≒蛇紋石＞方解石＞苦灰石≫緑泥石≒滑石 Amphibole ≒ Serpentine＞Calcite＞Dolomite≫Chlorite ≒ Talc
色（Color）	灰味緑（Grayish green） （Spray green）

緑の蛇紋岩の中にうす緑の縞が流れるように一方向に走っている。

顕微鏡によると、蛇紋石化作用で生成した方解石と苦灰石は共存しているが、鏡下で区別はできない。劈開が発達している。干渉色も鮮やかで、微小の硫化鉱物がごく微量含まれる。

X線回折によると、原岩は角閃石、蛇紋石、方解石、苦灰石、緑泥石、滑石からなる。角閃石が多く残っていることから、蛇紋石化作用が途中で終わっていることを示している。

（クロス　ニコル）

88. ベルデ アベール　VERDE AVER
蛇紋岩　Serpentinite

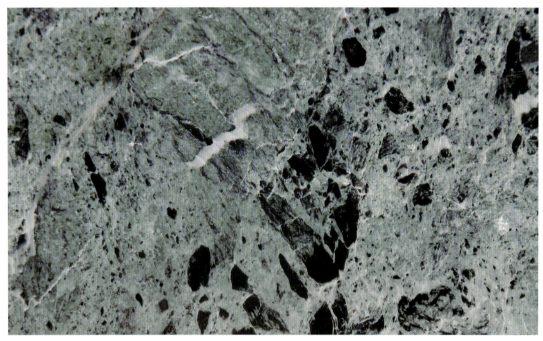

産地（Locality）　　　　　Verrayes, Aosta, Valle d Aosta, Italy
鉱物組成　　　　　　　　　蛇紋石 > 方解石 >> 緑泥石
（Mineral composition）　　Serpentine>Calcite>>Chlorite
色（Color）　　　　　　　　灰味緑（Grayish green），（Spray green）

　灰味緑色の緻密な蛇紋岩。蛇紋岩が変成岩のように片理を示している。顕著な方解石脈は見られない。黄鉄鉱が脈に沿って不規則な形をして点在する。
　顕微鏡によると、方解石が蛇紋岩中に細粒状になって分散したり濃集したりしている。大きな結晶はない。劈開は見えない。
　X線回折によると、原岩は蛇紋石と比較的多い方解石、ごく少量の緑泥石からなる。粉末法によるが蛇紋石の（020）の回折が甚だ弱い。板状結晶の可能性が強い（リザルダイト（？））。

化学分析

SiO_2	30.1	Al_2O_3	2.39	Fe_2O_3	6.91	TiO_2	0.18
CaO	16.0	MgO	21.7	Na_2O	<0.01	K_2O	<0.01
Co_2O_3	0.02	Cr_2O_3	0.45	MnO	0.09	NiO	0.40
SrO	0.02	Igloss	18.6				

（クロス　ニコル）

89. ベルデ イッソニエ　VERDE ISSOGNE
蛇紋岩　Serpentinite

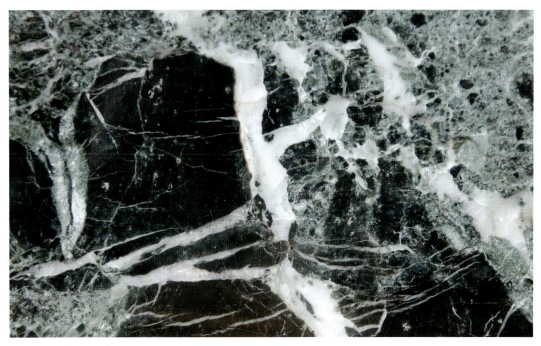

産地（Locality）	Issogne, Aosta, Valle d Aosta, Italy
鉱物組成（Mineral composition）	蛇紋石 > 方解石　Serpentine>Calcite
色（Color）	緑（Green）

　緑色緻密な蛇紋岩。幅広い白色の方解石脈が美しい。
　顕微鏡によると、基質は低屈折率の蛇紋石からなり、方解石は蛇紋岩化作用の過程で晶出している。干渉色は綺麗であるが、劈開は発達していない。
　X線回折によると、原岩は蛇紋石と方解石からなる。苦灰石や他の粘土鉱物が含まれていない。X線回折は粉末法で行っているが、蛇紋石の (020) の回折が甚だ弱い。板状結晶の可能性が強い（リザルダイト（?））。

（クロス　ニコル）

90. タイワン ジャモン　TAIWAN JAMON
蛇紋岩　Serpentinite

産地（Locality）　　　　台湾、花蓮県、瑞穂郷
鉱物組成　　　　　　　　蛇紋石 >>> 不明鉱物
（Mineral composition）　Serpentine>>>Unknown mineral
色（Color）　　　　　　　緑（Green）

　緑の濃淡のある美しい蛇紋岩。硫化鉄（黄鉄鉱？）鉱物の微粒が、小さな不規則に走る割れ目の中に点々と生成している。
　顕微鏡によると、蛇紋石化作用が進んでいる。
　X線回折によると、原岩は蛇紋石からなる。ごく少量の不明鉱物（6.58Å）が共生している。

（クロス　ニコル）

170

91. ティノス グリーン　TINOS GREEN
蛇紋岩　Serpentinite

産地（Locality）　　　　Tinos, Kyklades, Notio Aigaio, Greece
鉱物組成　　　　　　　　蛇紋石≒苦灰石≒方解石＞滑石＞緑泥石≒角閃石
（Mineral composition）　Serpentine ≒ Dolomite ≒ Calcite＞Talc＞Chlorite ≒ Hornblende
色（Color）　　　　　　　緑味黒（Greenish black）

　黒味の強い蛇紋岩。白色や淡緑色の筋や縞が不規則な模様を示し美しい。これらの脈は炭酸塩鉱物、苦灰石と方解石からなる。両者の区別は肉眼、顕微鏡でもほとんど不可能だ。

　顕微鏡によると、炭酸塩鉱物が蛇紋岩化作用によって大きく成長している。炭酸塩鉱物の劈開を示す線が折れ曲がっていることもある。生成後に圧力が加わったためであろう。大きな炭酸塩鉱物とその劈開が綺麗。不規則な形をした黄鉄鉱が黒色部により多く斑点状に含まれる。

　X線回折によると、原岩は蛇紋石、方解石と苦灰石の3者はほぼ等量含まれる。その他に滑石、緑泥石と角閃石からなる。

（クロス　ニコル）

第 6 章
ミカゲ石各論

1. ブルー　パール　BLUE PEARL
ラルビカイト（霞石閃長岩）　Larvikite（Nepheline syenite）

産地　（Locality）	Larvik, Vestfold, NORWAY
粒度（Grain Size）：組織（Texture）	粗粒（Coarse）
色（Color）　岩石（Rock）	暗い青味灰（Dark bluish gray）
長石（Feldspar）	青味灰（Bluish gray）

　ブルーパールと呼ばれるやや中粒の青色の閃光を放つ長石を有するアルカリ閃長岩で、霞石を含む。閃光は青色が最も多くみられるが、紫ややや黄色を帯びた光のものも含まれる。アルカリ長石は1cmあるいはそれ以上の中〜粗粒であるが、それらの粒間を充填する有色鉱物はみな細粒である。閃光効果のみられる長石は定方向配列しているので、閃光の揃う面で切断され研磨された石材が良品とされる。

　鏡下で、大きいアルカリ長石（クリプトパーサイト）：（Afs）の中に単斜輝石（Cpx）、暗赤色の黒雲母（Bt）やかんらん石の小粒を包有し、またアルカリ長石中には自形または他形の灰色の霞石（Ne）がやや多くみられる。アルカリ長石は不規則な形の長柱状が多く両方向への微細な集片双晶を示すものがみられる。単斜輝石は短柱状ないし塊状で淡緑色を示し、粒状のかんらん石をともなうことが多い。黒雲母は小さな短柱状でいくつか集まって分布している。鉄質鉱物の含有も多い。

（crossed nicols）× 32

2. エメラルド　パール　EMERALD PEARL
ラルビカイト（単斜輝石―黒雲母閃長岩）
Larvikite（Clinopyroxene-biotite syenite）

産地　（Locality）		Larvik, Vestfold, NORWAY
粒度（Grain Size）：組織（Texture）		粗粒（Coarse）
色（Color）	岩石（Rock）	暗い灰（Dark gray）
	長石（Feldspar）	灰味青（Grayish blue）

　暗黒色の基地の中に鮮やかな青色の閃光（光彩：schiller）を発する大きな（2～3cm）長石からなるアルカリ閃長岩の一種で、エメラルドパールの商品名で呼ばれるノルウェーの誇る世界で最も有名な装飾用の石材で、日本でもビルの外壁、室内装飾、モニュメントなどに広く用いられている。青色の強い閃光はアルカリ長石（クリプトパーサイト：cryptoperthite）の結晶構造に原因しているといわれる。

　鏡下で、アルカリ長石（クリプトパーサイト）：(Afs) の中に細粒の黒雲母（Bt）、単斜輝石（Cpx）、かんらん石（Ol）を含む。アルカリ長石は長方形や菱形に近い形状を示すアノーソクレース（anorthoclase）で内部に明暗の縞が交錯してもやもやしたようにみえる。単斜輝石は短柱状で淡緑褐色を示し、かんらん石は仮像としてみられる。黒雲母は赤褐色の短板状の結晶でその先端部が切断されている。全般にやや大きな鉄質鉱物の含有も多く、副成分鉱物としてアパタイト、ジルコンなどを含む。

（crossed nicols）× 32

3. マリーナ　パール　MARINA PEARL
ラルビカイト（霞石閃長岩）　Larvikite（Nepheline syenite）

産地　（Locality）	Larvik, Vestfold, NORWAY
粒度（Grain Size）：組織（Texture）	粗粒（Coarse）
色（Color）　岩石（Rock）	暗い青味灰（Dark bluish gray）
長石（Feldspar）	青味灰（Bluish gray）

　青色の閃光を示す長石からなるラルビカイトの粗粒相で、マリーナパールの商品名でよばれている。この岩石の原産地のラルビックの町の石切場では、建材用に切り出された大きな暗青色の美しいブロックを使って、彫刻も盛んに行われているとのことである。ノルウェー、オスロ地域にはラルビカイトを含むいろいろな種類の深成岩を産し、ラルビカイトの地質年代は2億8千万年前後とされている。

　鏡下で、大きなアルカリ長石（クリプトパーサイト）：（Afs）とその中に含まれる単斜輝石（Cpx）と黒雲母（Bt）がみられる。また霞石がやや多量にアルカリ長石にともなう。単斜輝石（エジル輝石）はやや大きい半自形に近い短柱状や粒状で、淡い草緑色を呈し多色性が強い。黒雲母は濃い褐色の小さい板状や葉片状で輝石にともなう。副成分鉱物として鉄質鉱物も多く含まれる。

（crossed nicols）× 32

4. バルチック　ブラウン　BALTIC BROWN
ラパキビ花崗岩（角閃石—黒雲母花崗岩）
Rapakivi granite（Amphibole-biotite granite）

　　産地　（Locality）　　　　　　　　　Ylamaa, Etela-Suomi, FINLAND
　　粒度（Grain Size）：組織（Texture）　　粗粒（Coarse）：斑状（球状）（Porphyritic（Ball））
　　色（Color）　　岩石（Rock）　　　　灰味赤茶（Grayish red brown）
　　　　　　　　　長石（Feldspar）　　　明るい茶（Light brown）

　褐色のだ円形の斑晶カリ長石（径2cm）を灰白色の斜長石（2〜3mm巾）が取り囲み、内部に黒雲母が一重あるいは二重環状配列をしている。石基の部分は優黒色の角閃石と黒雲母からなる。このカリ長石斑晶は普通3〜4cm大であるが、径10cmを超えるものもある。このラパキビ構造といわれる特徴を示す南フィンランド産の岩石はわが国で良くみかける石材であり、世界各地でも広く利用されている。ただ、広義の斜長石マントルを持つカリ長石斑晶を含む同種花崗岩は北・東欧、北・南米、日本にも知られている。

　鏡下で、斑晶のだ円形カリ長石（パーサイト）を斜長石（灰曹長）が取り巻いている。カリ長石斑晶（Kfs）の中に淡黄緑色の角閃石（フェロヘスチング閃石:ferrohastingsite）：（Amp）とこれにともなう暗褐色を示す黒雲母（Bt）小片が含まれる。副成分鉱物には褐れん石、アナテース（anatase）、鉄質鉱物がみられる。

(crossed nicols) × 32

5. インペリアル　レッド　IMPERIAL RED
花崗岩（黒雲母花崗岩）　Granite（Biotite granite）

産地　（Locality）	Oskarshamn, Kalmar, SWEDEN
粒度（Grain Size）：組織（Texture）	粗粒（Coarse）：斑状（Porphyritic）
色（Color）　岩石（Rock）	灰味赤茶（Grayish red brown）
長石（Feldspar）	赤味褐（Reddish brown）

　鮮やかな帯褐紅色のやや自形に近い柱状の大きな（1～1.5cm）長石斑晶と、白色半透明の斜長石結晶および灰白あめ色の石英粒からなる粗粒の赤みかげで、また少量の黒雲母を含む。長石斑晶にはへき開が多くみられる。このような濃紅色の大きな長石斑晶を含むみかげはスウェーデン、ノルウェーなどの北欧に共通に広く分布している。

　鏡下で、斑晶は大きな自形の柱状カリ長石（微斜長石パーサイト）：（Mc）と半自形の斜長石結晶で、カリ長石は内部に棒状のパーサイト組織をもち、黒雲母の小片を含むことが多く、斜長石結晶にはアルバイト式双晶を示すものがみられる。これらの粒間を他形の石英（Qt）が充填している。黒雲母（Bt）は帯黄褐色の小さい板状を呈し、これに少量の白雲母片がともなう。副成分鉱物として鉄質鉱物、スフェーンが多く含まれる。

(crossed nicols) × 32

6. ニュー インペリアル レッド　NEW IMPERIAL RED
花崗岩（黒雲母花崗岩）　Granite（Biotite granite）

産地　（Locality）	Ilkal, Bagalkot, Karnataka, INDIA
粒度（Grain Size）：組織（Texture）	粗粒（Coarse）：斑状（Porphyritic）
色（Color）　岩石（Rock）	灰味赤茶（Grayish red brown）
長石（Feldspar）	赤茶（Reddish brown）

　帯褐赤色で不規則な大きさのやや丸みをおびた斑晶状長石粒がみられ、その粒間を灰白あめ色のやや小さな石英粒が占める。長石結晶の多くは塊状でその辺縁から伸びた細脈状粒で互いに連なって拡がっており、その内部は圧砕され小さなブロック状で密に凝集している。長石粒間の石英も細粒化し長石の中に食い込んでいる。全般に褐赤色の長石の分布割合が非常に多く、鮮やかな色調の優赤質の岩石である。

　鏡下では、主に大きなカリ長石（微斜長石パーサイト）：（Mc）、斜長石および石英と黒雲母がみられる。カリ長石は内部に細かい巾の格子状構造を示すものが多くみられる。全般に破砕作用によりカリ長石の辺縁部は一部細粒化され、また斜長石（Pl）の大きな自形を示す結晶はその双晶が曲がり、折れてずれている。石英（Qt）は細粒化して他鉱物中に食い込んでいる。黒雲母は淡褐色で葉片状や脈状に長石粒辺に沿って少量分布している。副成分鉱物としてジルコン、ルチル、鉄質鉱物を多く含む。［破砕状］

（crossed nicols × 32）

7. ダコタ マホガニー　DAKOTA MAHOGANY
（マホガニー　レッド　MAHOGANY RED）
花崗岩（黒雲母花崗岩）　Granite（Biotite granite）

産地　（Locality）　　　　　　　　　　Milbank, South Dakota, U.S.A.
粒度（Grain Size）：組織（Texture）　粗粒（Coarse）：斑状（Porphyritic）
色（Color）　岩石（Rock）　　　　　暗い茶（Dark brown）
　　　　　　長石（Feldspar　　　　　にぶい赤味褐（Dull reddish brown）

　中～粗粒のやや赤みを帯びる明るい褐色を示す約1cm大の斑晶状のカリ長石およびその粒間を埋める白と灰白色の斜長石や石英粒の中に散在する黒雲母からなる。長石の一部には弱い閃光を有する。全般的な変質の様相は見られない。マホガニーの商品名の本岩は、赤褐色で食卓用材に有用な（植）マホガニーと同系色の落ち着いた色調で、アメリカを代表する石材の一つでもある。

　鏡下では、斑晶状の大きな長柱状のカリ長石（微斜長石）：(Mc) に富み、斜長石や石英（Qt）もみられる。カリ長石の内部には細かい巾の明瞭な格子状構造が数多く形成されている。斜長石の含まれる割合は比較的少なく半自形の短柱状を示す。石英は長石粒間を充填して分布し、斜長石とカリ長石の接触部に多くのミルメカイトが認められる。黒雲母（Bt）は淡褐色で板状結晶を呈する。副成分鉱物としてアパタイト、鉄質鉱物を含む。

(crossed nicols) × 32

8. ロッショ　ガウチョ　ROXO GAUCHO
（マロングアイバ　MARRONGUAIBA）

閃長岩（エジル輝石―角閃石閃長岩）　Syenite（Aegirine-hornblende syenite）

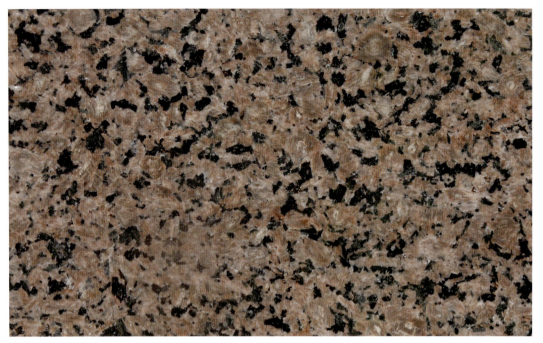

産地　（Locality）	Cachoeira do sul, Rio Grande do Sul, BRAZIL
粒度（Grain Size）：組織（Texture）	中粒（Medium）
色（Color）　岩石（Rock）	茶（Brown）
長石（Feldspar）	明るい茶（Light brown）

　中粒（数mm大）の短柱状ないしだ円状の半透明、帯淡褐桃色の長石斑晶とこれにともなう無色透明の長石とが大部分の構成であり、これらの淡いピンクを帯びた長石斑晶の粒間を純黒色の有色鉱物が虫食状に埋めている。長石粒内部は長軸方向にほぼ平行に多数のクラックが入っており、それらの結晶の辺縁部はギザギザにくだけている。

　鏡下で、やや半自形の大きいカリ長石（パーサイト）が主にみられ、これにともなう青緑色角閃石とエジル輝石が分布している。長石類結晶（Kfs）の内部には細かいパーサイト構造がみられるが、内部は全般的にかなり汚濁されている。角閃石（Hbl）はやや大きい短柱状を示すが、結晶の両端のりんかくは不規則である。エジル鉱石（Ae）は角閃石と連晶していたりその中に含まれたり一部ウラル石（uralite）に変質している。また少量の斜長石、石英および黒雲母がみられる。その他副成分鉱物にはスフェーン、鉄質鉱物が含まれる。［圧砕状］

(crossed nicols) × 32

9. シェニート モンチーク SIENIT MONCHIQUE
（サン ルイス SAINT LOUIS）

モンチカイト（エジル普通輝石―霞石閃長岩） Monchiquite（Aegirinaugite-nepheline syenite）

産地 （Locality）		Monchique, Algarve, PORTUGAL
粒度（Grain Size）：組織（Texture）		粗粒（Coarse）：斑状（Porphyritic）
色（Color）	岩石（Rock）	茶赤（Brownish red）
	長石（Feldspar）	灰（Gray）

　ポルトガル産のアルカリ閃長岩で、全体に落ち着いた赤茶色で細長い長石類が部分的に集まってみえる柄あいに特徴のある岩質で、わが国では人気の高い石材の一つとして知られる。本岩はアルカリ岩のランプロファイアー（lamprophyre）の一種であるが、ただ石材としては風化しやすい岩質で長年ビル外壁などで大気中にさらされると雨水（酸性雨）によって表面に小さい穴があくことがある。これは岩石中に含まれる方沸石（analcite）が水で溶け去るからとされる。

　鏡下では、約1～2cm大の細く尖った長柱状の白いアルカリ長石（クリプトパーサイト）：（Afs）が特徴的で、そのへき開が顕著でありまたその多くは汚染されている。霞石（Ne）は灰白色のやや大きな四角形状の不規則なりんかくを示す結晶としてみられる。有色鉱物は淡緑から黄褐色を示す短柱ないし細長い柱状のエジル普通輝石（Agt）が主でこれに少量の黒雲母片がともなう。副成分鉱物には鉄質鉱物、スフェーン、アパタイトが含まれる。

（crossed nicols）× 32

10. オイスター　パール　OYSTER PEARL
花崗片麻岩（黒雲母花崗片麻岩）　Granite gneiss（Biotite granite gneiss）

産地　（Locality）　　　　　　　　　　Orissa Phulbani, INDIA
粒度（Grain Size）：組織（Texture）　　粗粒（Coarse）：片麻状（Gneissic）
色（Color）　　岩石（Rock）　　　　　灰（Gray）
　　　　　　　長石（Feldspar）　　　　うす灰白（Pale grayish white）

　うすい灰白色の斑状変晶が大きい（約3cm）球状や伸びた脈状で広く分布し、これらの変晶間の狭い隙間に黒色の有色鉱物の細脈がみられる。圧砕、変成作用の影響で全般に大きな斑状変晶は灰白色にもやもやぽかしたようにみえる。（商品名がオイスターパール：かき（貝）パールと名付けられている）、また斑晶破片は引き伸ばされて複雑に褶曲しておりその内部は圧砕細粒化している。変晶や基地中に暗赤色中粒のざくろ石が多数含まれている。

　鏡下では、カリ長石、斜長石、石英および黒雲母、ざくろ石がみられる。主にカリ長石などの大きな残留の斑状変晶破片がみられ、その周りを圧砕された石英細粒が流動状集合体で配列しまたこれにともなって黒雲母葉片が平行に並んで片状構造を示す。カリ長石変晶の粒辺は砕けその内部に中粒の斜長石を取り込んでいたり淡褐色の微粒が多数含有されている。黒雲母（Bt）は紅褐色で湾曲し小葉片が引き伸ばされ平行に細脈状に連なって配列する。また大きなざくろ石が粒状で含まれる。鉄質鉱物も多数分布する。［圧砕状］

(crossed nicols) × 32

11. サファイア　ブラウン　SAPPHIRE BROWN
変花崗岩（しそ輝石―普通輝石―角閃石―黒雲母変花崗岩）
Metagranite（Hypersthene-augite-hornblende-biotite metagranite）

産地　（Locality）		Warangal, Warangal, Andhra Predesh, INDIA
粒度（Grain Size）：組織（Texture）		粗粒（Coarse）
色（Color）	岩石（Rock）	暗い青茶（Dark bluish brown）
	長石（Feldspar）	明るい茶（Light brown）

　褐色の大きな（2～3.5cm 大）歪んだ長方形を呈するカリ長石斑晶が、白色を一部に含む斜長石をともない、周りの青色の石英粒と有色鉱物からなる基地中に浮き上がってみえる。商品名のサファイヤ・ブラウンはこの褐色カリ長石と石英粒が青色にみえることに因しているのであろう。

　本岩は先カンブリア紀（約10億年前頃）の生成とされ、ながい年代の間に複雑な変成作用が繰り返しておこり特異な色や鉱物組み合わせに変質したものであろう。

鏡下で、カリ長石（微斜長石）、斜長石、石英で主に構成され、これに輝石など数種の有色鉱物が加わる。これら長石類、石英の大きな結晶は圧砕されており、細粒化した基地の中に斑状変晶様の微斜長石（Mc）や斜長石（Pl）がみられる。やや大きな普通輝石は淡紅色、しそ輝石は少量小さい粒としてみられる。黒雲母（Bt）は分布が多く淡褐色で多色性が強い。鉄質鉱物が主に輝石にともなって脈状や塊状で分布する。
［圧砕状、変質］

（crossed nicols）× 32

12. スクル　SUCURU
眼球片麻岩　Augen gneiss

産地　（Locality）		Bahia, BRAZIL	
粒度（Grain Size）：組織（Texture）		粗粒（Coarse）：片麻状（Gneissic）	
色（Color）　岩石（Rock）		灰黒（Grayish black）	
長石（Feldspar）		うすピンク（Pale pink）	
地質年代　　（Geological Age）			

　暗黒色の基質の中にうすいピンクの大きな（約1.5～3cm）角柱状や小さな粒状のカリ長石のポーフィロクラスト（斑状破片）が多数残存しまたうすい白色半透明の石英粒が引き伸ばされて不連続な脈状の斑状破片塊（巾約0.3cm）として平行配列して含まれる。これらの変晶の周りはより細粒の基質鉱物によって取り囲まれ流動したような構造が形成されている。圧砕によって斑状破片や変晶の内部には多くの割れ目が生じ、これに沿って黒色の基質鉱物の細脈が入り込んでいる。

　鏡下では、大きな短柱状の斑状破片や変晶のカリ長石（微斜長石パーサイト）やだ円形の石英が残存し、それらの周りを圧砕により細粒化した石英および黒雲母小片が取り巻いている。長石変晶は歪み周縁部はくずれ内部に細かな石英粒子が多数押し入っている。石英斑状破片（Qt）も細長く引き伸ばされてブロック化している。これらの斑状破片を取り囲み流動構造を示す基質部の石英細粒は波動消光がいちじるしい。黒雲母細片の多くはバフバフに分離されその大半は緑泥石に変質している。鉄質鉱物粒の含有が多くみられる。［圧砕状］

(crossed nicols) × 32

13. アークティック ホワイト　ARCTIC WHITE
花崗岩（白雲母―黒雲母花崗岩）　Granite（Muscovite-biotite granite）

産地（Locality）	Mount Airy, Surry, North Carolina, U.S.A.
粒度（Grain Size）：組織（Texture）	中粒（Medium）
色（Color）　岩石（Rock）	灰白（Grayish white）
長石（Feldspar）	明るい白（Light white）

　中粒で、やや大きな明るい白色の長石類とこれらの粒間に介在する半透明・灰白あめ色の中粒の石英が主な構成でその石英粒は斑模様に浮き上がってみえる。また有色鉱物は細長く伸びたひも状や小片状で分布しその割合はやや多い。長石斑晶の内部には縦横方向のき裂が多数生じている。

　鏡下で、カリ長石、斜長石、および黒雲母、白雲母からなる。破砕により長石、石英粒は一部細かくくずれている。カリ長石（微斜長石）：（Mc）の大きな斑晶状結晶ではカールスバット式双晶がみられ、内部に斜長石の小粒を取り込んでいる。斜長石は半自形の柱状で内部に累帯構造を有するものが多いが二次的の変質はみられない。石英にはやや大きな他形のものと細粒化して長石粒間に入り込んでいるものがある。黒雲母（Bt）は小板状で一部緑泥石化している。少量の白雲母葉片が黒雲母にともなう。スフェーンの含有が非常に多い。
［破砕状］

（crossed nicols）× 32

14. ホワイト　パール　WHITE PEARL
花崗岩（黒雲母花崗岩）　Granite（Biotite granite）

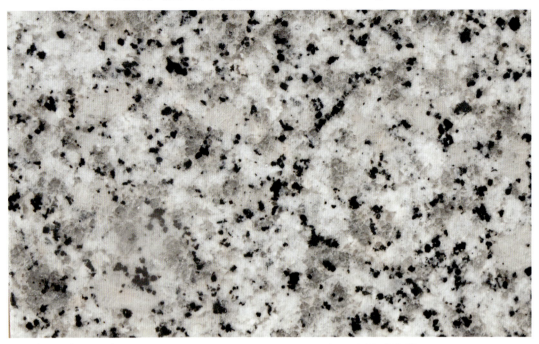

産地　（Locality）		Valdemanco, Madrid, Madrid, SPAIN
粒度（Grain Size）：組織（Texture）		中粒（Medium）
色（Color）	岩石（Rock）	灰白（Grayish white）
	長石（Feldspar）	明るい灰白（Light grayish white）

　白色、中粒で不規則な形のやや細長い柱状の長石類が連なって広く分布しており、その粒間に細～中粒の半透明・灰白あめ色の石英粒が介在してやや浮き上がってみえる。また有色鉱物が小さな塊状で散在している。本岩は優白色、東京都庁の外壁用にスウェーデン産の赤みかげとともに用いられている白みかげ（ホワイトパール）であり、この二つの石材の使用量は前者（赤）1に対して後者（白）4の割合とされている。

　鏡下で、カリ長石、斜長石、石英が主な組み合わせでこれに黒雲母がともなう。カリ長石（微斜長石）は大きな他形の結晶で内部に細かいひも状のパーサイト構造がみられる。斜長石（Pl）は中粒自形に近い短柱状で内部に累帯構造またアルバイト式やカールスバット式双晶が多くみられ、その核部ではセリサイトによる二次変質がいちじるしい。石英は長石粒間に充填的に分布する。黒雲母は短板状でその周縁は緑泥石に変質しており中にアパタイトが多数含まれている。副成分鉱物に鉄質鉱物が分布する。

(crossed nicols) × 32

15. キョショウ　居昌　KUCHONG
花崗岩（白雲母―黒雲母花崗岩）　Granite（Muscovite-biotite granite）

産地　（Locality）	韓国慶尚南道居昌郡居昌
粒度（Grain Size）：組織（Texture）	細〜中粒（Fine 〜 Medium）
色（Color）　岩石（Rock）	明るい灰（Light gray）
長石（Feldspar）	白（White）

　細〜中粒（約1cm前後）の長柱状または粒状を呈する白色の長石類と中粒（径約1cm）でだ円状の石英粒からなる石基中に少量の黒雲母片が散在し、ところどころに微細な白雲母片が光ってみえる。石英粒の中には多くのクラックが入っている。細かい目の長石類斑晶状の基地の中で灰白色、半透明、やや大きめの石英粒が〝斑〟のように浮き上がってみえる優白質みかげである。

　鏡下で、斜長石と石英が多くみられ、これらに比してカリ長石（パーサイト）の含有がやや少ない。長石類、石英粒はかなり全般に破砕の影響がみられ、結晶がこわされ細粒化している。斜長石（Pl）は短冊状の結晶が多く中に雲母類の小さい片を多数含み、またミルメカイトがしばしばみられる。黒雲母（Bt）は暗褐色で不規則な板状を示す。白雲母はおもに斜長石にともなっている。副成分鉱物にはアパタイト、ジルコンが含まれる。
［破砕状］

（crossed nicols）× 32

16. コリアン ホワイト　KOREAN WHITE
（カピヨン　KAPYONG）

花崗岩（白雲母—黒雲母花崗岩）　Granite（Muscovite-biotite granite）

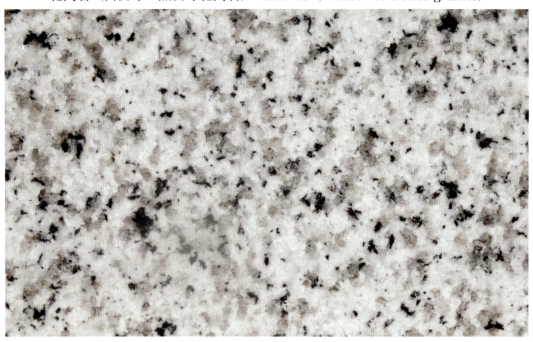

産地	（Locality）		韓国京畿道加平郡加平
粒度	（Grain Size）：組織（Texture）		中粒（Medium）
色	（Color）	岩石（Rock）	灰白（Grayish white）
		長石（Feldspar）	白（White）

　中粒で白色の長石類と石英および少量の黒雲母の組み合わせからなる優白質の岩石で、白色の斑晶部はやや小さな粒状の長石類がいくつか集まって不規則の柱状やだ円状のやや大きな斑模様を形成している。この長石類にともなって中粒の半透明で灰白色の石英が分布し、黒雲母の小片が石基中に少量分布する。

　鏡下では、カリ長石（微斜長石パーサイト）：（Mc）と石英が多く含まれ、斜長石のやや小さい短冊状結晶もみられる。斜長石（Pl）結晶では中にき裂が入ったり先端がギザギザに切断されているものがみられる。またその内部に塩基性の核をもち、その累帯構造の内側ほどより変質が進んで二次的にセリサイトを生じている。石英粒も細粒化され、波動消光がいちじるしい。少量の白雲母の小片が黒雲母（Bt）と共生しており、黒雲母は緑泥石に変質している。副成分鉱物には鉄質鉱物が多い。［破砕状］

（crossed nicols）× 32

17. カナディアン ホワイト　CANADIAN WHITE
花崗閃緑岩（黒雲母花崗閃緑岩）　Granodiorite（Biotite granodiorite）

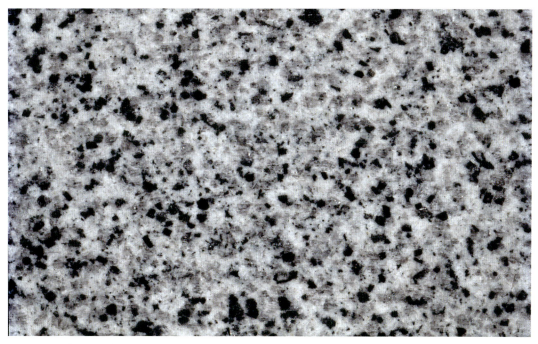

産地　（Locality）	Quebec（Prov.）, CANADA
粒度（Grain Size）：組織（Texture）	中粒（Medium）
色（Color）　岩石（Rock）	明るい灰（Light gray）
長石（Feldspar）	灰白（Grayish white）

　斑晶状で中粒の白色長石類はやや細く伸びた柱状を示し、これとほぼ等量に半透明の灰白色で中粒の石英が長石類と同じような細長い塊状や粒状で分布している。これらの間に主に黒雲母が散在するが、有色鉱物の含有量がやや多く花崗岩よりやや黒味が強く、長石の白と半透明の石英および有色鉱物の黒との明るい濃淡のバランスが美しい石材である。

　鏡下では、斜長石と石英が主で、カリ長石は斜長石結晶の粒間隙を充して少量みられる。主な構成鉱物がやや小さな斜長石からなるので花崗岩組織より閃緑岩に近い組織を示す。ほぼ自形の斜長石（Pl）はしばしば中心部により塩基性の核を持つ累帯構造が多くみられる。全般的に長石類や石英類は破砕によって形がくずれやや細粒化している。黒雲母（Bt）は暗褐色の大きな板状結晶で、一部緑泥石に変質している。また角閃石が少量含まれる。副成分鉱物には鉄質鉱物、スフェーンがみられる。
［破砕状］

（crossed nicols）× 32

18. シンポク（新北） SHINBUK
花崗岩（黒雲母花崗岩） Granite（Biotite granite）

産地 （Locality）		韓国京畿道泡川市新北面
粒度 （Grain Size）：組織 （Texture）		中粒 （Medium）
色 （Color）	岩石 （Rock）	明るい灰 （Light gray）
	長石 （Feldspar）	灰白 （Grayish white）

　白色の長石（カリ長石および斜長石）と透明感のある灰白あめ色の石英および黒雲母からなる優白質で小粒の白みかげである。黒雲母は小さな片状でその分布が比較的少ない。磨き面で、中粒白色の長石類の多くが細長い柱状で伸びていくつか連なり、これにやや粒状を示す長石類がともない、これらの粒間に半透明の石英がやや浮き上がってみえる。この岩種の白みかげは中国や韓国、わが国にも共通にみられる。

　鏡下で、微斜長石（Mc）と斜長石（Pl）が主で、やや大きな斑晶状に残存するものもみられるが、残晶性のカリ長石の一部には内部に弱い格子状構造がみられる。また斜長石は半自形の長柱状で累帯構造が発達し、アルバイト式双晶が多くみられる。長石類の内部での二次的の変質や汚濁はあまりみられない。石英はほとんどが細かく砕かれている。黒雲母（Bt）は細長い板状で緑色（z軸）を示し、その外縁の一部は緑泥石化している。副成分鉱物には褐れん石がみられメタミクト（metamict）状に移過している。
［破砕状］

（crossed nicols）× 32

19. グリス ペルラ　GRIS PERLA
花崗岩（黒雲母花崗岩）　Granite（Biotite granite）

産地　（Locality）	Potrerilos, San Martin, San Luis, ARGENTINA
粒度（Grain Size）：組織（Texture）	粗粒（Coarse）：斑状（Porphyritic）
色（Color）　岩石（Rock）	黄味灰（Yellowish gray）
長石（Feldspar）	うすい黄白（Pale yellowish white）

　白色の大きな長石類斑晶（径 2〜3cm）と灰白あめ色の中粒の石英および小さな黒雲母片からなる優白質、粗粒で斑状のみかげである。斑晶の長石類には球状に近いものが多くみられるが、自形の長柱状結晶粒も含まれる。小さい黒雲母片は各所に散在しておりその一部に斑晶を取り囲んで分布するものがみられる。

　鏡下では、大きな微斜長石（パーサイト）：(Mc)と半自形の長柱状斜長石およびやや大きな石英が主である。石英には破砕により細粒化したものも分布する。斜長石は累帯構造が発達しアルバイト式やアルバイト・カールスバット式双晶を示すものが多く内部に二次的汚染のセリサイトがみられ、またミルメカイトが形成されているが、全般的な変質はいちじるしくない。黒雲母（Bt）は細長い板状、淡褐色で多色性が強く内部にアパタイトの小粒を含む。

（crossed nicols）× 32

20. テキサス　ピンク　TEXAS PINK
花崗岩（角閃石―黒雲母花崗岩）　Granite（Hornblende-biotite granite）

産地　（Locality）	Marble Falls, Burnet, Texas, U.S.A.
粒度（Grain Size）：組織（Texture）	粗粒（Coarse）：斑状（Porphyritic）
色（Color）　岩石（Rock）	うす茶味ピンク（Pale brownish pink）
長石（Feldspar）	うすピンク（Pale pink）

　ピンク、大きな（3cm大）斑晶状で短柱状のカリ長石と、この周りにともなう白色の柱状斜長石が主体を占める。これらの粒間に灰黒あめ色の中粒の石英が少量介在し、また有色鉱物がやや大きな塊状でみられる。斑晶状長石および石英粒の内部は小さくブロック化されている。全般に、大きなピンクの斑模様が大半でこれを取り巻く純白の部と、散在する黒色の小粒子斑が混じて明るい鮮やかな色調を形成している。

　鏡下で、カリ長石、斜長石、石英と黒雲母、角閃石がみられる。破砕により主な構成鉱物粒の粒辺は砕けている。カリ長石（微斜長石：パーサイト）：（Mc）は大きな短柱状結晶で中に石英や斜長石の小粒を多く含有している。斜長石（Pl）の内部はセリサイトによる二次変質がみられる。黒雲母（Bt）および角閃石（Hbl）はやや大きな板状ないし柱状結晶で内部にアパタイト、ジルコン粒が多数含有されている。またスフェーン（Spn）および鉄質鉱物が有色鉱物にともなって数多くみられる。
［破砕状］

(crossed nicols) × 32

21. チュウゴク（中国）No.439C　CHUGOKU MIKAGE No.439C
花崗岩（黒雲母花崗岩）　Granite（Biotite granite）

産地　（Locality）　　　　　　　　中国広東省揚陽市
粒度（Grain Size）：組織（Texture）　粗粒（Coarse）
色（Color）　　岩石（Rock）　　　　灰白（Grayish white）
　　　　　　　長石（Feldspar）　　　白（White）

　粗粒、長石類の白色でやや自形の細長い柱状（0.5～1.5cm大）の個々の結晶が重なり合って集まり大きな斑模様を呈する。これら長石類結晶の一部には半透明でピンク色を帯びたものがともなう。またその内部は破砕によって多数のひびがみられる。石英粒は中粒で灰白あめ色・半透明の粒子がいくつか集まって長石粒間に介在し、またやや大きな黒雲母片が全体的に少数散在している。

　鏡下で、カリ長石（パーサイト）、斜長石、石英および黒雲母から主に構成される。大きなカリ長石（Kfs）は半自形の結晶でカールスバット式双晶を示す。斜長石（Pl）は自形に近い太い柱状結晶でアルバイト・カールスバット式双晶および累帯構造がみられその中心部はセリサイトによる二次変質が生じている。またその粒周辺はくだけ粒が互いに噛み合っている。一方特徴的なことは長石類の内部には黒い微細粒子が多数含まれており全面的に汚染されている。黒雲母（Bt）はやや大きな短柱状結晶でうすい褐色を帯びている。副成分鉱物にはスフェーンやアパタイト粒がみられる。
［破砕状、汚濁］

(crossed nicols) × 32

22. チュウゴク（中国）No.439A　CHUGOKU MIKAGE
花崗岩（黒雲母花崗岩）　Granite（Biotite granite）

産地　（Locality）	中国広東省揚陽市揚東県白塔鎮花樹坑村
粒度（Grain Size）：組織（Texture）	粗粒（Coarse）
色（Color）　岩石（Rock）	明るい灰白（Light grayish white）
長石（Feldspar）	白（White）

　粗粒の優白色花崗岩、純白の半自形の長石類が不規則な球状や粒状に近い塊状で集まり広く分布し、その中に中粒の灰白あめ色・半透明の石英が数個連なった単粒で含まれてやや浮き上がってみえる。また黒雲母片が集まって長石粒間に少数分布する。長石の内部にはへき開が良くあらわれている。

　鏡下では、カリ長石（微斜長石パーサイト）、斜長石、石英および黒雲母の構成である。微斜長石（Mc）は半自形の結晶で太いひも状のパーサイト構造がみられその内部に斜長石や石英の小結晶を包有している。斜長石（Pl）は自形に近い柱状結晶で、中に多くの黒雲母の針状片を含む。石英（Qt）は大きな他形の結晶で長石粒の間充填的分布を示す。黒雲母（Bt）は短柱状結晶で赤褐色を帯び、内部にジルコン粒を数多く含む。副成分鉱物に鉄質鉱物が多くみられる。

（crossed nicols）× 32

23. チュウゴク（中国）No.603　CHUGOKU MIKAGE No.603
花崗閃緑岩（白雲母―黒雲母花崗閃緑岩）
Granodiorite（Muscovite-biotite granodiorite）

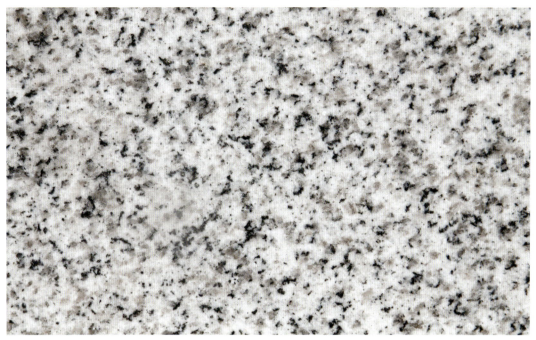

　　産地　（Locality）　　　　　　　　中国福建省泉州市普江
　　粒度（Grain Size）：組織（Texture）　　細粒（Fine）
　　色（Color）　岩石（Rock）　　　明るい灰（Light gray）
　　　　　　　　長石（Feldspar）　　灰白（Grayish white）

　やや黒味の強い岩質で、細粒、白色でやや細長い柱状の長石類と半透明・灰白あめ色の細粒の石英および小片状の有色鉱物の組み合わせからなり、これらが比較的それぞれ均質に分布している。また白く光る微細粒が散在してみられる。磨き面で、全般的にはやや黒みが優るが細かい黒と白との斑模様が拡がり、むらが少なくつや出しの良い石材である。

　鏡下では、カリ長石、斜長石、石英および黒雲母が主で、白雲母が少量含まれる。カリ長石（Kfs）は大きな他形の結晶で内部に石英小塊を取り込んでいる。斜長石（Pl）は短柱状で内部に累帯構造がよくみられ、また核部にはセリサイトによる二次変質が生じている。粒辺にミルメカイトが認められる、石英は大きな他形で長石粒の間を充している。黒雲母（Bt）は淡褐色小板状で周縁部では緑泥石に変質している。白雲母は小葉片状で黒雲母にともなう。副成分鉱物として鉄質鉱物、スフェーンが含まれる。

（crossed nicols）× 32

24. チュウゴク（中国）No.355　CHUGOKU MIKAGE No.355
花崗岩（白雲母─黒雲母花崗岩）　Granite（Muscovite-biotite granite）

産地　（Locality）		中国山東省平度
粒度（Grain Size）：組織（Texture）		中粒（Medium）
色（Color）	岩石（Rock）	明るい灰（Light gray）
	長石（Feldspar）	灰白（Grayish white）

　中粒、白色の長石類と石英からなる基地に黒雲母の小片が少量散在する白みかげである。磨いた面ではやや大きな長石類（数 mm 〜 1cm 大）の間に、半透明・灰白あめ色の石英粒がほぼ均質に分布してやや浮いてみえる（石英の硬度が長石に比してやや硬いことによる）。日本では中国地方に淡いピンク系の花崗岩も産出するが、本岩と同種の白色で白雲母を含む花崗岩も多くみられる。

　鏡下では、半自形ないし他形の斑晶状のカリ長石（微斜長石パーサイト）：（Mc）と斜長石がほぼ同じ粒度で比較的細粒の基地の中に混じ、石英がそれらの粒間を充填する。斜長石（Pl）の短柱状結晶は、内部により塩基性の核を持つ累帯構造や各種の双晶を示すものが多く、一部セリサイト化している全般的の二次変質少ない方や強い破砕の影響で粒は砕かれ粒同士がお互い噛み合っている。黒雲母（Bt）は小板状で、濃緑色の緑泥石に変質している。白雲母は小片状ないし鱗片状で各所で個々に散在している。
［圧砕状］

（crossed nicols）× 32

25. グリス　モラッツオ　GRIS MORRAZO
花崗岩（白雲母―黒雲母花崗岩）　Granite（Muscovite-biotite granite）

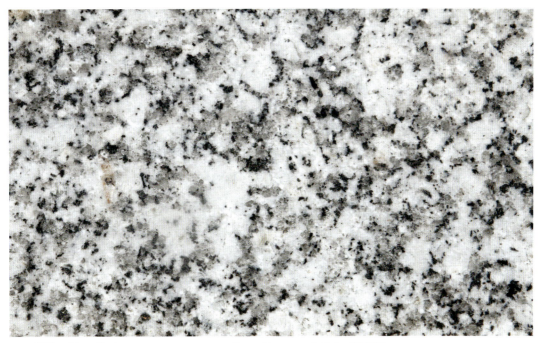

産地　（Locality）	Toen, Ourense, Galicia, SPAIN
粒度（Grain Size）：組織（Texture）	中粒（Medium）
色（Color）　岩石（Rock）	明るい灰（Light gray）
長石（Feldspar）	白（White）

　純白色で不規則な形状を示す中粒の斑晶状長石類と、それにともなう透明に近い灰白色で中粒の石英および黒雲母から主になる。一部の長石にはうすいだいだい色を帯びるものが含まれる。黒雲母の小さい片はややその分布が多く、長石中に包み込まれていたり部分的にクロットとして集まっている。

　鏡下で、大きなカリ長石、斜長石、石英の組み合わせの花崗岩組織を示すが、破砕により細粒化したものも多くみられる。大きなカリ長石（パーサイト）は他形で他鉱物の粒間を埋めており、中に多数の斜長石や黒雲母をポイキリティックに含んでいる。斜長石は半自形の柱状を示すやや大きい結晶がみられる。また石英の分布も多い。これらの粒は一部こわされ折れ曲がっている。白雲母は小片状で少量含まれる。黒雲母（Bt）は淡褐色を示し、小さい板状でいくつか連晶しており、内部にはジルコン、アパタイトの含有が多い。副成分鉱物に鉄質鉱物が多数分布する。
［破砕状］

(crossed nicols) × 32

26. ルナ　パール　LUNA PEARL
花崗岩（黒雲母花崗岩）　Granite（Biotite granite）

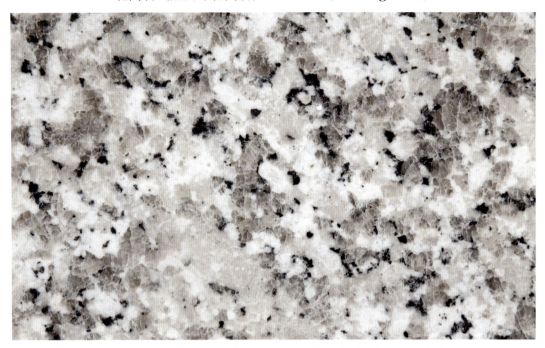

産地　（Locality）		Budduso, Olbia-Tempio, Sardegna, ITALY
粒度（Grain Size）：組織（Texture）		粗粒（Coarse）
色（Color）	岩石（Rock）	うすいピンク（Pale pink）
	長石（Feldspar）	黄味白（Yellowish white）

　細長くやや柱状に近い粗粒斑晶（2〜3cm大）には白色の長石と透明の長柱状斜長石が混じており、それに伴って半透明の灰黒色を呈する粗い石英粒塊（1.5cm大）が介在している。この石英粒には多くのクラックが入りブロック化している。主にこれら構成鉱物類からなる基地の中に少量の小さい黒雲母片が散在している。

　鏡下で、自形に近い長柱状のカリ長石（微斜長石パーサイト）：(Mc) と斜長石および石英（Qt）がほぼ等量で含まれる。これらの多くは破砕によって結晶粒がくずれ、ブロック化され、粒同士が互いに複雑に入り込んでいる。長石類の内部には二次的変質によるセリサイトが生じている。黒雲母（Bt）は板状結晶で、一部は緑泥石や緑れん石に変じており、中にアパタイトの小さい粒の含有が多い。副成分鉱物として鉄質鉱物、褐れん石がみられる。
［破砕状］

（crossed nicols）× 32

27. コリアン ピンク　KOREAN PINK
（ポーチョン ピンク　POCHEON PINK）

花崗岩（黒雲母花崗岩）　Granite（Biotite granite）

産地　（Locality）	韓国京畿道抱川市
粒度（Grain Size）：組織（Texture）	中粒（Medium）
色（Color）　岩石（Rock）	明るい灰（Light gray）
長石（Feldspar）	うすいピンク（Pale pink）

　中粒の淡いピンク系のみかげで、長石には白とピンクの二種のものが混じており、これら長石と灰白あめ色をした中粒の石英からなる基質とその中に斑点状に散在している小さな黒雲母からなる。長石は細長く伸びた不規則の大きさのやや長柱状結晶がほぼ同一方向に連なって配列し、一方これにほぼ直角に交わる方向にも同種の結晶がいくつか列をなして分布してこれらが全体での大半を占め淡いピンクを示す。

　鏡下で、長柱状の大きな微斜長石（Mc）と斜長石（Pl）および石英（Qt）が主な構成鉱物であるが、これらの結晶のほとんどは砕かれまた細粒化している。長石類の内部は一部汚染されセリライトや白雲母の微細片が生じている。他鉱物粒間の細粒化した石英は周辺の粒の中に食い込んでいる。黒雲母（Bt）は淡褐色、小板状で辺縁は不規則に切断されている。副成分鉱物として、アパタイト、褐れん石を多く含む。
［破砕状］

（crossed nicols）× 32

28. チュウゴク（中国）No.623 CHUGOKU MIKAGE No.623
花崗岩（黒雲母花崗岩） Granite（Biotite granite）

産地 （Locality）		中国福建省厦門市海滄
粒度 （Grain Size）：組織（Texture）		中粒（Medium）
色 （Color）	岩石（Rock）	明るい灰（Light gray）
	長石（Feldspar）	灰白（Grayish white）

　中粒の白みかげ、純白で長柱状の長石類と灰白あめ色の石英粒と黒雲母からなる。長石類は約1〜1.5cm大の細い長柱状のものが多く、不規則に連なったりやや集まって部分的に丸い塊状を呈する。石英は粒状で長石類の中に浮き上がってみえる。黒雲母はやや細かい片状で長石粒の間に散在する。

　鏡下で、大きなカリ長石（パーサイト）、斜長石、石英および黒雲母が主な構成であり、長石や石英の一部はやや破砕されている。カリ長石（Kfs）の内部には細かなひも状のパーサイト構造がみられ、細い割れ目が入りまた黒雲母片が包有されている。斜長石（Pl）は大きい自形に近い柱状結晶で、内部に累帯構造やセリサイトの二次汚染がみられる。黒雲母は濃い褐色を示す柱状結晶片で一部緑泥石に変質している。副成分鉱物としてスフェーン（Spn）や鉄質鉱物が多数含まれている。
［破砕状］

(crossed nicols) × 32

29. アズール プラティノ　AZUL PLATINO
変花崗岩（黒雲母変花崗岩）　Metagranite (Biotite metagranite)

産地　(Locality)		Trujillo, Caceres, Extremadura, SPAIN
粒度　(Grain Size)：組織　(Texture)		粗粒　(Coarse)：斑状　(Porphyritic)
色　(Color)　岩石　(Rock)		うす灰青　(Pale grayish blue)
長石　(Feldspar)		灰白　(Grayish white)

　粗粒、明るい白色で球状に近い不規則な大きさ（1～2cm）の斑晶状長石類が連なって広がりその分析率が非常に多い。またこの粒間を灰白あめ色・半透明のやや粗い石英粒と少数の黒雲母片が埋めている。全般に変成作用の影響がみられ、長石斑晶の内部には粒状化した様相があらわれ、また石英も個々にかなり粒状化し単粒や塊粒状で長石の中に押し込まれている。

　鏡下で、カリ長石（微斜長石）、斜長石、石英および黒雲母が主な構成であり、大きな斑晶状で残存する長石結晶は圧砕によってこわされまたこれらの粒内には無数の黒雲母微細片が取り込まれていちじるしく汚染されている。長石類中に含まれる黒雲母には無色に変質した小葉片状で平行配列を示すものと不定方位に散在するものと同一結晶内でやや位相の異なる平行縞の波動消光を示すものがある。黒雲母結晶（Bt）は短柱状で歪み湾曲切裂している。副成分鉱物に鉄質鉱物や褐れん石が多数含まれる。
［圧砕状、汚濁］

(crossed nicols) × 32

30. ライト ダーク エクストラ　LIGHT DARK EXTRA
花崗閃緑岩（黒雲母花崗閃緑岩）　Granodiorite（Biotite granodiorite）

産地　（Locality）	Badajoz, Badajoz, Extremadura, SPAIN
粒度（Grain Size）：組織（Texture）	中粒（Medium）
色（Color）　岩石（Rock）	灰（Gray）
長石（Feldspar）	灰白（Grayish white）

　中粒ないし細粒で白色の長石類とやや透明に灰白色石英および黒雲母からなり、黒みを帯びた岩質で、これらの主構成鉱物がそれぞれ等大、均質に分布している。長石および石英粒の内部にはクラックがみられる。スペイン産の白みかげ系の石材で、わが国に数種輸入されている中の一つでやや黒みの細かい目でのやわらかい光沢が磨いた面でみられる。

　鏡下で、カリ長石、斜長石、石英および黒雲母の花崗岩質様の鉱物組み合わせであるが、斜長石は等粒大の中粒結晶を示すものが多くより閃緑岩的組織を示す。カリ長石（パーサイト）は他形で、他の粒間を埋める。斜長石（pl）は短冊状を示し中に黒雲母の小片を含む、また内部の累帯構造の塩基性核はセリサイトによる二次変質がいちじるしい。石英はやや大きいものがあり波動消光がみられる。長石や石英粒は破砕されているがその程度はいちじるしくない。黒雲母（Bt）は小さい板状を示し緑泥石に変質し、またその中にはジルコンが多く含まれハローが生じている。副成分鉱物として褐れん石の小粒が含まれる。

（crossed nicols）32

31. ロンサン（論山）　RONSAN
石英閃緑岩（黒雲母—石英閃緑岩）　Quartz diorite（Biotite-quartz diorite）

産地　（Locality）	韓国忠清南道論山市彩雲面
粒度（Grain Size）：組織（Texture）	中粒（Medium）
色（Color）　岩石（Rock）	明るい灰（Light gray）
長石（Feldspar）	灰白（Grayish white）

　白色で細粒の長石とやや透明に近い灰白色石英および細かい黒雲母片からなる。これらはほぼ等粒大で分布するが、中にやや大きな斑晶状の石英および長石粒が含まれる。黒雲母の含有率がやや高く黒みがかっている。これらの石英および長石粒の内部は破砕され、細かい粒にブロック化している。

　鏡下で、中粒の自形〜半自形の斜長石と石英が主な構成で、カリ長石（微斜長石）は少量他鉱物の間隙を後期に晶出したような形状で充填している。斜長石（Pl）は巾広い短冊状が多くアルバイト式双晶が多くみられ、また累帯構造もしばしばあらわれる。その内部での二次汚染はほとんどみられない。石英は中粒でその分布が多い。またミルメカイトが形成されている。これら粒は破砕作用を受けて結晶はこわされ、他の粒との間で食い込み合っている。黒雲母（Bt）は黄褐色で小さい短柱状を示すが、結晶の両端は切断され割れている。副成分鉱物にスフェーンが多く含まれる。
［破砕状］
（crossed nicols）× 32

32. ロックビル　ROCKVILLE
花崗閃緑岩（角閃石―黒雲母花崗閃緑岩）
Granodiorite（Hornblende-biotite granodiorite）

産地　（Locality）　　　　　　　　　Stearns, Kentucky, U.S.A.
粒度（Grain Size）：組織（Texture）　粗粒（Coarse）
色（Color）　岩石（Rock）　　　　　灰（Gray）
　　　　　　長石（Feldspar）　　　　灰白（Grayish white）

　粗粒で白色の長石類斑晶と半透明・灰白あめ色の中粒の石英およびやや含有率の多い有色鉱物からなる。長石類には白色と透明のものが相ともなうが、その大きさは様々で長柱状（1.5cm）を示すものが多く、また球状に近い（径2.5～3cm）のものも含まれる。それらの内部はクラックが多く入っており、有色鉱物の小片を含むことがある。

　鏡下では、斑晶状の大きなカリ長石（パーサイト）：（Kfs）と半自形の長柱状の斜長石およびこれらの粒間を充填する大きな石英がみられる。カリ長石より斜長石の含有がやや多く、また有色鉱物の存在比も高く閃緑岩質の組織がみられる。カリ長石にはカールスバット式双晶が認められる。斜長石は一部セリサイトの二次汚染がみられ、内部に石英、黒雲母の小粒を含有することが多い。黒雲母はやや大きな板状結晶で、いくつか塊って分布する。角閃石（Hbl）は短柱状で黒雲母にともなう。有色鉱物中にアパタイト、ジルコンの含有が多い。

（crossed nicols）× 32

33. チュウゴク（中国）No.306　CHUGOKU MIKAGE No.306
モンゾニ岩（角閃石―黒雲母モンゾニ岩）
Monzonite（Hornblende-biotite monzonite）

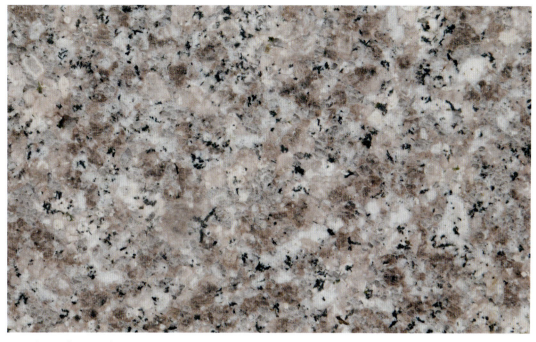

産地　（Locality）	中国山東省青島市労山区浮山
粒度（Grain Size）：組織（Texture）	中粒（Medium）
色（Color）　岩石（Rock）	暗ピンク（Dark pink）
長石（Feldspar）	灰味紅（Grayish red）

　中粒で暗い淡ピンクの岩質で、いろいろの形の長石類が塊状を示すが、その中には白色でやや短柱状の長石がみられ、またピンクを帯びたものの一部は細長く伸びて弱い定方位配列を示す。これらの長石に半透明・灰白あめ色の石英がともない、また白色長石の粒間に有色鉱物が少量分布する。長石類や石英粒の内部には圧砕による小ブロック化がみられる。

　鏡下で、やや他形のカリ長石（パーサイト）:（Kfs）と石英および斜長石が主な構成鉱物であり、カリ長石には細かいひも状パーサイト組織が多くみられるが、内部は暗く汚濁がいちじるしい。斜長石はその分布がやや少ない。石英には一部大きなものも残存するが全般に細粒化している。大きな長石、石英結晶の内部には太いクラックが数多くみられる。黒雲母（Bt）は小片で、引き伸ばされ切断されている。また菱形の大きなスフェーン（Spn）結晶が多く含まれる。
　［圧砕状］

（crossed nicols）× 32

34. シルバー　グレー　SILVER GRAY
花崗岩（白雲母—黒雲母花崗岩）　Granite（Muscovite-biotite granite）

産地　（Locality）	Nova Friburgo, Centro Flurninense, Rio de Janeiro, BRAZIL
粒度（Grain Size）：組織（Texture）	細粒（Fine）
色（Color）　岩石（Rock）	明るい灰（Light gray）
長石（Feldspar）	灰白（Grayish white）

　全般に非常に細かい白色のサラサラした砂糖様を呈する長石類と石英からなる石基および細粒の有色鉱物がみられる。またこれらの石基中にやや大きな（0.6mm大）白色の粒状長石斑晶が混じ、また微細な白雲母片が散在しところどころで光ってみえる。有色鉱物の含有がやや多く黒味がかっているが、わが国の粒度区分での細かい、ぬか（糠）目とよばれるみかげ石である。

　鏡下では、小さなほぼ同じ大きさの揃ったカリ長石（微斜長石）：（Mc）と斜長石、石英および黒雲母や白雲母が含まれる。微斜長石の内部には細かい格子状構造が顕著にあらわれている。斜長石（Pl）は小さい短冊状をなしアルバイトやカールスバット式双晶がみられる。石英（Qt）は長石類粒の間を充填して分布している。これらの結晶粒子は破砕作用によって細かくこわされ互いに食い込み合いまた細粒化している。内部の二次的変質はほとんどみられない。黒雲母は小さい板状を示し鱗片状の白雲母がこれにともなう。副成分鉱物として褐れん石、鉄質鉱物がみられる。
［破砕状］

（crossed nicols）× 32

35. モニュメント グレー　MONUMENT GRAY
花崗岩（圧砕状白雲母―黒雲母花崗岩）
Granite（Mylonitic muscovite-biotite granite）

産地 （Locality）	Barro Vermont, U.S.A.
粒度 （Grain Size）：組織 （Texture）	細粒 （Fine）
色 （Color）　岩石 （Rock）	灰白 （Grayish white）
長石 （Feldspar）	白 （White）

　細粒で純白の長石類と半透明・灰白色の石英および有色鉱物の細片からなり、粒度は小目ないしぬか目でやや黒みの多い岩質である。全般に圧砕状変形で粒状化している。長石類は細かな粒状ないし長柱状で均一に分布し、石英も小粒で長石にともなう。また有色鉱物は細いひも状（巾1mm以下）で長く伸びておりその含有率は高い。微粒の白雲母片が白く光って散在している。

　鏡下で、カリ長石、斜長石、石英が主な構成であり、これに黒雲母と白雲母がともなう。全般に圧砕を受け粒が破砕されている。カリ長石（微斜長石）：（Mc）および斜長石結晶の多くの粒辺は丸みを帯び、それらの周りは細粒化した石英小粒で取り囲まれている。斜長石は内部に累帯構造がみられる。細粒状化した石英は波動消光がいちじるしい。黒雲母はやや大きな板状を示し歪みがみられる。白雲母は小片で黒雲母にともない少量分布する。スフェーンが数多く含まれる。
[圧砕状]

(crossed nicols) × 32

36. スル　グレー　SUL GRAY
花崗閃緑岩（白雲母—黒雲母花崗閃緑岩）
Granodiorite (Muscovite-biotite granodiorite)

産地　（Locality）　　　　　　　BRAZIL
粒度（Grain Size）：組織（Texture）　細粒（Fine）：糖晶状（Saccharoidal）
色（Color）　　岩石（Rock）　　　灰白（Grayish white）
　　　　　　　長石（Feldspar）　　白（White）

　細かい粒の白色の長石類と灰白あめ色の石英粒および有色鉱物からなる。有色鉱物は細かいひも状でその分布がやや多く、部分的に弱い平行配列がみられる。通常、花崗岩は粗い粒で完晶質の組織の深成岩であるが、本岩はかなり細粒でほぼ等粒からなり多少アプライト（aplite：半花崗岩）に近い岩質のようである。

　鏡下で、石英、斜長石、少量のカリ長石が主な構成鉱物で、これに黒雲母、白雲母および少量の角閃石が含まれる。全般に圧砕により結晶粒の破壊、細粒化組織がみられる。カリ長石（微斜長石）：（Mc）は細粒でかなり砕けている。斜長石（Pl）には半柱状でカールスバット式双晶を示す残存性のやや大きい粒もみられ、その内部に黒雲母の小板片が取り込まれていたり、また白雲母の微細片が多く含まれている。石英は細粒化され他の粒間に食い込んで分布している。黒雲母は小板状で、その周縁は葉片状に切断されている。副成分鉱物に鉄質鉱物やジルコンの小粒が含まれる。
［圧砕状］

(crossed nicols) × 32

37. アズール エクストレメーノ　AZUL EXTREMENO
（スターフラッシュ　STARFLASH）（アズール エクストレマドゥーラ　AZUL EXTREMADURA）
閃緑岩（白雲母―黒雲母閃緑岩）　Diorite（Muscovite-biotite diorite）

産地 （Locality）	Salvatierra de Santiago, Caceres, Extremadura, SPAIN
粒度 （Grain Size）：組織 （Texture）	中粒 （Medium）
色 （Color）　岩石 （Rock）	灰白 （Grayish white）
長石 （Feldspar）	白 （White）

　中粒で、斑晶状だ円形の白色の長石と灰白あめ色の粒状の石英および黒雲母から主に構成され、微細な白雲母片が所々で輝いてみえる。圧砕によって、石英粒は細粒化し引き伸ばされ、部分的に弱い定方位配列構造もみられる。有色鉱物の含有率がやや多く黒みがかっており、やや細かい目での白、灰、黒の斑模様の色調に適宜な濃淡のバランスがみられる。

　鏡下で、カリ長石（微斜長石）：(Mc) は斜長石の粒間を充填して少量みられる。斜長石 (Pl) は中粒の半自形の短柱状でアルバイト式双晶や累帯構造が多くあらわれている。カリ長石や斜長石はともにその結晶がくだかれており、石英もはげしく圧砕されて強い波動消光がみられ、細かい粒が長石粒辺に沿って並んで分布する。黒雲母 (Bt) はやや大きな帯赤褐色で板状を示す。また結晶は湾曲し切断され葉片がバラバラに分かれ先端では退色して無色になり、またシンプレクタイト縁がみられる。白雲母は小片状で黒雲母にともなうことが多い。[圧砕状]

(crossed nicols) × 32

38. バイオレット　ブルー　VIOLET BLUE
花崗岩（圧砕状黒雲母花崗岩）　Granite（Mylonitic biotite granite）

産地　（Locality）		URUGUAY
粒度（Grain Size）：組織（Texture）		中粒（Medium）
色（Color）	岩石（Rock）	暗黒青（Dark blackish blue）
	長石（Feldspar）	灰白（Grayish white）

　中粒、やや暗黒青色を帯びた岩質で、白色・透明の長石類が不規則のだ円状や、細長い棒状結晶で集まって塊状を呈しそれらが互いに連なって広がっている。これらの塊状粒の内部は破砕され細かく粒状化している。長石類塊の間に灰白あめ色・半透明の中粒の石英が密に入り込み、黒雲母片がこれらの中に脈状で伸びまた小片で長石類中に斑点状に取り込まれているものも多くみられる。また斑晶上長石の中には透明で弱い閃光を発する角柱状（1 × 1cm）の良結晶が含まれている。

　鏡下で、カリ長石（微斜長石パーサイト）、斜長石、石英および黒雲母からなる。全般に圧砕で長石類や石英の結晶がこわされ粒が互いに入り込み合っている。斑晶状カリ長石の内部に細かいひも状のパーサイト構造がみられる。斜長石（Pl）は短柱状で双晶縞が折れ曲がり鱗片状の雲母が多数含まれる。石英粒の大半は細粒状化されている。黒雲母（Bt）は短柱状結晶で湾曲し周縁は葉片状に分断され針状を呈する。副成分鉱物はジルコン、アパタイト、鉄質鉱物が含まれる。
［圧砕状］

(crossed nicols) × 32

39. レイク　プラシッド　ブルー　LAKE PLACID BLUE
変はんれい岩（普通輝石変はんれい岩）　Metagabbro（Augite metagabbro）

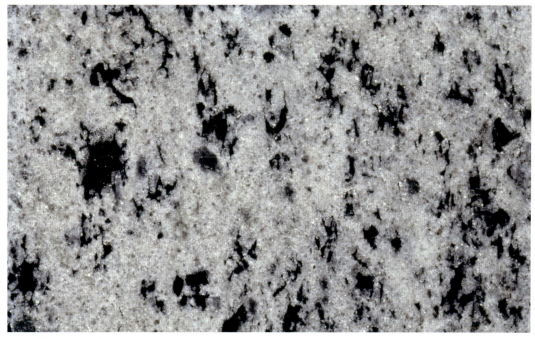

産地　（Locality）		Jay, Essex, New York, U.S.A.
粒度（Grain Size）：組織（Texture）		粗粒（Coarse）
色（Color）	岩石（Rock）	灰黒（Grayish black）
	長石（Feldspar）	灰白（Grayish white）

　半透明の灰白色の大きなだ円形（径2〜3cm）の粒塊が互いに連なって広く拡がり、その粒塊の間に有色鉱物がやや大きな粒状またはひも状で少量はさまれている。粒塊の内部は不定方位に伸びた短柱状の多数の長石粒からなっている、このごくうすい草色を帯びた灰白色の大きな長石粒塊の形状や全体の組織などから通常のはんれい岩とはやや異なるようにみえる。

　鏡下で、大半が斜長石からなり、これに少量の輝石のみがともなう。斜長石（Pl）はほぼ等粒大の半柱状の結晶のみで、内部はアルバイト式双晶が顕著にみられ、またその一部の粒端は砕け他の粒との境界で多少食い込み合っている。輝石（Aug）はやや大きな短柱状または塊状で淡褐色を示し複屈折度が弱く内部には双晶がみられる。特に変質・変成の影響がほとんどみられず、また構成鉱物の組み合わせや組織などからは通常のはんれい岩とは相違しているようで、その亜種に近いもののようである。

（crossed nicols）× 32

40. アンデール グリーン　ANDEER GREEN
片麻岩　Gneiss

産地　（Locality）	Andeer, Graubunden, SWITZERLAND
粒度（Grain Size）：組織（Texture）	中〜粗粒（Medium 〜 Coarse）：片麻状（Gneissic）
色（Color）　岩石（Rock）	灰味黄緑（Grayish yellow green）
長石（Feldspar）	灰白（Grayish white）

　全般にうすい草色の基質の中に白色、中粒（数 mm 〜 1cm 大）のポーフィロブラスト（斑状変晶）が多数含まれモザイク模様を示す。この変晶は不規則の大きさの粒状ないしだ円状で、その周りを微細粒からなる基質鉱物が取り囲んでやや平行配列を示し弱い縞状構造がみられる。全般に多少ぼやけたような白と緑の色彩の斑模様がやや縞状で複雑に混じりあって並びやわらかい光沢を示す。

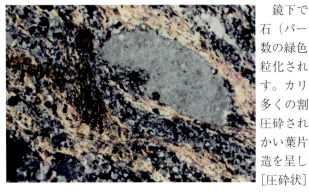

　鏡下では、眼球状（だ円状）の斑状変晶カリ長石（パーサイト）：（Kfs）の周囲を取り巻いて、多数の緑色の白雲母（Ms）の細かい葉片状結晶と細粒化された石英がともない流れるような組織を示す。カリ長石斑状変晶の内部には石英粒が含まれ多くの割れ目が入っている。また基質中の石英は圧砕され細粒化し、波動消光がいちじるしく、細かい葉片状の緑色を帯びた白雲母とともに縞状構造を呈している。鉄質鉱物粒が多数含まれる。
［圧砕状］

(crossed nicols) × 32

41. グリス ペルラ　GRIS PERLA
花崗岩（角閃石―黒雲母花崗岩）　Granite（Hornblende-biotite granite）

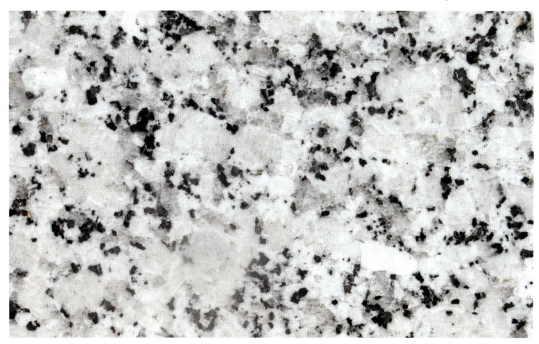

産地　（Locality）	Meis, Pontevedra, Galicia, SPAIN
粒度（Grain Size）：組織（Texture）	粗粒（Coarse）：斑状（Porphyritic）
色（Color）　岩石（Rock）	うすい黄茶（Pale yellowish brown）
長石（Feldspar）	うすい褐（Pale brown）

　粗粒で、長石類斑晶が大部分を占める。長石類には大きな短四角形（2×3cm）や円形（径2cm）を示すもの、それよりやや小型で透明の長柱状のものも混じている。これら長石粒間に半透明・灰白あめ色、中粒の石英が分布し、やや少量の有色鉱物が各所に散在する。また有色鉱物の一部が斑晶状長石類の中に取り込まれている。

　鏡下では、大きなカリ長石（微斜長石パーサイト）、斜長石、石英が主な組み合わせで、カリ長石（Kfs）、斜長石（Pl）ともに内部は黒褐色の微粒子の集合物で汚濁されている。カリ長石にはカールスバット式双晶がみられ石英粒を中に含む。また斜長石は累帯構造を示し、その塩基性核にはセリサイトの二次変質がはげしい。黒雲母（Bt）は大きな板状結晶で、緑泥石に変質し、内部にアパタイト、ジルコンの含有が多い。角閃石が黒雲母に少量ともなう。スフェーンの大きな結晶が多く含まれる。
［破砕状］

（crossed nicols）×32

42. ローザ ベータ　ROSA BETA
花崗岩（黒雲母花崗岩）　Granite（Biotite granite）

産地　（Locality）		Arzachena, Olbia-Tempio, Sardegna, ITALY
粒度（Grain Size）：組織（Texture）		中粒（Medium）
色（Color）	岩石（Rock）	ピンク（Pinkish gray）
	長石（Feldspar）	ピンク（Pink）

　白色と淡いピンクを帯びた中粒の長石斑晶がほぼ半数ずつみられ、これらと半透明・灰白あめ色で中粒の石英塊とがほとんどの部分を占めており、少量の黒雲母がこれに加わる。長石斑晶の白と淡いピンク粒は1cm前後でほぼ等大であり、これらには不規則な棒状突起のある円形や、柱状、粒状を示すものがみられる。長石斑晶および石英塊の内部は圧砕により小さくブロック化されている。黒雲母葉部分的にクロットを形成している。

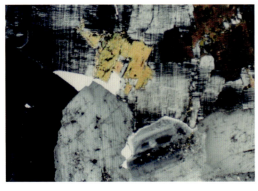

　鏡下で、大きなカリ長石、斜長石、石英がほぼ等量に含まれる。カリ長石（微斜長石パーサイト）：(Mc)は内部に細かい格子状の構造が顕著にあらわれており中に斜長石、黒雲母結晶を包有する。斜長石（Pl）の半自形結晶は累帯構造がみられ内部は一部セリサイト化している。石英の含有が比較的多くいちじるしい波動消光を示す。黒雲母(Bt)は淡褐色で小板状結晶は切断され、葉片の間に他の鉱物が入り込んでいる。副成分鉱物にスフェーン、アパタイト粒が多くみられる。
［破砕状］

（crossed nicols）× 32

43. テキサス パール　TEXAS PEARL
花崗岩（角閃石―黒雲母花崗岩）　Granite（Hornblende-biotite granite）

産地　（Locality）　　　　　　　　　Marble Falls, Burnet, Texas, U.S.A
粒度（Grain Size）：組織（Texture）　粗粒（Coarse）：斑状（Porphyritic）
色（Color）　岩石（Rock）　　　　　うす褐紅（Pale brownish red）
　　　　　　長石（Feldspar）　　　　うすピンク（Pale pink）

　淡いピンク色を帯びた大きな（径2.5cm）だ円形ないし球状を示す斑晶状のカリ長石が大部分を占め、この周りを白色の斜長石が取り囲んだりまた長柱状でも分布する。また大きな透明の石英粒が長石斑晶にともない、有色鉱物もやや大きな粒状の塊として基地を埋める。このように本岩は淡いピンク色を帯びた大きな球状斑晶が主体で、これらが白と黒の基地の中に混じ、全般に調和のとれた柔らかい色調がみられる。

　鏡下で、大きな斑晶状結晶のカリ長石（微斜長石パーサイト）：(Mc)と斜長石(Pl)および石英(Qt)が主に分布する。長石類の内部は汚濁されておりまた部分的にこわされ粒状化している。カリ長石と斜長石の粒界にミルメカイトが形成されている。黒雲母は大きな板状結晶で淡褐色、いくつか塊まって分布し一部は長石中に包有され緑泥石に変質し内部にアパタイト、鉄質鉱物を多く含む。角閃石（Hbl）は少量小さな角状で黒雲母にともなう。
［破砕状］

（crossed nicols）× 32

217

44. チュウゴク（中国）No.361　CHUGOKU MIKAGE No.361
花崗岩（角閃石―黒雲母花崗岩）　Granite（Hornblende-biotite granite）

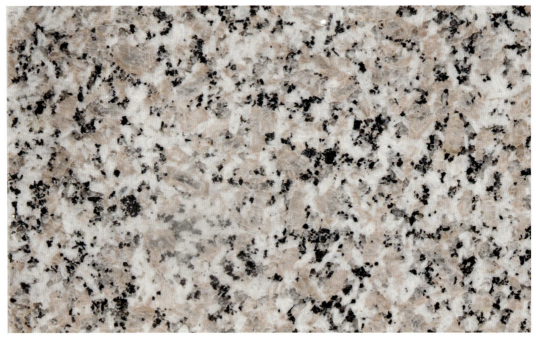

産地　（Locality）		中国山東省日照市五蓮県街斗
粒度（Grain Size）：組織（Texture）		中粒（Medium）
色（Color）　岩石（Rock）		うす茶（Pale brown）
長石（Feldspar）		灰味ピンク（Grayish pink）

　淡ピンクの中粒の球状ないし不規則な形の長柱状を示すカリ長石とその周りを囲むほぼ等大で白色の細長柱状の斜長石およびこれら長石粒間を埋める半透明・灰白あめ色の石英粒、有色鉱物の塊がみられる。磨いた面での粒の大きさ、色のバランス、光沢の強さなどに優れているようである。

　鏡下では、斑晶状のやや大きな他形のカリ長石（微斜長石）：（Mc）と半自形の斜長石および石英が主である。石英の分布はやや少ない。斜長石（Pl）は内部に累帯構造を示すことが多く、またセリサイトに二次変質している。破砕によって長石粒結晶はくずれ他の粒の中に食い込んでいる。黒雲母（Bt）は小板状、淡褐色を示す。角閃石（Hbl）も短柱状、青緑色でその含有量は少ない。有色鉱物には内部にジルコンによるハローが多くみられる。服成分鉱物として鉄質鉱物が含まれる。
［破砕状］

（crossed nicols）× 32

45. ウンチョン（雲川）　WOONCHEON
花崗岩（角閃石―黒雲母花崗岩）　Granite（Hornblende-biotite granite）

産地　（Locality）　　　　　　　　　韓国京畿道抱川市永北面
粒度（Grain Size）：組織（Texture）　中粒（Medium）
色（Color）　岩石（Rock）　　　　　うす灰褐（Pale grayish brown）
　　　　　　長石（Feldspar）　　　　うすピンク（Pale pink）

　うすいピンクのカリ長石、白色の斜長石、灰白あめ色の石英および黒雲母の組み合わせの中粒の岩質で、カリ長石はやや柱状または粒状（径数mm〜1cm）を示す。斜長石はこれに比してやや小さい粒状でカリ長石にともなう。石英は粒状で内部は破砕されブロック化している。黒雲母はやや長い柱状結晶がいくつか集まっている。

　鏡下で、カリ長石（パーサイト）は主で、内部に中粒の斜長石を包有し弱い汚れがみられる。斜長石（Pl）は半自形の結晶で内部の累帯構造の核にはセリサイトの二次変質がみられ、その分布はカリ長石に比してやや少ない。石英のやや大きなものは他の粒間の充填状の分布を示す。長石や石英粒は破砕され、結晶がやや細粒化されている。黒雲母（Bt）は長柱状で淡褐色を示し、中にアパタイト、ジルコン粒の含有が多い。角閃石は少量、緑色で長柱状の結晶が分布する。
［破砕状］

（crossed nicols）× 32

46. ローザ　ポリーニョ　ROSA PORRINO
花崗岩（黒雲母花崗岩）　Granite（Biotite granite）

産地　（Locality）　　　　　　　　Porrino, Pontevedra, Galicia, SPAIN
粒度（Grain Size）：組織（Texture）　粗粒（Coarse）：斑状（Porphyritic）
色（Color）　岩石（Rock）　　　　　灰味赤（Grayish red）
　　　　　　長石（Feldspar）　　　　ピンク（Pink）

やや柱状に近い形を示す大きな（約1〜2cm）斑晶状の淡桃色と白色からなる長石類がいくつか並んで連なり、それらが主部を占める優ピンク質の岩石で、この長石斑晶の間隙を中粒の灰黒色、半透明の石英粒が分布し、また主に長石類にともなって黒雲母の小片が少量散在する。

鏡下で、大きなカリ長石（微斜長石パーサイト）と斜長石や石英が主に含まれる。全般的に長石類、石英粒は圧砕により破砕がいちじるしく、斜長石（Pl）やカリ長石（Kfs）の大きな半自形の結晶で一部残留しているものも多少みられるが、それらのほとんどはこわされ他の粒とも複雑に食い込み合っている。またカリ長石の中にポイキリティック（poikilitic）に石英、斜長石の小粒が多く取り込まれている。黒雲母は短柱状で帯紅褐色を示し一部緑泥石化しまたその先端辺ではシンプレクタイト（symplectite）縁がみられる。
［圧砕状］

(crossed nicols) × 32

220

47. オーロ ガウチョ　OURO GAUCHO
花崗岩（角閃石—黒雲母花崗岩）　Granite（Hornblende-biotite granite）

産地 (Locality)	Porto Alegre, Porto Alegre, Rio Grande do Sul, BRAZIL
粒度 (Grain Size)：組織 (Texture)	粗粒 (Coarse)
色 (Color)　岩石 (Rock)	うすい茶 (Pale brown)
長石 (Feldspar)	うす茶だいだい (Pale brownish orange)

　白色で一部にうすだいだい色を示す半透明の粗粒（2〜3cm大）の長石類斑晶と灰黒あめ色の丸い石英粒が主部を占め、これにやや大きな黒雲母が少量分布している。これら斑晶長石類および石英粒は圧砕され内部は小柱状にギザギザに分かれ、それらはバラバラの方向を向き変成作用を繰り返し受けたことも考えられる。本岩も含めて、外国産の石材は長い年月を経ているのでその間にほとんどが変形や変質していることが多い。

　鏡下で、大きなカリ長石（微斜長石パーサイト）：(Mc) と斜長石および石英に黒雲母や角閃石が少量ともなう。斜長石はカリ長石に比して含有がやや少なくその内部は汚濁されまた二次変質によるセリサイトがみられる。石英粒は他形で波動消光がいちじるしい。これら長石や石英粒は圧砕によって細粒化しており、粒同士が互いに食い込み合っている。黒雲母（Bt）は帯黄褐色でやや長柱状を示し折れ曲がって緑泥石に変質し結晶周辺ではシンプレクタイト縁がみられ、またその内部にアパタイト、鉄質鉱物の含有が多い。
［圧砕状］

（crossed nicols）× 32

48. ギァンドーネ　GHIANDONE
（リンバラ　LIMBARA）
花崗岩（黒雲母花崗岩）　Granite（Biotite granite）

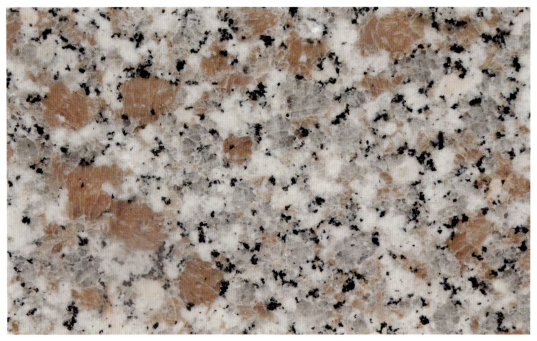

産地　（Locality）		Aggius, Olbia-Tempio, Sardegna, ITALY
粒度（Grain Size）：組織（Texture）		粗粒（Coarse）
色（Color）	岩石（Rock）	うす茶（Pale brown）
	長石（Feldspar）	うす赤味茶（Pale reddish brown）

　淡褐色で、粗粒の長柱状（1〜2cm大）のカリ長石と白色で一部にピンクを帯びた丸状（径1cm）や粒状で細長く連なる斜長石とが相ともなう。これら長石斑晶粒は破砕により、内部に多数のクラックが入り、小さな柱状のブロックに分かれている。黒色の汚濁物質がこれらの裂け目を充たし、また一部は細脈として斑晶を切っている。また灰白あめ色の大きな石英も長石と同様に小さな柱状にブロック化されている。黒雲母は部分的にいくつか塊まって、長石や石英粒間に分布している。

　鏡下で、大きな長石、斜長石および石英が主要鉱物で、これらに黒雲母が含まれる。斑晶状の長石の内部は汚濁がはげしく、また結晶は粒状化している。大きなカリ長石（パーサイト）：(Kfs) は大型の斜長石や石英、黒雲母を包有しておりまた他鉱物粒の間を充填している。斜長石は内部に石英粒を含み累帯構造がみられる。黒雲母 (Bt) は小板状で、結晶片はまげられ引き千切られておりほとんどが緑泥石に変質している。副成分鉱物としてスフェーンが分布する。

［破砕状、汚濁］　　　　　　（crossed nicols）× 32

49. デキシー ピンク　DIXIE PINK
花崗岩（白雲母花崗岩）　Granite（Muscovite granite）

産地 （Locality）	U.S.A.
粒度 （Grain Size）：組織 （Texture）	中～粗粒 （Medium ～ Coarse）
色 （Color）　岩石 （Rock）	うす茶 （Pale brown）
長石 （Feldspar）	うすピンク （Pale pink）

　商品名にデキシー（米国南部諸州：Dixi land）のピンクとあるように、淡いピンク色で同じ大きさの粒度（数mm）の揃った長石類が主で、その粒間に半透明、灰黒色の丸い石英粒が散在する。長石類には多くのピンクの粒状結晶にともなって透明で長柱状のものも含まれる。全面にピンクのほぼ揃った中目の斑模様が拡がり、そのところどころに散在する白雲母微細片がきらきら光って美しい色調を呈している。

　鏡下で、斑晶状の大きなカリ長石（微斜長石パーサイト）：（Mc）と自形に近い長柱状の斜長石（Pl）および石英がほぼ等量でみられる。斜長石にはアルバイト式双晶やアルバイト・カールスバット式双晶を示すものが多くみられ、内部に多くの白雲母（Ms）細片をともなう。石英はやや粒状を示し、波動消光がいちじるしい。少量の黒雲母と二次鉱物としての方解石（calcite）の粒状結晶を含む。また小さな鉄質鉱物（写真での黒色の丸い小さい点状のもの）が斜長石中など全般に多数分布して、二次的に汚染されている。

(crossed nicols) × 32

50. ラジー　RAJ

花崗岩（圧砕状黒雲母—白雲母花崗岩）
Granite（Mylonitic biotite-muscovite granite）

産地　（Locality）	INDIA
粒度（Grain Size）：組織（Texture）	中粒（Medium）
色（Color）　　岩石（Rock）	灰味赤（Grayish red）
長石（Feldspar）	うすいピンク（Pale pink）

　うすいピンクの中粒（径数mm～1cm）のやや球状や細長い柱状を示す斑晶状長石がいくつか連なって広く分布する。これら長石粒間の狭い隙間を埋めて半透明の石英小粒が少量みられる。また有色鉱物が細長く伸びたひも状で散在し、その一部の小片は長石粒の中に取り込まれており、また白く光る白雲母片が各所にやや多く分布している。全般に多くの粒は圧砕され粒状化してみえる。

　鏡下で、主にカリ長石、石英および白雲母と黒雲母からなり、斜長石の含有は少ない。全般に圧砕の影響で、長石や石英結晶はこわされ細粒化した粒同士が互いに食い込み合っている。カリ長石（微斜長石パーサイト）：（Mc）は半柱状で残存しているものも含まれるがその多くで粒辺は砕け、丸い石英粒が入り込んでおり、粒界にはミルメカイトの形成がみられる。白雲母がやや大きな板状結晶で多く含まれ、黒雲母（Bt）は小片でその分布がやや少ない。鉄質鉱物が粒状や脈状に並んで多く含有される。

［圧砕状］　　　　　　　　　（crossed nicols）× 32

51. ナミビア イエロー　NAMIBIA YELLOW
（アフリカン　イエロー　AFRICAN YELLOW）
花崗岩（黒雲母花崗岩）　Granite（Biotite granite）

産地　（Locality）		Karibib, Karibib, Erongo, NAMIBIA
粒度（Grain Size）：組織（Texture）		中粒（Medium）
色（Color）　岩石（Rock）		うす褐（Light brown）
長石（Feldspar）		灰赤褐（Grayish red brown）

　中粒、うすい帯赤褐色および白色の長石類が相ともないやや細長く伸びて連なり、この中に灰褐あめ色・半透明の石英粒子が分布し浮き上がってみえまたこれらの粒間に黒雲母が少量散在している。全般に赤褐色や白色の長石類および石英粒は圧砕によって粒状化しており、これらの個々の粒がほぼ同じ粒径（約2～3mm）で均質に混じり合って分布している

　鏡下で、やや大きなカリ長石（斜長石パーサイト）、斜長石と石英および黒雲母が主な構成で、カリ長石は短柱状で内部に非常に多くの斜長石の小結晶を包有している。斜長石（Pl）は半自形の長柱状を示しアルバイト式双晶がしばしばみられる。石英にはやや大きな結晶もみられるが長石とともにかなりこわされ粒の周辺部で互いに噛み合っておりまた細粒化している。黒雲母はやや大きな柱状結晶でうすい褐色を示し粒の周縁は切断され一部緑泥石に変質している。またその内部にはジルコン粒が数多く含まれる。副成分鉱物としてアパタイト、スフェーンがみられる。

［破砕状］　　　　　　　　　　（crossed nicols）× 32

52. チュウゴク（中国）No.437　CHUGOKU MIKAGE No.437
花崗岩（黒雲母花崗岩）　Granite（Biotite granite）

産地　（Locality）		中国広東省掲陽市恵来県華湖
粒度（Grain Size）：組織（Texture）		粗粒（Coarse）
色（Color）	岩石（Rock）	うす赤茶（Pale reddish brown）
	長石（Feldspar）	白味茶（Whitish brown）

優白色で中〜粗粒の岩質、全般的に酸化鉄の汚染の影響によってうすい赤茶色に変質し、さび（錆）石になっている。やや大きな（1〜2cm大）短柱状の長石類の内部はひび割れが多数みられ、その裂け目に沿って鉱染され変質している。長石粒間に介在する中粒の石英は濃い暗茶色で内部は小さく細粒化し、ガサガサに崩れかかった様相にみえる。有色鉱物はやや大きな塊状で少量含まれる。

鏡下で、カリ長石、斜長石、石英および黒雲母からなり、全般に赤茶色に鉱染され、一部の粒にやや破砕の影響がみられる。カリ長石（パーサイト）：（Kfs）はやや大きな他形で、内部に細い棒状のパーサイト構造があらわれており一部ではセリサイトに変質している。斜長石は半自形の短柱状で、双晶縞の一部が湾曲している。石英は大きな他形で長石粒間に充填的な分布を示す。黒雲母（Bt）はやや大きな板状で淡褐色緑泥石に変質しており内部にアパタイトが多く含まれる。
［破砕状］

(crossed nicols) × 32

53. イエロー　インペリアル　YELLOW IMPERIAL
花崗岩（黒雲母花崗岩）　Granite（Biotite granite）

産地　（Locality）		Medina, Jequitinhonha, Minas Gerais, BRAZIL
粒度（Grain Size）：組織（Texture）		粗粒（Coarse）
色（Color）	岩石（Rock）	うす茶（Pale brown）
	長石（Feldspar）	うすだいだい（Pale orange）

　粒状、帯赤色ピンクの長石およびこれにともなう純白色のやや小さい粒状長石と帯褐あめ色・半透明で中粒の石英粒や黒雲母からなる。黒雲母の分布はやや多い。ピンクの大きな（径2〜3cm）長石斑晶はやや球状を示すものが多く、圧砕によりその内部には細かいひびが数多くみられる。石英は小さくブロック化され粒状を呈する。やや粒状の黒雲母片が長石粒の周縁部に集まって分布し、それらが石英粒とともに長石粒の内部に食い込んでいる。

　鏡下で、大きな斑晶状のカリ長石（微斜長石）、斜長石および石英と黒雲母からなる。微斜長石（Mc）には粗い格子状構造が顕著にあらわれており内部に斜長石や石英の小粒を含む。斜長石はやや大きな短柱状の結晶で内部に累帯構造やセリサイトによる二次汚染がみられ、周縁部にミルメカイトが多数形成されている。石英にはやや大きい結晶と細粒化したものがみられる。黒雲母（Bt）は短柱状を示し一部は濃緑色の緑泥石に変質している。副成分鉱物として鉄質鉱物の含有が多い。
［圧砕状］
（crossed nicols）× 32

54. バルモラル レッド ダーク　BALMORAL RED DARK
花崗岩（黒雲母花崗岩）　Granite（Biotite granite）

産地　（Locality）		Taivassalo, Varsinais-Suomi, FINLAND
粒度（Grain Size）：組織（Texture）		粗粒（Coarse）
色（Color）	岩石（Rock）	赤茶（Reddish brown）
	長石（Feldspar）	にぶい赤味だいだい（Dull reddish orange）

　明るい帯褐濃紅色の粗粒の不規則な形の塊状の斑晶長石類がそれぞれの先端から伸びる細脈で連なりそれらがほぼ等間隔で散らばって拡がり、その粒間にやや黒みを帯びた丸い石英粒と黒雲母片が充填的に分布している。長石や石英粒の内部は細粒化している。磨き面で、黒色の地の中に濃紅斑がやや浮き上がってみえバランスのとれた割合での紅黒のきれいな色調を呈する。

　鏡下では、主に大きな斑晶状のカリ長石（パーサイト）：(Kfs) と石英（Qt）からなり、斜長石の含有は比較的少ない。大きなやや半自形のカリ長石もみられその中に斜長石の小結晶が多く取り込まれている。カリ長石と斜長石（Pl）の周縁部の一部は破砕され内部にセリサイト化などの変質がみられるが全般的には変質はさほどいちじるしくはない。石英は長石粒間を充填的に分布している。黒雲母（Bt）は淡緑褐色のやや大きい板状で、内部にジルコンによるハロー（Pleochroic halo）が多くみられる。副成分鉱物として鉄質鉱物が含まれる。

(crossed nicols) × 32

55. インディアン ジュパラナ　INDIAN JUPARANA
花崗閃緑岩（白雲母—黒雲母花崗閃緑岩）
Granodiorite（Muscovite-biotite granodiorite）

産地　（Locality）	Bangalore, Karnataka, INDIA
粒度（Grain Size）：組織（Texture）	細粒（Fine）：細縞状（Fine banded）
色（Color）　岩石（Rock）	うす赤味ピンク（Pale reddish pink）
長石（Feldspar）	うすピンク（Pale pink）

　うすいピンクと白色の長石細粒がそれぞれに集まった小塊が連なって約5mm巾で互層が形成されており、それらの層がやや平行配列してピンクと白の帯状構造がみられる。またこれら互層の間には有色鉱物なる薄層がはさまれて同方向に並んでいる。これら構成鉱物粒は破砕され細粒化している。

　鏡下で、カリ長石、斜長石、石英および黒雲母、白雲母から構成されている。全般に細粒の結晶で、多くの粒はくずれ粒同士が食い込み合っている。カリ長石（微斜長石パーサイト）のやや大きな結晶はカールスバット式双晶がみられ、また斜長石との接触部にミルメカイトが形成されている。斜長石（Pl）の一部では双晶縞が湾曲し内部に白雲母や黒雲母小片を含んでいる。またセリサイトの二次変質がいちじるしい。石英（Qt）はやや小さな他形で長石粒間に充填的の分布をしている。黒雲母（Bt）はやや小さな板状結晶や長石粒のき裂の中に入り込んでいる細片のものがみられる。白雲母が少量小片で黒雲母にともなう。副成分鉱物としてスフェーン、鉄質鉱物が含まれる。

［破砕状］　　　　　　　　　　　　　　　　　　　　　　　　　　（crossed nicols）× 32

56. ナジュラン ブラウン　NAJRAN BROWN
（トロピック ブラウン　TOROPIC BROWN）（ガデール GHADEER）

アルカリ花崗岩（普通輝石―エジル輝石アルカリ花崗岩）
Alkali granite（Augite-aegirine alkali granite）

　産地　（Locality）　　　　　　　　　Najran, Najran, SAUDI ARABIA
　粒度（Grain Size）：組織（Texture）　粗粒（Coarse）
　色（Color）　岩石（Rock）　　　　暗い茶（Dark brown）
　　　　　　　長石（Feldspar）　　　明るい茶だいだい（Light brownish orange）

　大きな（径1.5cm）ぼうすい形、だ円形や長柱状を示し、淡いだいだい色を帯びた半透明のアルカリ長石が主体を占め、それに灰白あめ色で中粒の石英がともない、これらの間をやや大きな有色鉱物が埋めている。アルカリ長石は歪み中にクラックが入っており、また黒色の微粒子が多数入り込んで汚濁されている。一部の長石は方向によって白い閃光がみられる。全般に明るい色調を示し、ほぼ同じ大きさの粒度の揃った大柄な斑模様がみられ、磨いた面での光沢も強い。

　鏡下で、アルカリ長石と石英および輝石が主要構成鉱物で、斜長石は含まれない。大きなアルカリ長石（パーサイト）：（Afs）は他形を示し、内部でのパーサイト構造が顕著であり、黒色の微細粒子で汚濁されている。石英（Qt）のほとんどは圧砕され細粒化した粒が砕けた長石粒の周りを取り囲んでいる。エジル輝石（Ae）はやや短柱状鮮やかな青緑色を呈し、結晶周縁に錐輝石（Acmite）をともなう、また結晶は切断され引き伸ばされ、鉄質鉱物によって汚染されている。［圧砕状、汚濁］

（crossed nicols）× 32

57. シップショウ ブラウン　SHIPSHAW BROWN
閃長岩（黒雲母―エジル輝石閃長岩）　Syenite（Biotite-aegirine syenite）

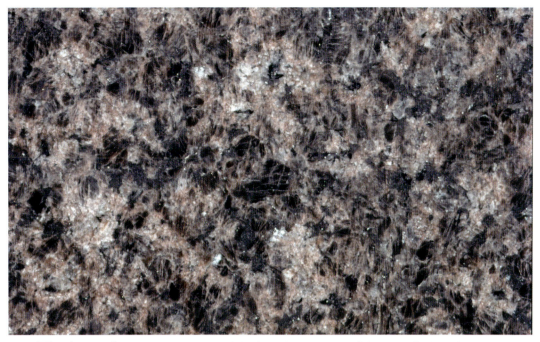

産地（Locality）	Shipshaw, Saguenay-Lac-Saint-Jean, Quebec, CANADA
粒度（Grain Size）：組織（Texture）	粗粒（Coarse）
色（Color）　岩石（Rock）	茶（Brown）
長石（Feldspar）	暗い褐（Dark brown）

　帯赤褐色の大きな（径1.5cm）丸い形の粒と一部に閃光を有するやや小さな柱状の粒が混じてみえる粗粒上組織のアルカリ閃長岩である。大きな長石類は不規則な塊状で分布し、これに丸粒の有色鉱物がともないこれらがち密に詰め込まれた様相を呈し、長石の内部にはひびが多数入っている。わが国では石材用のアルカリ閃長岩はもちろん、閃長岩もほとんど産しない。

　鏡下で、アルカリ長石（パーサイト）：（Afs）とエジル輝石および黒雲母が主な構成鉱物で、アルカリ長石は大きな半自形を示し内部に多数の細かいひも状のパーサイトが顕著にみられる。エジル輝石（Ae）は淡緑色を示し短柱状で中に多くの裂開がみられ、鉄質鉱物（Opq）をともなうことが多い。黒雲母（Bt）には淡緑褐色で小板状の結晶片および細かい鱗片状でアルカリ長石中に包有されているものがある。また、黒雲母には小粒のアパタイトやジルコンが多く含まれる。
［圧砕状］

(crossed nicols) × 32

58. キョウセン　KYOUSEN
花崗岩（黒雲母花崗岩）　Granite（Biotite granite）

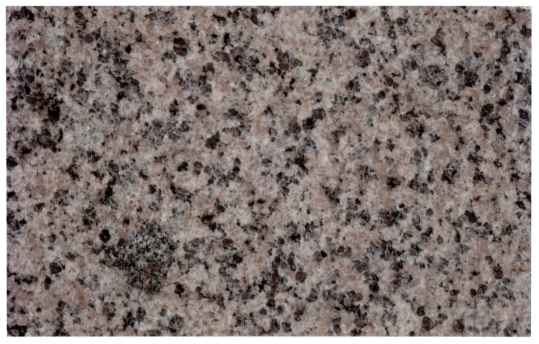

産地　（Locality）　　　　　　　　韓国慶尚南道陜川
粒度（Grain Size）：組織（Texture）　中粒（Medium）
色（Color）　岩石（Rock）　　　　うす茶（Pale brown）
　　　　　　長石（Feldspar）　　　うすピンク（Pale pink）

　中粒・淡いピンク色で斑晶状の粒状ないし短柱状を示す長石類結晶粒とその周りをやや取り囲むように分布する白色の長石粒がみられる。長石類粒の間に半透明・灰黒色と白色の石英粒および黒雲母の小片がみられる。一部に黒ずんだ〝斑〟の部分が含まれる。この部分には黒雲母と透明石英が不均一に集まっており、この原因としてはマグマの発生時に他の岩片などを含んだためか、マグマの固結最終段階での不均一性によると考えられる。

　鏡下では、大きな斑晶状のカリ長石（微斜長石パーサイト）：(Mc) と石英の分布が多くみられ、斜長石結晶はややその含有が少ない。長石類は一部破砕されているが、内部での二次変質はあまりみられない。長石粒の間を充たす石英も一部細粒化している。黒雲母（Bt）は小さな短柱状で、暗褐色を示す。副成分鉱物にはスフェーン、鉄質鉱物を含む。
［破砕状］

(crossed nicols) × 32

59. ロホ ドラゴン　ROJO DRAGON
花崗岩（角閃石―黒雲母花崗岩）　Granite（Hornblende-biotite granite）

産地　（Locality）	Potrerilos, San Martin, San Luis, ARGENTINA
粒度（Grain Size）：組織（Texture）	粗粒（Coarse）：斑状（Porphyritic）
色（Color）　岩石（Rock）	明るい茶（Light brown）
長石（Feldspar）	にぶい赤味だいだい（Dull reddish orange）

　淡紅褐色を帯びる斑晶状長石類と灰あめ色の石英からなり、斑晶状長石はパッチ状に分布し、その分布の割合が多い優紅質岩石である。これら長石類は破砕されており個々の形状は不規則で、細長く伸びた粒同士がいくつか連なっている部分もみられる。磨いた面で、主体の帯紅褐色の長石斑晶粒子は圧砕により小さくブロック化し、内部はガサガサした様相がみられると同時にそれらに濃淡の色むらが生じており、これらがかえって全般にやわらかい感覚の色調を呈している。

　鏡下で、カリ長石（微斜長石）:（Mc）と石英（Qt）が主で、少量の斜長石がカリ長石の中に含まれる。これら結晶のほとんどはいちじるしく破砕されて小さく粒状化しており、長石類結晶の辺縁はくずれ、細粒化した石英粒が食い込んでいる。また、長石類の内部はセリサイトによって変質汚染され、一部ミルメカイトもみられる。片状の小さな角閃石（Hbl）や黒雲母は緑泥石に変わっている。副成分鉱物として、アパタイト、メタミクト化した褐れん石を含む。
［圧砕状］

(crossed nicols) × 32

60. コロラド ガウチョ　COLORADO GAUCHO
花崗岩（黒雲母花崗岩）　Granite（Biotite granite）

産地　（Locality）	Viamao, Porto Alegre, Rio Grande do Sul, BRAZIL
粒度（Grain Size）：組織（Texture）	粗粒（Coarse）：斑状（Porphyritic）
色（Color）　岩石（Rock）	茶（Brown）
長石（Feldspar）	にぶい赤味褐（Dull reddish brown）

　赤褐色の斑晶状長石が集まった不規則な形状の大きな（径2cm）粗粒塊がいくつか連なっており、それらの間を埋めて中粒の白や灰黒あめ色の石英および少量の黒雲母片が分布し、比較的有色鉱物の占める割合が少ないので全体に赤褐色が強調されてみえる。長石類斑晶および石英粒は破砕され、内部にクラックが縦横に入りブロック化しており、丸い石英粒が斑晶の内部にまで食い込んでいる。

　鏡下で、カリ長石（微斜長石パーサイト）：(Mc)が主であり斜長石（Pl）、石英および黒雲母がこれにともなう。カリ長石や斜長石はやや大きい半自形の柱状結晶も残存するが、それらの一部はこわされまた歪んでおりまた内部は白雲母やセリサイト微細粒子で変質汚染されている。また石英はやや大きな長石粒間を充填的な分布を示すものもあるが、ほとんどは細粒化している。一部にミルメカイトが認められる。黒雲母は短板状で二次的に緑泥石に変質している。副成分鉱物に鉄質鉱物を含む。
［破砕状］

（crossed nicols）× 32

61. バーミリオン　VERMILLION
花崗岩（黒雲母花崗岩）　Granite（Biotite granite）

産地（Locality）		Vermillion Bay, Kenora Ontario, CANADA
粒度（Grain Size）：組織（Texture）		細〜中粒（Fine 〜 Medium）
色（Color）	岩石（Rock）	うす赤褐（Pale reddish brown）
	長石（Feldspar）	明るい赤褐（Light reddish brown）

　全般的にうすい赤褐色を帯びた細粒ないし中粒の花崗質岩で、明るい帯赤褐色の長石類が細い長柱状（長径1.5cm）や小球状で部分的に集まって塊粒状で分布している。これらの塊粒は周りのより細かい白色・透明の長石や石英粒からなる基地の中でモザイク模様にやや浮き上がってみえ、また小さな黒雲母片が少数散在している。全般に圧砕によりやや大きな長石の内部には多くの割れ目が入っておりそれらが互いにぎっしりつまった様相を呈している。

　鏡下で、カリ長石（微斜長石）、斜長石や石英および黒雲母から構成されている。全般に長石類や石英は結晶がくずれている。やや大きな微斜長石（Mc）は半自形の結晶で太い間隔の格子状構造がみられる。斜長石（Pl）はやや短柱状を示し内部に黒雲母の針状細片が多く含まれる。石英のやや大きな結晶にはいちじるしい波動消光がみられるが、大半のものは細粒化している。黒雲母は小柱状でうすい褐色を示し鉄質鉱物をともなう。副成分鉱物にはスフェーンやジルコン粒がみられる。
［破砕状］

(crossed nicols) × 32

62. ブリー　ピンク　BREE PINK
花崗岩（黒雲母花崗岩）　Granite（Biotite granite）

産地　（Locality）		Vellore, North Arcot, Tamil Nadu, INDIA
粒度（Grain Size）：組織（Texture）		中～粗粒（Medium ～ Coarse）
色（Color）	岩石（Rock）	茶味ピンク（Brownish pink）
	長石（Feldspar）	紅味ピンク（Reddish pink）

　商品名にピンクがついており、中粒の帯赤桃色の長石類の斑晶と白や灰白あめ色の透明感の強い石英および黒雲母が、比較的にそれぞれ等量で分布している。赤桃色の長石の個々がそれぞれ離れて散らばっているので、その明るいピンクと白色透明の石英粒および有色鉱物の黒斑がからみ合って、全般に濃淡のバランスのとれた美しい色調の石材である。

　鏡下では、大きなカリ長石（微斜長石パーサイト）：（Mc）が主で、長石には斑晶状の半自形のものも残存しその内部には細かい格子状構造がみられるが、多くは周縁が破砕されこわれている。斜長石の含有は少ない。これら長石類の内部はセリサイトにより二次汚染されている。ミルメカイトがしばしばみられる。石英粒（Qt）も破砕により細粒化している。黒雲母は淡黄褐色の葉片状で一部は長石粒中に食い入っていたりその割れ目に沿って脈状に分布する、また結晶片が歪曲しているものもある。副成分鉱物には鉄質鉱物、スフェーンが含まれる。
［破砕状］

（crossed nicols）× 32

63. ネルソン　レッド　NELSON RED
花崗岩（白雲母―黒雲母花崗岩）　Granite（Muscovite-biotite granite）

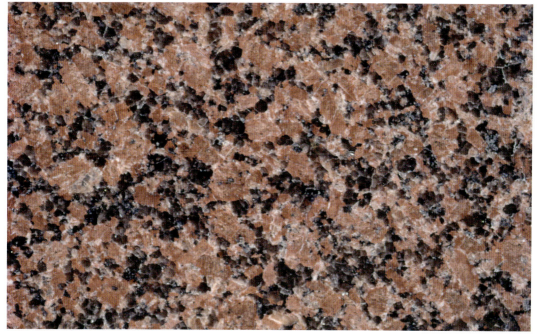

産地　（Locality）　　　　　　　　Coles Bay, Tasmania, AUSTRALIA
粒度（Grain Size）：組織（Texture）　中粒（Medium）
色（Color）　岩石（Rock）　　　　　暗赤（Dark red）
　　　　　　長石（Feldspar）　　　　褐味赤（Brownish red）

　赤みの強い岩質で、斑晶状を示す帯淡褐赤色の不規則な粒状や長柱状に伸びた長石類結晶とそれに一部ともなう白色・透明の長石類、および半透明・暗灰黒色で中粒の石英がだ円形あるいは細い長柱状に分布しており、それらが混じて全体的にきれいな色模様を呈している。赤色の長石結晶は内部に多くのクラックが入って小さくブロック化している。

　鏡下で、斑晶状のカリ長石（微斜長石パーサイト）：（Mc）と大きな半自形の斜長石および石英が主で、カリ長石と石英の分布が比較的に多い。カリ長石の内部はいちじるしく汚濁している。この汚濁は微細な酸化鉄が析出したためのもので、長石の濃い赤色の原因かとも考えられる。斜長石(Pl)中に微細な白雲母、セリサイトの二次変質を生じている。これらの粒は全般に破砕によって一部こわされ、やや細粒化している。黒雲母は小板片状で、白雲母片と連晶していることが多いがそれらの辺縁は切断され、変質している。
［破砕状、汚濁］

(crossed nicols) × 32

64. カパオ ボニート レッド　CAPAO BONITO RED
花崗岩（黒雲母花崗岩）　Granite（Biotite granite）

　産地　（Locality）　　　　　　　　　Capao Bonito, Itapetininga, Sao Paulo, BRAZIL
　粒度（Grain Size）：組織（Texture）　粗粒（Coarse）：斑状（Porphyritic）
　色（Color）　　岩石（Rock）　　　　　褐味赤（Brownish red）
　　　　　　　　長石（Feldspar）　　　　にぶい赤（Dull red）

　粒状（1〜2cm）の帯褐赤色の長石斑晶および石基の白、灰白あめ色の石英粒と黒雲母からなる。斑晶の長石には多くのクラックがみられ、これら結晶の間隙には小さな粒状化した石英が入りこんでいる。この岩質のように鮮やかな赤みの強いカリ長石斑晶を主体にもち、ブラジルやインドなどに産する同種の花崗岩は古い地質時代（10億年前）の岩石であり、長い年月の間にカリ長石中に酸化鉄の微細な結晶が生じて、濃い鮮やかな紅色を呈するとされる。

　鏡下で、大きなカリ長石（微斜長石パーサイト）：（Mc）が主であるが、その多くは破砕によりこわされブロック化し、またクラックが入っている。カリ長石や少量分布する斜長石の内部にはセリサイトの微粒子が多数形成されている。細粒化した石英は長石類の粒間隙を充たしている。黒雲母（Bt）は淡褐色の小板状を呈しており、内部にジルコン、アパタイト粒の含有が多い。
［破砕状］

（crossed nicols）× 32

65. イーグル レッド　EAGLE RED
（マリーナ レッド　MARINA RED）
花崗岩（黒雲母花崗岩）　Granite（Biotite granite）

産地　（Locality）	Kotka, Etela-Suomi, FINLAND
粒度（Grain Size）：組織（Texture）	粗粒（Coarse）：斑状（Porphyritic）
色（Color）　岩石（Rock）	暗紅（Dark red）
長石（Feldspar）	褐味紅（Brownish red）

　商品名にレッドがつくように、濃い紅色のフィンランド産の花崗岩で、粗粒（約1～2cm大）の帯褐紅色の強い斑晶上長石と中粒（約0.5cm）の半透明暗黒色の丸い石英粒とが主な構成である。この長石斑晶にはクラックが多くみられる。また少数の透明でやや大きい柱状の斜長石が紅色長石にともなっている。多くの長石類斑晶の間を暗黒色の石英粒が埋めており、これらでの紅と黒色の組み合わせの特異な美しい模様を呈する。

　鏡下で、カリ長石（微斜長石パーサイト）：(Mc)に富み、この粒間を石英（Qt）が充填して分布する。長柱状の斜長石結晶も少量含まれる。長石類、石英粒ともに破砕され細粒化し、長石類の内部はセリサイトで二次変質汚濁されている。黒雲母（Bt）は板状で内部は緑泥石に変質しておりその先端部はしばしば切断され、縁にはシンプレクタイトがみられる。蛍石（Fl）が多く含まれ、またアパタイト、鉄質鉱物も含有される。
［破砕状］

（crossed nicols）× 32

66. センチネル レッド　SENTINEL RED
花崗岩（圧砕状黒雲母花崗岩）　Granite（Mylonitic biotite granite）

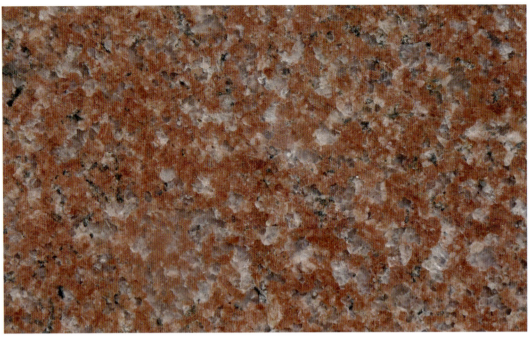

産地　（Locality）		Ilkal, Bagalkot, Karnataka, INDIA
粒度（Grain Size）：組織（Texture）		粗粒（Coarse）
色（Color）	岩石（Rock）	茶（Brown）
	長石（Feldspar）	褐赤（Brownish red）

　中粒の帯褐赤色の長石類と、透明で灰白あめ色の石英および黒雲母の組み合わせからなり、斑晶状の長石類は不規則の外縁がぼやけたやや大きな斑模様を呈し、となりの斑晶とより細い脈状粒で連なって広く拡がる。長石類粒やそれらの粒間を充填する透明石英粒のほとんどがいちじるしく圧砕され、小さな角張ったブロック状で互いに密に凝集している。

　鏡下で、大きな斑晶状の微斜長石（パーサイト）：（Mc）および斜長石（Pl）と石英がみられるが、全体に長石類結晶は圧砕によってこわされ粒がずれ違っている。斜長石の内部は二次変質によりカオリナイト、セリサイト微粒子を生じている。またはげしい圧砕作用により石英も細かく砕かれ、長石類の粒間に食い入っている石英粒（Qt）は消光位が異なりいちじるしい波動消光を示す再結晶の小粒が集まっている。黒雲母（Bt）は小板状片で脈状に連晶し、ほとんどが緑泥石に変質しておりその分布はやや多い。副成分鉱物にはスフェーン、鉄質鉱物が含まれる。
［圧砕状］

（crossed nicols）× 32

67. トラナス ルビン　TRANAS RUBIN
花崗岩（黒雲母花崗岩）　Granite（Biotite granite）

産地　（Locality）		Tranas, Jonkoping, SWEDEN	
粒度（Grain Size）：組織（Texture）		粗粒（Coarse）	
色（Color）	岩石（Rock）	茶（Brown）	
	長石（Feldspar）	褐紅（Brownish red）	

　明るい帯褐紅色の長石の集合粒子（1～1.5cm）、白と灰あめ色の石英粒塊および黒雲母からなる優紅質の赤みかげで、長石および石英粒のそれぞれの粒は輪郭がはっきりしており、だ円に近い形を示すものが多い。磨いた面で、紅色のカリ長石の占める率が非常に多く、その粒間に白と黒の小粒が少量混じており、本岩のようなカラフルな赤みかげ石材は近年建物、記念碑、墓石などにもファッション的要素を含めて使用されてきている。

　鏡下で、カリ長石（微斜長石パーサイト）：(Mc)に富み、それらはやや大きな不規則な形の短柱状に近く内部にいちじるしいパーサイト構造がみられるが、そのほとんどの粒辺部はくだかれている。石英もこわされ細粒化しているものが多い。斜長石（Pl）はその含有量は少なく、カリ長石にともなったりその中に取り込まれている。黒雲母（Bt）はやや大きな短柱状を示しすべてが緑泥石に変質している。また蛍石が含まれ、この種の鉱物を含む他地域に産する岩質間との類似性が考えられる。副成分鉱物にアパタイト、スフェーン、鉄質鉱物がみられる。
　［破砕状］　　　　　　　　　　（crossed nicols）× 32

68. ロイヤル レッド　ROYAL RED
花崗岩（圧砕状角閃石―黒雲母―白雲母花崗岩）
Granite（Mylonitic hornblende-biotite-muscovite granite）

産地　（Locality）		Pelotas, Rio Grande du Sul, BRAZIL
粒度（Grain Size）：組織（Texture）		粗粒（Coarse）
色（Color）　岩石（Rock）		赤茶（Reddish brown）
長石（Feldspar）		褐紅（Brownish red）

　帯褐赤色の長石類の小粒の集合塊（約2cm大）が不規則な円形ないし柱状を呈し、それらがやや細い棒状突起を伸ばし互いに連結して全面に拡がっている。これらの長石塊の間隙を半透明・灰黒あめ色の石英の小塊粒が埋め、また有色鉱物の小片がごく少量分布している。全般に強度の圧砕的変形で長石や石英粒の内部は小さく粒状化している。

　鏡下では、やや大きな斑晶状の他形のカリ長石（微斜長石パーサイト）：（Mc）と中粒の斜長石およびやや大きな石英と少量の有色鉱物からなる。これらの粒での圧砕はいちじるしく粒はくずれ、多くは細粒化している。斜長石（Pl）結晶は内部にクラックが多く入り双晶が湾曲している。またその内部はセリサイトで二次変質している。石英は長石粒間の充填的な結晶も一部に残存するが、細粒のものが多くみられる。角閃石（Hbl）は青緑色で少量含まれスフェーン粒をともなうことが多い。黒雲母は緑泥石に変質し小片で少量みられる。スフェーンの含有が非常に多い。
［圧砕状］

(crossed nicols) × 32

69. ウルグアイアン レッド　URUGUAYAN RED
花崗岩（圧砕状黒雲母花崗岩）　Granite（Mylonitic biotite granite）

産地　（Locality）		Arbolito, Cerro Largo, URUGUAY
粒度（Grain Size）：組織（Texture）		中粒（Medium）
色（Color）	岩石（Rock）	暗褐（Dark brown）
	長石（Feldspar）	暗紅（Dark red）

　中粒、やや暗い濃紅色の柱状ないし塊状の長石結晶が連なって全体に広がり、それらの粒間を埋めてやや少量の透明・灰白あめ色の石英粒（径数mm）および有色鉱物の小粒が分布している。長石結晶の内部はひびが多数入り小さな粒にブロック化している。磨いた面で、渋い濃紅色の長石の占める率がほとんどでそれらに色調のむらがなく、つや出しの良い石材である。

　鏡下で、カリ長石、石英および黒雲母の組み合わせからなる。全般に圧砕状組織で粒は砕け細粒化しまたいちじるしく汚染され、すべての細粒の周りは淡褐緑色の微細粒の細脈で取り囲まれている。カリ長石（微斜長石パーサイト）：(Mc)は大きい結晶が一部残存しその内部は微粒子からなる帯褐色細脈が多数入り全面的に汚染され、またその多くは細粒化し周りを微細脈が取り巻いている。斜長石はごく少量含まれる。石英は一部残存性の結晶もみられるが多くは細粒化している。黒雲母(Bt)は鱗片状または葉片状の集合で、変質がいちじるしく緑泥石に変質している。鉄質鉱物の含有が非常に多い。
［圧砕状、汚染］

(crossed nicols) × 32

70. アフリカン レッド　AFRICAN RED
アルカリ花崗岩（角閃石―黒雲母アルカリ花崗岩）
Alkali granite（Hornblende-biotite alkali granite）

産地　（Locality）	Mokopane, Limpopo, S.AFRICA
粒度（Grain Size）：組織（Texture）	粗粒（Coarse）
色（Color）　岩石（Rock）	濃い褐味紅（Dark brownish red）
長石（Feldspar）	赤茶（Reddish brown）

　粗粒でやや褐色を帯びた赤みの濃い岩質で、大きな（1～1.5cm大）赤色の斑晶状長石が不規則な形の短柱状を示し、それらの個々の粒がつながって拡がり広く分布している。赤色長石の粒間を半透明・灰白色石英粒と有色鉱物が充填している。斑晶状長石および石英粒の内部にクラックがみられる。磨いた面での濃紅色の広く拡がった斑模様のつや持ちの良い石材である。

　鏡下で、大きなアルカリ長石（微斜長石パーサイト）：（Afs）結晶が大部分を占める。その内部ははげしく汚濁されて、多くのひも状パーサイト縞が暗く汚れてみられる。斜長石はほとんど含まれていない。石英はややその分布が多く長石結晶の間充填状を示す。大きな長石や石英粒は破砕され粒の周辺では細かく砕けている。角閃石（Hbl）は青緑色で多色性が強く小さな柱状結晶でのアルカリ角閃石（リーベック閃石：riebeckite）で、長石の粒間に介在したり一部は長石中に包有されている。黒雲母（Bt）はやや大きな板状を示し緑泥石に変質している。副成分鉱物には鉄質鉱物が多く含まれる。

［破砕状、汚濁］　　　　　　　　　　　　　　　　　　　　　（crossed nicols）× 32

71. カーネーション　レッド　CARNATION RED
花崗岩（片状黒雲母花崗岩）　Granite (Schistose biotite granite)

産地　（Locality）	Vanga, Kristianstad, Skane, SWEDEN
粒度（Grain Size）：組織（Texture）	中粒（Medium）：片状（Schistose）
色（Color）　岩石（Rock）	赤味茶（Reddish brown）
長石（Feldspar）	にぶい紅（Dull red）

　レッドの商品名がつくように、やや茶みがかった紅色の濃い岩質で、中粒の紅色の長石類と白色の石英および黒色雲母からなり、それらが弱い変成作用によって定方位に配列して片状構造を形成しているので、紅、白、黒色の互層の縞模様がみられる。長石類や石英粒は弱変成によって細粒化しほぼ等粒の細ザラメ糖の集合状組織（saccharoidal）を呈している。

　鏡下で、カリ長石（微斜長石パーサイト）：(Mc)に富み、内部でのじゅず状のパーサイト構造が目立つ。石英は動力変成を受け変形しまた細粒化しており、小さな石英粒は再配列して長石粒の周縁に沿って並びまたその内部に入り込んでいる。黒雲母（Bt）は赤褐色の小さな片状で方向配列をしている。蛍石（fluorite）が含まれている。この蛍石を含む花崗岩類は北欧や北米などに分布し、その成因には共通の類似性がみられるようであり、また副成分鉱物として鉄質鉱物の含有も多い。
［圧砕状］

(crossed nicols) × 32

72. スウェード ローズ レッド　SWEDE ROSE RED
花崗岩（黒雲母花崗岩）　Granite（Biotite granite）

産地　（Locality）	Tranas, Jonkoping, SWEDEN
粒度（Grain Size）：組織（Texture）	粗粒（Coarse）
色（Color）　岩石（Rock）	灰味赤茶（Grayish red brown）
長石（Feldspar）	赤茶（Reddish brown）

　斑晶状の長石には暗褐赤色ややや赤味のうすいものが混じており、自形に近い長柱状結晶が一部残ってみられるがその多くは圧砕され粒状化している。これらの長石粒間を埋めている石英も小さな粒状を呈している。小さい黒雲母片が各所に散在する。磨き面で、商品名に〝ばら紅〟とある赤みかげ系の石材で、濃紅と淡紅の長石斑晶、白色・透明の斜長石、石英および有色鉱物の黒色斑が少量散在し、全般に落ち着いた色合いのバランスがみられる。

　鏡下で、大きなカリ長石（Kfs）および斜長石（Pl）が主に分布している。カリ長石や斜長石にやや大きな他形～半自形の柱状結晶が残存しており、斜長石に細い縞のアルバイト式双晶を示すものが多くみられるがこれらの粒の周縁はともに破砕され、内部は微細粒子のセリサイト（Src）による二次変質汚染がいちじるしい。黒雲母は小板状でそのほとんどが淡緑色の緑泥石（Chl）に変質している。副成分鉱物としてアパタイト、鉄質鉱物粒が含まれる。
［圧砕状］

(crossed nicols) × 32

73. コロラド シェラ チカ　COLORADO S. CHICA
花崗岩（黒雲母―角閃石花崗岩）Granite（biotite-hornblende granite）

産地　（Locality）	Sierra Chica, Olavarria, Buenos Aires, ARGENTINA
粒度（Grain Size）：組織（Texture）	粗粒（Coarse）
色（Color）　岩石（Rock）	赤茶（Reddish brown）
長石（Feldspar）	濃い紅茶（Dark reddish brown）

　鮮やかな暗紅色の大きな（1～2cm大）斑晶状長石と暗灰色斜長石や無色透明の石英粒および有色鉱物からなる濃い紅色の赤みかげであり、この斑晶の長石は形大きさともに不均一で、粒状に近いものもみられる。圧砕により多数の細いクラックの白い筋が長石斑晶および基地の石英粒を切って長く伸びほぼ平行に配列している。またこれらの粒の内部はき裂が複雑に入って小さくブロック化している。

　鏡下で、カリ長石（微斜長石）：（Mc）、斜長石、石英がほぼ等量に含まれる。長石類は変質によって汚濁され結晶片縁は破砕されておりまた長石類粒間の充填的な石英（Qt）も粒状化している。カリ長石と斜長石の接触部にはミルメカイトがしばしばみられる。角閃石（Hbl）は柱状を示し、そのほとんどは緑泥石に変質している。黒雲母は葉片状で結晶は湾曲し先端部はギザギザに断裂している。副成分鉱物としてスフェーン、アパタイトを含む。
［圧砕状］

(crossed nicols) × 32

74. ベルデ ピーノ　VERDE PINO
花崗岩（黒雲母花崗岩）　Granite（Biotite granite）

　産地　（Locality）　　　　　　　Kenora, Ontario, CANADA
　粒度（Grain Size）：組織（Texture）　粗粒（Coarse）：斑状（Porphyritic）
　色（Color）　岩石（Rock）　　　うす黄緑（Pale yellowish green）
　　　　　　　長石（Feldspar）　　うす灰茶（Pale grayish brown）

　粗粒、うすい灰茶色・半透明の大きな（2～3mm）球状の斑晶状結晶の占める分布比率が大半で、これにともなう白色の小さな粒状に近い長石と灰白あめ色の石英粒およびこれらの粒間に黒雲母が集まって脈状にやや多く分布している。全般に変成作用の影響で、互いに粒同士が密につまっており、大きな長石斑晶の内部にはひびが多く入り小さくブロック化している。

　鏡下では、斑晶状の大きなカリ長石（微斜長石パーサイト）、斜長石、石英および黒雲母の組み合わせがみられる。微斜長石（Mc）は細い格子状構造がみられ、内部に石英粒や黒雲母小片の含有が多い。この周縁のいたるところに非常に多くのミルメカイトが形成されているのが特徴的である。斜長石は柱状結晶でその分布はあまり多くない。石英は長石類とともに破砕され粒状化している。黒雲母（Bt）は細かい短柱状結晶で部分的に集まっており、うすい褐色を示し一部緑泥石化している。副成分鉱物として褐れん石が連なって含まれる。
　［破砕状］

(crossed nicols) × 32

75. カレドニア　CALEDONIA
花崗岩（黒雲母―角閃石花崗岩）　Granite（Biotite-hornblende granite）

産地　（Locality）　　　　　　　　Riviere-a-Pierre, Portneuf, Quebec, CANADA
粒度（Grain Size）：組織（Texture）　粗粒（Coarse）：斑状（Porphyritic）
色（Color）　岩石（Rock）　　　　茶味灰（Brownish gray）
　　　　　　長石（Feldspar）　　　うす茶（Pale brown）

　やや明るい帯桃褐色から淡褐色で粗粒の長石斑晶と、それにともなう白色の斜長石や灰白色透明の小さな石英粒およびそれらの粒間に分布するやや粗い粒の有色鉱物からなる。破砕を受け長石類や石英粒の内部にはクラックが生じブロック化している。磨いた面で、粗粒のけい長石鉱物の白色と有色鉱物の黒とが占める割合はほぼ半分ずつで、この中に大きなピンク系の斑晶が散在し、全般に明るい粗い斑模様を呈する。

　鏡下で、大きなカリ長石（微斜長石パーサイト）：（Mc）の占める割合が多い。斜長石は半自形の柱状を示し一部破砕されており、周りにはミルメカイト（Myr）が多く形成されている。長石類結晶の粒間隙を押し拡げて細粒化された石英（Qt）が入り込んでいる。大きな柱状の暗緑色で多色性の強い角閃石（Hbl）が多く含まれている。小さな板状の黒雲母がこれらの角閃石にともなう。これら有色鉱物の結晶片の縁に沿って酸化鉄の細い脈が取り巻いている。副成分鉱物にはスフェーン、アパタイトがみられる。
［破砕状］

（crossed nicols）× 32

76. ポリクローム　POLY CHROME
花崗岩（黒雲母―角閃石花崗岩）　Granite（Biotite-hornblende granite）

産地　（Locality）　　　　　　　　　La Baie, Chicoutimi, Quebec, CANADA
粒度（Grain Size）：組織（Texture）　粗粒（Coarse）：斑状（Porphyritic）
色（Color）　岩石（Rock）　　　　　暗い茶（Dark brown）
　　　　　　長石（Feldspar）　　　　うすいピンク（Pale pink）

　粗粒（2～3cm大）の帯紅淡桃色の長柱状の長石斑晶が大部分を占め、この周囲に透明で白色の斜長石と灰黒あめ色の石英粒がともなう。大きな斑晶状長石には多くのクラックがみられる。有色鉱物にはやや大きな結晶と局部的に斑晶の周りを取り巻くように配列するやや小さな結晶とが分布している。

　鏡下で、大きなカリ長石斑晶（微斜長石パーサイト）：（Mc）と斜長石および石英が主な構成鉱物で、カリ長石は不規則な短柱状でその辺縁部はくだかれている。斜長石は大きな半自形の短冊状でアルバイト式双晶を示すものが多く、内部はセリサイトに二次的変質を受けている。これら長石類の粒間を充填して分布するやや大きな石英（Qt）は形がくずれまた細粒化している。角閃石（Hbl）は淡緑色でその中にアパタイトや鉄質鉱物を含む。黒雲母は角閃石にともなうことが多く、板状の小片で帯紅褐色を示す。
［破砕状］

（crossed nicols）× 32

77. ブラウン　マホガニー　BROWN MAHOGANY
花崗岩（白雲母―黒雲母花崗岩）　Granite（Muscovite-biotite granite）

産地　（Locality）		Bellary, Bellary, Karnataka, INDIA
粒度（Grain Size）：組織（Texture）		中粒（Medium）：斑状（Porphyritic）
色（Color）	岩石（Rock）	明るい茶（Light brown）
	長石（Feldspar）	うす茶赤（Pale brownish red）

　帯褐赤色の中粒で、いろいろの形状を示すカリ長石斑晶の分布が多く、それに小さな白色の斜長石および半透明の灰白あめ色の石英粒がともなう。全般に圧砕作用の影響により斑晶状長石はその内部で小さくブロック化しており、また斜長石、石英粒も小さく粒状化し基地中の個々の粒がち密に圧縮された組織を示す、またその中に小さな有色鉱物片が散在している。

　鏡下では、やや大きなカリ長石（微斜長石パーサイト）：（Mc）中に斜長石の結晶が含まれることが多い。斜長石（Pl）はその分布が多く、大きな柱状結晶は内部に黒雲母の小片を多数包有している。これらの結晶の多くはこわされ石英（Qt）にも長石粒間を埋めるものもみられるがその大部分は丸く小さく粒状化している。白雲母は小片で斜長石中に取り込まれていたり黒雲母にともなったりして分布する。黒雲母（Bt）は小片で変質しその片の周辺ではシンプレクタイト縁をともなう。副成分鉱物にミタメクト化した褐れん石や鉄質鉱物がみられる。
［圧砕状］

(crossed nicols) × 32

78. ブルー ブラック ピンク　BLUE BLACK PINK
花崗岩（圧砕状黒雲母―角閃石花崗岩）
Granite（Mylonitic biotite-hornblende granite）

産地　（Locality）　　　　　　　　　　Harohalli, Bangalore, Karnataka, INDIA
粒度（Grain Size）：組織（Texture）　　粗粒（Coarse）
色（Color）　岩石（Rock）　　　　　　暗い茶（Dark brown）
　　　　　　長石（Feldspar）　　　　　赤茶（Reddish brown）

　やや暗い赤褐色の大きな（1.5〜2cm大）斑晶状長石類、その粒間を半透明・中粒の石英および有色鉱物が埋めている。斑晶長石類は歪みを受け多くのクラックが入り、また小さくブロック化している。斑晶間隙の石基中の粒も動力変成作用の影響で圧迫され、斑晶とともにやや弱い方向配列がみられる。

　鏡下で、カリ長石、斜長石、石英および角閃石が主で、それらの粒間を埋める石基の石英、長石などは、いちじるしい圧砕作用で細粒化している。やや大きな斑晶状カリ長石（微斜長石パーサイト）の内部は汚濁され、鉄質鉱物の細脈が多数入っている。斜長石(Pl)結晶はその周縁は砕け折れ曲がっている。また石英との粒辺部には非常に多くの細かいミルメカイト構造が認められる。角閃石(Hbl)は大きな不規則な形の塊状結晶で暗褐緑色を呈し内部にき裂が多数入っている。黒雲母は暗赤褐色で定方位配列を示し、また内部にアパタイト、鉄質鉱物の含有が多い。
［圧砕状］　　　　　　　　　　（crossed nicols）× 32

79. ニュートン　NEWTON
花崗片麻岩（黒雲母―角閃石花崗片麻岩）
Granite gneiss（Biotite-hornblende granite gneiss）

産地　（Locality）　　　　　　　　　Saint-Alexis-des-Monts, Maskinonge, Quebec, CANADA
粒度（Grain Size）：組織（Texture）　粗粒（Coarse）：片麻状（Gneissic）
色（Color）　　岩石（Rock）　　　　灰味赤茶（Grayish red brown）
　　　　　　　長石（Feldspar）　　　暗褐（Dark brown）

　半透明、暗褐色で大きな（径2cm）だ円形の長石粒が、白色で透明な細かい石英粒の集まったうすいへり（巾3mm）で取り囲まれた眼球（Augen）になり、これらの多くの眼球が定方向に配列し、さらにそれらの眼球間に分布する有色鉱物もほぼ平行に配列して並ぶ。本岩は眼球片麻岩（Augen gneiss）にみられると同じように、眼球と弱い片麻状構造をもつ特異のミロナイト質花崗片麻岩である。

　鏡下では、眼球はカリ長石と斜長石（Pl）からなる。全般にかなりいちじるしい圧砕変形を受け、眼球の周縁はくずれ粒状化し、この周りの細粒化した石英（Qt）には波動消光が生じている。斜長石にはミルメカイトの連晶がみられる。有色鉱物の角閃石（Hbl）は濃青緑色でやや大きい短柱状を示すが、その両端は不規則であったり切断されている。黒雲母（Bt）は帯褐紅色で葉片状を呈し、湾曲している。有色鉱物は鉄質鉱物、スフェーン、アパタイトの含有が多い。
［圧砕状］

(crossed nicols) × 32

253

80. アドニ ブラウン　ADONI BROWN
花崗岩（圧砕状黒雲母花崗岩）　Granite（Mylonitic biotite granite）

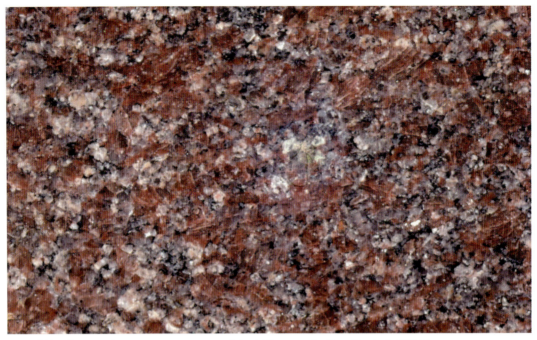

産地　（Locality）		Adoni, Kurnool, Andhra Pradesh, INDIA
粒度（Grain Size）：組織（Texture）		中粒（Medium）
色（Color）	岩石（Rock）	暗い茶（Dark brown）
	長石（Feldspar）	赤褐（Reddish brown）

　赤褐色および一部に白色をともなう中粒の柱状ないし不規則の形の円状の斑晶状長石類と、灰黒あめ色の中粒の石英が主な構成で、これらの粒間を有色鉱物が少量細かい粒状で埋める。赤褐色の斑晶はいくつか連なって広く分布しており、その周りの石基の部分では細かい粒が圧縮されち密に集まる組織がみられる。また斑晶の内部は圧縮され小さくブロック化し個々が粒状を呈している。

　鏡下では、大きな斑晶状カリ長石、斜長石、石英が主な構成鉱物組み合わせである。カリ長石（微斜長石パーサイト）：（Mc）はカールスバット式双晶を示しやや大きな残存する結晶粒が石基と接する周縁部には、石英との細かい文象構造（graphic texture）からなるミルメカイトが多数形成されている。また斜長石の結晶内にはアンチ・パーサイト（antiperthite）構造が生じている。石英の多くは圧砕作用で細粒化し石基中では細かい粒が流動状集合組織を示す。黒雲母（Bt）は小さい短い片状で緑泥石に変質している。副成分鉱物として、鉄質鉱物、スフェーンの含有が多い。
［圧砕状］

(crossed nicols) × 32

81. スウェーデン マホガニー　SWEDEN MAHOGANY
（インペリアル マホガニー　IMPERIAL MAHOGANY）
花崗岩（黒雲母花崗岩）　Granite（Biotite granite）

産地　（Locality）	Flivik, Oskarshamn, Kalmar, SWEDEN
粒度（Grain Size）：組織（Texture）	中粒（Medium）
色（Color）　岩石（Rock）	暗い茶（Dark brown）
長石（Feldspar）	赤褐（Reddish brown）

　赤褐色で中粒（約1cm大）のカリ長石斑晶が、白色斜長石や半透明・灰白あめ色石英および有色鉱物からなる基地中にほぼ均質に分布しており、落ち着いた色あいや粒度、磨いた面の光沢などに優れ、日本では東京都庁（1990年完成）の外壁に使用されている。この外壁には濃淡二種類が選ばれ、濃い色の方に本岩が、淡い方にスペイン産の白色花崗岩が用いられている。また本岩は圧砕作用を受け、大きな赤褐色の長石斑晶は歪み、その内部は小さくブロック化している。

　鏡下で、斑晶状の大きなカリ長石（微斜長石パーサイト）と斜長石および石英が主な構成であり、これら一部にはやや大きな結晶が残存してみられるが、圧砕によって多くの長石類結晶（Pl）は周辺が砕け細粒化し、また細粒化した石英の流動集合体の中に斑状変晶（porphyroblast）様に取り残されている。黒雲母（Bt）は長く伸びた小さい板状で淡黄褐色を示している。また副成分鉱物にスフェーンが非常に多く分布しており、鉄質鉱物もみられる。
［圧砕状］

(crossed nicols) × 32

82. パール アングレ　PEARL ANGLAIS
花崗閃緑岩（黒雲母花崗閃緑岩）　Granodiorite（Biotite granodiorite）

産地　(Locality)		Misterhult, Kalmar, SWEDEN
粒度（Grain Size）：組織（Texture）		中粒（Medium）
色（Color）	岩石（Rock）	茶味灰（Brownish gray）
	長石（Feldspar）	灰味赤茶（Grayish red brown）

　中粒でほぼ同じ大きさ（3mm前後）の灰白色の石英、斜長石や暗赤色の長石類および黒雲母片がそれぞれ等量ずつ比較的均等に混じり合って分布し、やや有色鉱物の色指数が高く黒みを帯びている。磨いた面で、中粒の等粒大でのやや黒みの優る岩質で、主な構成鉱物の長石、石英、黒雲母の個々がそれぞれ赤褐、白、黒色で識別され全般にやわらかい色調の光沢を呈する。

　鏡下では、長柱状の斜長石（Pl）、石英（Qt）、カリ長石（微斜長石パーサイト）が主であるが、量比的には斜長石がやや多く花崗岩組織よりは花崗閃緑岩に近い組織を示す。斜長石は短柱状で周縁はやや破砕されている。またアルバイト式双晶を示すものが多くその内部は弱いセリサイト化がみられる。石英は長石粒の間充填的分布を示す。黒雲母（Bt）は淡黄褐色で短柱状のものが多く、小粒のアパタイト、ジルコンが含まれる。角閃石が少量みられ、またやや大きな先の尖った菱形のスフェーン（Spn）がかなり多く含まれる。

(crossed nicols) × 32

83. ベルデ フォンテン　VERDE FONTEIN
変花崗岩（黒雲母変花崗岩）　Metagranite（Biotite metagranite）

産地（Locality）		Bitter Fontein, Wes-Kaap, S.AFRICA
粒度（Grain Size）：組織（Texture）		粗粒（Coarse）
色（Color）	岩石（Rock）	黒味緑（Blackish green）
	長石（Feldspar）	うす緑灰（Pale greenish gray）

　うすい緑色の岩質で、半透明・帯淡緑灰色の丸い大きな（径1～3cm）斑晶状長石が主体でその粒間に少数の灰黒あめ色の石英粒および有色鉱物が分布する。全般にいちじるしい変成作用で、粒同士が固く凝集しまた緑色に変質している。斑晶状長石の内部には縦横方向のき裂が多数入っている。

　鏡下で、主な構成鉱物はカリ長石（微斜長石）、斜長石、石英および黒雲母からなる。すべての長石はその内部は無数の黒色微粒子で全面的に汚染され、またセリサイト化や緑泥石化（青緑の鉱物）などの烈しい変質がみられる。また、圧砕的変形によって長石や石英は細粒化している。斜長石（Pl）の残存性の結晶の粒辺はくずれ、その内部ではき裂に沿ってセリサイト細脈が入り、また微細な緑色鉱物で置き換えられている。石英のやや大きな粒の内部には消光位の異なる平行配列を示すブロック群がみられる。黒雲母（Bt）の板状結晶は淡褐色で強い複屈折を示す。副成分鉱物に鉄質鉱物が多数含まれる。
［圧砕状、汚濁］

（crossed nicols）×32

84. キンバリー パール　KIMBERLEY PEARL
花崗片麻岩（角閃石―黒雲母花崗片麻岩）

Granite gneiss（Hornblende-biotite granite gneiss）

産地　（Locality）	Kimberley, Western Australia, AUSTRALIA
粒度（Grain Size）：組織（Texture）	粗粒（Coarse）：片麻状（Gneissic）
色（Color）　岩石（Rock）	灰黒（Grayish black）
長石（Feldspar）	茶味紫（Brownish violet）

　大きな半透明の帯褐ふじ色の圧砕された残留性の斑状変晶（porphyroblast）とその周りを取り囲む透明・白色の石英脈および有色鉱物の黒色の基地からなり、それらが不規則に互いに密に押しつけられぎっしり詰まった様相で分布する。全般にやや弱い縞状を示し眼球片麻岩様の構造がみられる。これらすべての粒は圧砕されひびが入り細粒化している。

　鏡下で、カリ長石、斜長石、石英および黒雲母、角閃石から構成される。圧砕された基地の中には大きな長石や石英の斑状変晶や斑晶破片（porphyroclast）が含まれる。カリ長石（Kfs）の大きな変晶の内部は細かいクラックと石英細脈が多数入っている。斜長石や石英も一部残留性の大きな変晶もみられるがその粒辺は砕けそれらを取り巻く基地には圧砕細粒化した石英粒の流動状集合体がみられる。角閃石（Hbl）、黒雲母（Bt）ともに大きな結晶は湾曲しその周縁は切断され葉片状に分離しまた基地の中でのそれらの小片は細脈で平行配列している。副成分鉱物にアパタイト、鉄質鉱物が多く含まれる。

［圧砕状］　　　　　　　　　　　　　　　　　　　　　　　　　　　（crossed nicols）× 32

85. ラベンダー ブルー　LAVENDER BLUE
花崗片麻岩（黒雲母花崗片麻岩）　Granite gneiss（Biotite granite gneiss）

産地 （Locality）		Berhampur, Ganjam, Orissa, INDIA
粒度 （Grain Size）：組織 （Texture）		粗粒 （Coarse）：片麻状 （Gneissic）
色 （Color）	岩石 （Rock）	暗い灰 （Dark gray）
	長石 （Feldspar）	明るい灰 （Light gray）

　黒色の基地の中に半透明・灰白色の大きな（径4cm）眼球状の斑状変晶およびいろいろの大きさの斑晶破片の連なった細脈がいちじるしく褶曲して数多くみられる。この眼球石英の残留変晶の内部は圧砕によりき裂が生じている。基地はち密で有色鉱物の小片がみられまたざくろ石が多数含まれる。

　鏡下で、石英、カリ長石、斜長石および黒雲母、ざくろ石から構成される。斑状変晶では石英粒がもっとも多く含まれている。大きな石英（Qt）の残留斑晶は波動消光がいちじるしく、内部で消光位の異なるブロックが平行に配列しており、またこれらの斑晶では粒形がくずれ、周辺では細粒化した石英や長石の流動状集合体で取り囲まれている。黒雲母は赤褐色の葉片状でバラバラに分かれ、基地中ではそれらの小片がやや定方位に配列する。ざくろ石が大きな単粒や塊状で多数分布している。鉄質鉱物の含有もまた多い。
［圧砕状］

(crossed nicols) × 32

86. アカデミー ブラック　ACADEMY BLACK
はんれい岩（普通輝石—角閃石はんれい岩）
Gabbro（Augite-hornblende gabbro）

産地　（Locality）　　　　　　　　　　Raymond, Madera, California, U.S.A.

粒度（Grain Size）：組織（Texture）　　細粒（Fine）
色（Color）　　岩石（Rock）　　暗灰黒（Dark grayish black）
　　　　　　　長石（Feldspar）　灰白（Grayish white）

　細粒、やや暗い灰白色の基地の中に暗黒色の丸い粒が均一に混じて入り、それらが浮き上がってみえ黒色と灰白色の細かい斑模様を呈している。灰白色の基地は細かい斜長石粒、黒色の斑部は丸い粒（径2〜3mm）や細柱状を示す有色鉱物からなる。全般に目が細かく揃っており灰白色の地とその中の黒の斑とのバランスが良く保たれ、墓石材などに適する黒みかげである。

　鏡下で、斜長石、角閃石、輝石の構成鉱物の組み合わせで、斜長石結晶間に有色鉱物が充填的に分布している。斜長石（Pl）はアルバイト式双晶縞が顕著にみられるやや大きな柱状結晶と一部砕けて丸みを帯びた短冊状のものがある。角閃石（Hbl）は淡緑色でやや大きい塊状、内部に輝石や斜長石の小塊を斑紋状に包有するポイキリティック組織がみられる。輝石（普通輝石）：（Aug）は小さい塊状で、双晶を示すものがあり、多くは角閃石にともなっている。副成分鉱物に鉄質鉱物を多く含んでいる。

（crossed nicols）× 32

87. グリーン ラブラス　GREEN LAVRAS

変花崗岩（黒雲母変花崗岩）　Metagranite（Biotite metagranite）
産地　(Locality)　　　　　　　Ribeirao das Neves, Minas Gerais, BRAZIL
粒度（Grain Size）：組織（Texture）　粗粒（Coarse）

色（Color）　岩石（Rock）　　暗緑（Dark green）
　　　　　　長石（Feldspar）　灰白（Grayish white）

　全般に暗緑色を帯びた基地の中に、うすい白色の細長いひも状の鉱物群が不連続で連なり弱い縞状模様がみられる。白色部は長石類と灰黒あめ色の石英粒からなり、圧砕作用によりこれらの内部は細粒化しまた脈状に引き伸ばされてやや平行に配列し、それらの周りの変質により暗緑色化した細かい片状結晶からなる基地部とが互いに密に混じり合って分布している。

　鏡下で、大きなカリ長石（微斜長石パーサイト）、斜長石、石英および黒雲母の組み合わせからなる。長石類や石英結晶は圧砕によってくだけ細粒化し、粒が互いに食い込み合っている。斜長石（Pl）の双晶縞には湾曲がみられる。またこれらの長石類粒の内部には多数の黒雲母小片が取り込まれている。黒雲母（Bt）は小葉片状で淡褐色ないしうすい緑色を呈しまた緑色石化しており、一部は長石粒の周囲を取り巻いて配列しその内部にまで入り込んでいる。全般にスフェーンの含有が非常に多い特徴がみられ、また主に黒雲母にともなって褐れん石や鉄質鉱物が数多く含まれている。
［圧砕状］

(crossed nicols) × 32

88. ブリッツ ブルー　BRITS BLUE
はんれい岩（しそ輝石—普通輝石はんれい岩）
Gabbro (Hypersthene-augite gabbro)

産地　（Locality）	Brits, North-West, Transvaal, S.AFRICA
粒度（Grain Size）：組織（Texture）	粗粒（Coarse）
色（Color）　岩石（Rock）	暗い灰（Dark gray）
長石（Feldspar）	灰白（Grayish white）

　優黒色の粗粒で、主に黒い自形の長柱形の輝石と白色の長柱状の斜長石とからなり、長石の一部に閃光がみられる。磨いた面では、暗黒部とやや灰白色部とがもやもやしたように混じておりそれらがほぼ均一に分布している。この種の石材はわが国では黒みかげといわれ墓石などに広く用いられているが、国内での産出はごくわずかである。

　鏡下で、他形の斜方輝石（しそ輝石）：（Hyp）と単斜輝石（普通輝石）：（Aug）と半自形の斜長石（Pl）を含む。斜方輝石は短く太い柱状または卓状を示し、その内部で（100）面に平行に単斜輝石の離溶ラメラ（lamella）がみられることがある。斜長石は半自形の短柱状の結晶でアルバイト式双晶を示すものが多くまたペリクリン式双晶のものもみられる。一部の自形に近い斜長石は大きな輝石の結晶の中に取り込まれている。副成分鉱物として鉄質鉱物、ルチルの小粒が含まれる。

(crossed nicols) × 32

89. バルチック グリーン　BALTIC GREEN
変アルカリ花崗岩（角閃石─黒雲母変アルカリ花崗岩）
Metaalkali granite（Hornblende-biotite metaalkali granite）

　産地　（Locality）　　　　　　　　　Ylamaa, Etela-Suomi, FINLAND
　粒度（Grain Size）：組織（Texture）　粗粒（Coarse）
　色（Color）　岩石（Rock）　　　　　暗赤黒（Dark reddish black）
　　　　　　　長石（Feldspar）　　　　暗緑灰（Dark greenish gray）

　暗緑色を帯びた灰白色で斑晶状長石が大半を占め、これを取り囲むような帯暗赤黒色の基地部がみられる。全般に変性・変質によって、長石の内部にはき裂が縦横方向に入り小さくブロック化し、また変質によって暗緑色化している。また基地部も圧砕され黒色の粒がち密に凝集しており、これらがやや脈状に斑晶を取り巻いている。有色鉱物は粒状で基地部に分布している。

　鏡下で、アルカリ長石、斜長石、石英およびアルカリ角閃石、黒雲母から構成される。長石類は細かいき裂が多数入り内部は緑色の微粒で充たされ、また緑泥石化した有色鉱物の細片や黒色の無数の鉄質鉱物細粒も含み変質汚染されている。斜長石、石英粒ともに砕けたやや大きな残存状結晶と細粒とがみられる。角閃石（Hbl）は半自形に近い柱状結晶青緑色を示すアルカリ角閃石で、結晶は変形し歪み周縁部では切断引き伸ばされている。黒雲母はやや大きな板状で一部は濃い青緑色の緑泥石に変質し、その中にはアパタイト、ジルコンが多く含まれる。
［圧砕状、汚染］

(crossed nicols) × 32

90. ラステンバーグ　RUSTENBURG
(インパラ ブラック　IMPALA BLACK)
はんれい岩（普通輝石はんれい岩）　Gabbro（Augite gabbro）

産地　(Locality)	Rustenburg, North-West, Transvaal, S.AFRICA
粒度　(Grain Size)：組織　(Texture)	中粒　(Medium)
色　(Color)　岩石　(Rock)	暗い灰　(Dark gray)
長石　(Feldspar)	灰　(Gray)

　中粒のやや細長い長柱状で暗黒色の輝石と透明な粒状の斜長石結晶とがほぼ等量に均質に分散して分布し、一部は黒い輝石を透明斜長石が取り囲んでおり、黒と白が相混じてぼやけた〝かすり〟模様の組織がみられる。また透明の斜長石結晶の一部は包囲によってキラキラ輝いてみえる。本岩は南アフリカ産（産地もほぼ同じ地域）のベルファースト　ブラックと同岩種のはんれい岩で、前者に比してやや目が粗くまた灰白色に富むが、磨き面での光沢が良く出ている。

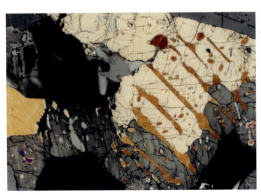

　鏡下で、やや大きな半自形の斜長石と他形を示す単斜輝石がほぼ等量含まれる。斜長石（Pl）にはアルバイト式双晶を示すものが多くみられ、一部で双晶縞が湾曲しまた粒辺がややくずれている。普通輝石（Aug）は淡褐色を示し内部に斜方輝石の小さい粒を含有していたり離溶ラメラが認められる。副成分鉱物として鉄質鉱物が少量含まれる。

（crossed nicols）× 32

91. プレリー グリーン　　PRAIRIE GREEN
石英閃緑岩（しそ輝石―透輝石―黒雲母―角閃石―石英閃緑岩）
Quartz diorite（Hypersthene-diopside-biotite-hornblende quartz diorite）

産地　（Locality）　　　　　　　Riviere-a-Pierre, Portneuf, Quebec, CANADA
粒度（Grain Size）：組織（Texture）　粗粒（Coarse）
色（Color）　岩石（Rock）　　　暗い緑味灰（Dark greenish gray）
　　　　　　長石（Feldspar）　　明るいオリーブ（Light olive）

　粗粒の帯緑黒色が優位の岩質で、磨いた面では丸くやや大きな黒色粒（径 1cm）とうすく白く光る粗い粒とが混じて、基地の黒の中にうすい白の模様が浮いてみられる。黒の粒は有色鉱物、やや白くみえる粒は長石および石英からなる。石英粒は黒色粒の周りを取り囲んだりまた粒間を埋めたりしてその分布はやや多い。これらの長石および石英粒は内部にひび割れが生じている。

　鏡下で、斜長石、石英および有色鉱物の角閃石、黒雲母、両輝石の組み合わせで、カリ長石はほとんどふくまれていない。圧砕作用をうけ結晶はこわされている。やや大きな斜長石（Pl）はアルバイト式双晶を示すものが多く、結晶はまげられたり他鉱物と食い込み合っている。石英の多くは細粒化している。角閃石（Hbl）は淡褐色を示す短柱状で内部に輝石、やや大きなスフェーン、鉄質鉱物などを多数含むポイキリティック組織が顕著にみられる。黒雲母（Bt）は小板状で歪み角閃石と連晶するものが多くまた中にアパタイトを含む。輝石には透輝石としそ輝石が含まれる。
［圧砕状］

（crossed nicols）× 32

92. ラブラドール オリエンタル　LABRADOR ORIENTAL
閃長岩（黒雲母―角閃石閃長岩）　Syenite（Biotite-hornblende syenite）

産地　（Locality）		Minas, Lavalleja, URUGUAY
粒度（Grain Size）：組織（Texture）		粗粒（Coarse）
色（Color）	岩石（Rock）	灰青黒（Grayish blue black）
	長石（Feldspar）	茶味灰（Brownish gray）

　青灰黒色で粗粒の斑状組織のアルカリ閃長岩で、商品名にラブラドール（曹灰長石で青緑の閃光変彩：ラブラドレッセンスを発する）と名付けられているように、主な構成鉱物の長石は弱い閃光を有する。これら角柱状の長石は圧砕によってくだけ相接する粒は互いに食い込み合い、内部は縦横にクラックが入り細かくブロック化している。また全般に帯緑灰黒色を示すが部分的に帯緑褐色のむらが多くみられ変質・汚濁されたようである。

　鏡下では、大きなカリ長石（微斜長石パーサイト）：（Mc）が主体であり、一部残存する大きなカリ長石の内部に細かい格子状構造のみられるものもあるが、ほとんどの粒は砕け粒同士がずれて歪み内部はセリサイト化して二次的の変質がいちじるしい。有色鉱物として、少量の黒雲母と角閃石がみられる。角閃石（Hbl）は青緑色を呈するアルカリ角閃石（リーベック閃石）で内部に小さい輝石粒を少量含む。また角閃石はせんい状の蛇紋石に変質している。副成分鉱物として、鉄質鉱物を多く含む。
［圧砕状、変質］

(crossed nicols) × 32

93. ブリッツコール　BRITSCOR
はんれい岩（普通輝石―しそ輝石はんれい岩）
Gabbro（Augite-hypersthene gabbro）

産地 (Locality)	Brits, North-West, S.AFRICA
粒度（Grain Size）：組織（Texture）	中粒（Medium）
色（Color）　岩石（Rock）	暗黒（Dark black）
長石（Feldspar）	灰白（Grayish white）

　磨いた面で、暗黒色で均一の基地の中にやや中粒（約5mm大）の閃光を有する柱状の斜長石がみられ、この結晶には柱面のりんかくが良くあらわれている。また小粒の斜長石も混じっている。有色鉱物はやや柱状で長石粒の間に散在してみられる。全般に濃い暗黒色でつや出しの良い石目の中にやや大きな柱状の灰白の斜長石と暗黒の有色鉱物結晶とがそれぞれ浮き上がってみえる。

　鏡下で、大きな斜長石の柱状結晶に輝石が塊状でともない、少量の角閃石と黒雲母が含まれる。斜長石（Pl）は半自形および他形のやや柱状で、アルバイト式やカールスバット式双晶が顕著にみられる。輝石は斜方・単斜の両輝石が含まれており、普通輝石（Aug）結晶は短柱状ないし卓状で淡褐色を示し内部に双晶がよくあらわれ、また斜方輝石の離溶ラメラが認められる。緑色の角閃石と赤褐色の黒雲母の小片が輝石の縁に沿って少量ともなっており、また粒状のかんらん石が斜長石の粒間に少量みられる。副成分鉱物にアパタイト、鉄質鉱物が多く含まれる。

（crossed nicols）× 32

94. ウバトゥバ　UBATUBA
変はんれい岩（しそ輝石—黒雲母—角閃石変はんれい岩）
Metagabbro（Hypersthene-biotite-hornblende metagabbro）

産地　（Locality）　　　　　　　　　　Baixo, Guandu, Espririto Santo, BRAZIL
粒度（Grain Size）：組織（Texture）　　細粒（Fine）
色（Color）　岩石（Rock）　　　　　　茶黒（Brownish black）
　　　　　　長石（Feldspar）　　　　　灰白（Grayish white）

　磨いた面で、大きな（径2cm程度）黒色の丸い塊とその周りを取り巻くうす明るい帯茶黒色の細脈が多数入り、それらにより大きな斑模様がみられる。またこの基地中には弱い白色閃光を放つ大きな（1cm大）長石の柱状結晶が含まれている。全般に基地の大きな鉱物粒は圧砕され、ひびが入り粒状化している。

　鏡下で、大きな斜長石結晶と有色鉱物の輝石、角閃石、黒雲母からなる。全般に変成作用により粒辺は砕け相接する粒同士が互いに不規則の形で入り込み合い、また内部に他鉱物の小塊粒を数多く取り込んでいる。斜長石（Pl）は大きな柱状と粒状の結晶がみられ内部に輝石の小塊粒を多く含む。しそ輝石（Hyp）は塊状で中に斜長石や黒雲母の小粒を含有している。角閃石（Hbl）、黒雲母（Bt）ともに柱状ないし小板状で相ともない、緑泥石に変質している。副成分鉱物に鉄質鉱物、ルチルがみられる。
［圧砕状］

(crossed nicols) × 32

95. アンゴラ ブラック　ANGOLA BLACK
(モカンガ　MOCANGA)
はんれい岩（かんらん石はんれい岩）　Gabbro（Olivine gabbro）

産地　（Locality）	Lubango, Huila, ANGOLA
粒度（Grain Size）：組織（Texture）	粗粒（Coarse）
色（Color）　岩石（Rock）	暗黒（Dark black）
長石（Feldspar）	灰白（Grayish white）

　磨いた面で、灰黒色の基地の中に灰白色の長石と大きく発達した黒色の有色鉱物とが混じ、うすいやや大きなかすり模様がみられる。長石結晶は丸みを帯びた粒状で大きなもの（径1cm）から小粒までさまざまで有色鉱物にともなっており内部にへき開がみられる。また一部の長石は弱い閃光を有している。有色鉱物は粒状ないし長柱状を示して分布しており、全般につや持ちの良い石材である。

　鏡下で、大きな柱状ないし短冊状の斜長石結晶の間に大きなかんらん石が分布する。斜長石（Pl）は細い巾のアルバイト式双晶を示すものが多いが、その同一結晶の内部でアルバイト式双晶（斜縦縞）とペリクリン式双晶（pericline twin: 斜横縞）の二つの組み合わせを示すものがみられる。かんらん石（Ol）は無色から淡黄色で大きな不規則のやや短柱状を示す結晶でその内部にわれ目が発達している。普通輝石の小塊粒がごく少量含まれ、また鉄質鉱物が多くみられる。

(crossed nicols) × 32

96. カンブリアン　CAMBRIAN
はんれい岩（黒雲母—頑火輝石はんれい岩）　Gabbro（Biotite-enstatite gabbro）

産地　（Locality）　　　　　　　　Saint-Nazaire, Lac-Saint-Jean E., Quebec, CANADA
粒度（Grain Size）：組織（Texture）　粗粒（Coarse）
色（Color）　岩石（Rock）　　　　赤黒（Redish black）
　　　　　　長石（Feldspar）　　　灰白（Grayish white）

やや赤みを帯びた優黒色で粗粒の岩質で、一部に閃光のみられる斜長石と細長い黒色鉱物の配列が不規則にみられ、またさまざまの大きさの黒色でうすく光る板状の鉱物が少量散在する。磨いた面では、その内部に細かいひびが多数入っているのがみられ、破砕によりやや大きな暗赤黒色の粒状塊とそれらの間の赤褐色を帯びた小粒塊が複雑に入り込み合っている。

鏡下では、大きな半自形の長柱状の斜長石（Pl）と大きな粒状の頑火輝石から褐色に変質した絹布石（bastite）：（Bat）がおもに分布している。これらの粒は破砕、変質の影響がみられ、斜長石結晶の多くは砕けたり折れ曲がっている。また有色鉱物の変質、汚染もいちじるしい。黒雲母（Bt）はやや大きな板状を示すものがあり淡紅褐色で多色性が強く、アパタイト、ジルコンを含む。副成分鉱物でやや大きな鉄質鉱物の分布が多い。
［破砕状、変質］

(crossed nicols) × 32

97. シルバー パール　SILVER PEARL
変はんれい岩（黒雲母—角閃石—頑火輝石—普通輝石変はんれい岩）
Metagabbro（Biotite-hornblende-enstatite-augite metagabbro）

産地　(Locality)	Vinukonda, Guntur, Andhra Pradesh, INDIA
粒度 (Grain Size)：組織 (Texture)	中粒 (Medium)
色 (Color)　岩石 (Rock)	暗い灰黒 (Dark grayish black)
長石 (Feldspar)	灰白 (Grayish white)

　磨いた面は全般で真黒、均一にみえる基地の中に、やや粗粒（1cm 大）の暗黒色を示す塊状の部分が〝斑〟のようにみられ、それらの斑の周りを取り囲むように細い脈状のクラックが網目様に入り、その部分がややうす明るく光ってみえる。一方、所々に含まれる長柱状の長石結晶（1cm 大）が方向によってやや弱い閃光を放っている。

　鏡下で数種の鉱物組み合わせがみられる得意の岩質であり、アルカリ長石と塩基性斜長石に少量の石英がともない有色鉱物には斜方および単斜輝石、角閃石、黒雲母が含まれる。やや大きな他形のアルカリ長石（パーサイト）：(Afs) は内部に斜長石、石英、輝石結晶を包有している。またやや大きな斜長石（Pl）や石英（Qt）も一部残存してみられるが、大部分は砕かれ細粒化している。有色鉱物で単斜輝石（普通輝石）：(Cpx) の分布がやや多く淡緑色を示ししばしば双晶や内部に斜方輝石の離溶ラメラがみられる。黒雲母、角閃石は小粒で少量含まれる。鉄質鉱物が脈状で有色鉱物に多くともなっている。

［圧砕状］　　　　　　　　　　　　　　　　　　　　　　　　　　　　　　　（crossed nicols）× 32

98. ブラック ティジュカ　BLACK TIJUCA
はんれい岩（しそ輝石—普通輝石はんれい岩）
Gabbro (Hypersthene-augite gabbro)

産地 (Locality)		Sao Gabriel da Palha, Espirito Santo, Minas Gerais, BRAZIL
粒度 (Grain Size)：組織 (Texture)		細粒 (Fine)
色 (Color)	岩石 (Rock)	灰黒 (Glayish black)
	長石 (Feldspar)	灰白 (Grayish white)

　細粒で、やや明るい灰黒色の基地の中に暗黒色の有色鉱物の細かい棒状の結晶（約 1mm 巾）が均一に混じている。基地の中にはだ円ないし粒状の斜長石がみられる。全般にち密の細かい目で、磨いた面での光沢の強い石材である。本岩は灰黒・細粒の岩質で、有色鉱物に斜方と単斜輝石（輝石は結晶形からこの2群に分けられる）を含むので両輝石はんれい岩（Two-pyroxene gabbro）とも名付けられる。

　鏡下で、短冊状に発達した斜長石の結晶の間に輝石が充填鉱物として分布し、オフィティック組織（ophitic texture）がみられる。斜長石（Pl）はやや大きな半柱状でアルバイト・カールスバット双晶が顕著にみられ、斜長石や輝石結晶とも破砕され周縁はくだけ、それぞれの内部にき裂が入り斜長石粒の中に輝石が貫入したりまた食い込んでいる。輝石は柱状の普通輝石（Aug）と小塊状のしそ輝石（Hyp）が含まれる。普通輝石は淡緑色で単純双晶や集片双晶を示すものが含まれる。少量の赤褐色の黒雲母が輝石の粒縁にともなう。副成分鉱物に鉄質鉱物、スフェーンが多くみられる。

［破砕状］　　　　　　　　　　　　　　　　　　　　　（crossed nicols）× 32

99. ジンバブエ ブラック　ZIMBABWE BLACK
はんれい岩（石英―黒雲母―しそ輝石―普通輝石はんれい岩）
Gabbro（Quartz-biotite-hypersthene-augite gabbro）

産地　（Locality）	Mutoko, Mashonaland East, ZIMBABWE
粒度（Grain Size）：組織（Texture）	細粒（Fine）
色（Color）　岩石（Rock）	灰黒（Grayish black）
長石（Feldspar）	灰白（Grayish white）

　暗黒色、細粒均質の岩質で、磨いた面ではうすい黒と白色のまざりあった細かいまだら模様が浮き上がってみえる。長柱状の細かい有色鉱物結晶と小さな粒状ないし長柱状の白色の長石がち密に混じて分布している。優暗黒で全面に目が揃っており鱗上のかすかな紋様が浮かび、つや出しの良い石材である。

　鏡下で、小さな短冊状の斜長石の間に輝石が間隙鉱物としてオフィテック組織（ophitic texture）を示している。斜長石（Pl）は短冊状の曹灰長石（labradorite）成分で、その多くの粒は破砕され、細粒からなる圧砕状構造を呈する。また結晶粒辺では少量含まれる石英とでミルメカイトが形成されている。輝石は両輝石が分布し、これら結晶も変形し切断されている。普通輝石（Aug）はやや中粒の短柱状で淡緑色を示す。しそ輝石は小さい塊状で少量分布し斜方輝石中に単斜輝石の離溶ラメラがあらわれている。黒雲母は小片状で少量含まれる。副成分鉱物に鉄質鉱物の含有が多い。
［圧砕状］

(crossed nicols) × 32

100. ベルファースト　BELFAST
はんれい岩（普通輝石はんれい岩）　Gabbro（Augite gabbro）

産地 （Locality）		Belfast, Mpumalanga, Transvaal, S.AFRICA
粒度 （Grain Size）：組織 （Texture）		細〜中粒 （Fine 〜 Medium）
色 （Color）	岩石 （Rock）	灰黒 （Grayish black）
	長石 （Feldspar）	灰白 （Grayish white）

　優黒色細〜中粒で均一未変質の岩石で、黒色の細長い柱状の輝石とほぼそれと同じ大きさの灰白色の斜長石がみられる。本岩は細粒の有色鉱物と斜長石の黒白とが均一に混じて分布しており、磨き面での光沢に優れ、またみかげの粒度での小〜中目にあたるので墓石や石像用の黒みかげ材として適している。

　鏡下では、自形の柱状斜長石（Pl）と半自形〜他形の普通輝石（Aug）がほぼ等量含まれる。普通輝石は柱状あるいは菱形に近い形でいくつか連晶していたりまた単粒として分布し、その内部に斜方輝石の離溶ラメラがみられる。斜長石は細い長柱状でアルバイト式やカールスバット式双晶を示す。有色鉱物には少量のしそ輝石、淡緑色の角閃石がみられ、また石英も少量含まれる。副成分鉱物として鉄質鉱物、ルチルを含有する。

（crossed nicols）× 32

（資料）建築石材の使用実績

●大理石

石種名	建物名	所在地	使用部位
タソス ホワイト（P.81）	シティ・ホール建設第2期庁舎	群馬県高崎市	壁
	JAL 本社	東京都品川区	壁・床
	ディアマークスキャピタルタワー	東京都練馬区	壁
	東芝富山ビル	富山県神通本町	壁
	朝日会館	名古屋市中区	壁
	シャレオ（紙屋町地下街）	広島市中区	丸柱
	広島インテス	広島市中区	壁
インペリアルダンビー（P.83）	青森県総合学校教育センター	青森県青森市	壁
	埼玉県民共済本部ビル	埼玉県与野市	壁
	恵比寿プライムスクエア	東京都渋谷区	壁
	新幸橋共同ビル	東京都港区	壁
	世田谷区立砧南区民センター	東京都世田谷区	壁
	藤田保健衛生大学病院	愛知県豊明市	壁
	香川県県民ホール小ホール	高松市北浜町	壁
シベック（P.85）	仙台アエルビル	仙台市青葉区	壁
	千葉市中央図書館	千葉市中央区	壁
	新国際ビルディング	東京都千代田区	壁
	東京駅（貴賓室）	東京都千代田区	壁・床
	東京商工会議所	東京都千代田区	壁
	日比谷ダイビル	東京都千代田区	壁
	丸の内ビルディング	東京都千代田区	壁
	ADK 松竹スクエア	東京都中央区	壁
	兜町日興ビル	東京都中央区	壁
	光文社本社ビル	東京都文京区	壁・床
	コーンズ・アンド・カンパニー	東京都港区	壁
	新高輪プリンスホテル（宴会場）	東京都港区	壁
	横浜倉庫ベイサイド	東京都港区	壁・床
	愛知県芸術文化センター	名古屋市中区	壁
	春日井文化フォーラム	愛知県春日井市	壁
	上本町駅近鉄百貨店	大阪市天王寺区	外壁
	都ホテル大阪	大阪市阿倍野区	外壁
	オッペン化粧品本社ビル	大阪府吹田市	壁
	福岡市市民福祉プラザ	福岡市中央区	壁
ペンテリコン（P.86）	朝日生命日比谷ビル	東京都千代田区	壁
	共同通信会館	東京都千代田区	外壁
	東京海上ビル新館	東京都千代田区	壁
	日比谷中日ビル	東京都千代田区	壁・床
	東京都写真美術館	東京都渋谷区	壁
	新宿 NS ビル	東京都新宿区	床
	愛宕グリーンヒルズ	東京都港区	壁
	小松ビル	東京都港区	外壁
	サンシャイン 60	東京都豊島区	壁
	栗東芸術文化館さきら	滋賀県栗東市	壁
	沖縄県庁舎	沖縄県那覇市	壁
アラベスカート（P.87）	大手町ファーストスクエア	東京都千代田区	壁
	新幸橋共同ビル	東京都千代田区	壁
	新東京ビル	東京都千代田区	壁
	千代田ファーストビル	東京都千代田区	壁
	特許庁庁舎	東京都千代田区	床
	日比谷ダイビル	東京都千代田区	壁
	住友不動産飯田橋ビル3号館	東京都新宿区	壁
	泉ガーデンタワー	東京都港区	壁

石種名	建物名	所在地	使用部位
アラベスカート（P.87）	アルコタワー	東京都目黒区	壁
	前 東海銀行本店	名古屋市中区	壁
	アンリ・シャルパンティエ芦屋	兵庫県芦屋市	壁・床
	新今治国際ホテル	愛媛県今治市	壁
ビアンコカラーラ（P.88）	旭川市聖苑	北海道旭川市	壁
	札幌第一合同庁舎	札幌市北区	壁
	群馬県庁舎（議会棟）	群馬県前橋市	壁・床
	埼玉県央広域斎場	埼玉県騎西町	壁
	キャノン幕張ビル	千葉市美浜区	壁
	赤坂プリンスホテル	東京都千代田区	壁
	飯野ビル	東京都千代田区	壁
	新生銀行本店	東京都千代田区	壁・床
	弁護士会合同会館	東京都千代田区	壁・床
	トリトンスクエア（X 棟・Y 棟）	東京都中央区	壁
	グランパークタワー	東京都港区	壁
	めぐろ区民キャンパス	東京都目黒区	壁
	墨田区立郷土資料館	東京都墨田区	壁
	三菱重工横浜ビル	横浜市西区	壁
	京都大学医学部付属病院	京都市左京区	壁
	情報文化センター	横浜市西区	壁
	NTT ドコモ静岡ビル	静岡県静岡市	壁
	梅田センタービル	大阪市北区	壁
	大阪商工会議所	大阪市中央区	壁・外壁
	大阪明治生命館	大阪市中央区	壁
	ツイン 21（アトリウム）	大阪市中央区	床
	ウィンズ難波	大阪市浪速区	壁
	伊丹市立文化会館	兵庫県伊丹市	壁
	広島国際会議場	広島市中区	壁
	アクロス福岡	福岡市中央区	壁・床
ドラマ ホワイト（P.89）	東京正心館	東京都港区	壁
	頂法寺会館本館	京都市中京区	壁
	国際交流基金関西国際センター	大阪府田尻町	壁
	新藤田ビル	大阪市北区	壁
ビアンコブルイエ（P.90）	東京オペラシティ（EV ホール）	東京都新宿区	壁
	新宿アイランドタワー（B1F）	東京都新宿区	壁
	NTT ドコモ品川ビル	東京都港区	壁
	品川インターシティ	東京都港区	壁
	JT 本社ビル	東京都港区	壁
	太陽生命新本社	東京都港区	壁
	三菱商事・三菱自動車品川新オフィスビル	東京都港区	壁
	キャノン本社ビル	東京都大田区	壁
	東京ファッションタウン	東京都江東区	壁
	横浜クインズスクエア（日揮本社）	横浜市西区	壁・床
	三宮ビル南館	神戸市中央区	壁
バルカンホワイト（P.93）	ホギメディカル本社ビル	東京都港区	壁
	ゲートシティ大崎	東京都品川区	壁
	豊田市 JA	愛知県豊田市	壁
	住友生命 OBP 新城見ビル	大阪市中央区	壁
カリッツァカプリ（P.95）	三ノ宮グランドビル	神戸市中央区	壁
ベルリーノキアーロ（P.98）	大手センタービル	東京都千代田区	壁
	最高裁判所庁舎	東京都千代田区	壁
	日比谷シャンテ（日本生命）	東京都千代田区	壁
	JAL 本社ビル	東京都港区	壁・床

石種名	建物名	所在地	使用部位
ベルリーノ キアーロ (P.98)	ゲートシティ大崎	東京都品川区	壁・床
	UFJ銀行東京ビル（前サンワ東京ビル）	東京都千代田区	壁
	東京芸術劇場	東京都豊島区	壁
	ホテルベルクラシック	東京都豊島区	壁・床
	長岡赤十字病院	新潟県長岡市	壁
	大垣フォーラムホテル	岐阜県大垣市	壁
	豊田市庁舎	愛知県豊田市	壁
	住友病院	大阪市北区	壁
	阪急三番街	大阪市北区	壁
	吹田市立千里丘市民センター	大阪府吹田市	壁
	貿易センタービル	神戸市中央区	壁
	広島プリンスホテル	広島市南区	床
	福岡県庁舎	福岡県博多区	壁
	北海道厚生年金会館	札幌市中央区	壁
	永楽ビル	東京都千代田区	壁
モカ クレーム (P.99)	大東建託品川本社ビル	東京都港区	壁
	天王州ウベビル	東京都港区	壁
	深川ギャザリア	東京都江東区	壁
	磯子区総合庁舎	横浜市磯子区	壁
	岐阜大学医学部付属病院	岐阜県岐阜市	壁
	岡崎市立病院	愛知県岡崎市	壁
	NHK大阪放送会館	大阪市中央区	壁
	広島県立美術館	広島県広島市	壁
	唐津シーサイドホテル新館	佐賀県唐津市	壁
	名取市文化会館	宮城県名取市	壁
	ホテルシェラトングランデ東京ベイ	千葉県浦安市	壁
	大手センタービル（各フロア EV 前）	東京都千代田区	壁
	全国町村会館	東京都千代田区	壁
	丸の内ビルディング	東京都千代田区	壁
	靖国神社遊就館	東京都千代田区	壁
	ルイヴィトン	東京都中央区	壁
	新宿高島屋	東京都渋谷区	壁・柱
	品川インターシティ	東京都港区	壁
シェル ベージュ (P.101)	山形県立中央病院	山形県山形市	壁
	牛久広域斎場	茨城県阿見町	壁
	SHINJUKU OAK CITY	東京都新宿区	壁
	ゲートシティ大崎	東京都品川区	壁
	JAなごや本店	名古屋市東区	壁
	ラクト山科	京都市山科区	壁
	堂島アバンザ	大阪市北区	壁
	三菱重工大阪ビル	大阪市北区	壁
トラベルチーノ ロマーノ (P.102)	桐生市市民文化会館	群馬県桐生市	壁
	アーバンネット大手町（各階 EV ホール）	東京都千代田区	壁
	大手町ビル	東京都千代田区	壁
	前 第一勧業銀行本店	東京都千代田区	壁
	竹橋合同ビル（日本輸出入銀行）	東京都千代田区	壁
	東京三菱銀行本店	東京都千代田区	壁・床
	東京国立博物館平成館	東京都台東区	壁・床
	東京オペラシティ（コンサートホール）	東京都新宿区	床
	サントリーホール	東京都港区	壁
	東京正心館	東京都港区	壁
	昭和大学横浜市北部病院	横浜市都筑区	壁
	六本木ヒルズゲートタワー	東京都港区	外壁

石種名	建物名	所在地	使用部位
トラベルチーノ ロマーノ (P.102)	NTTドコモ川崎ビル	神奈川県川崎市	壁
	石川県立音楽堂	石川県金沢市	壁
	NHK名古屋放送センタービル	名古屋市中区	壁
	名古屋市博物館	名古屋市瑞穂区	壁
	ガーデンシティタワーズ安田生命	大阪市北区	壁・床
	日本銀行大阪支店	大阪市北区	壁
	鴻池ビル	大阪市中央区	外壁
	セイコー中央瓦町ビル	大阪市中央区	壁
	三井住友銀行（前 住友銀行本店）	大阪市中央区	壁
	大同生命本社	大阪市西区	壁
	西宮総合福祉センター	兵庫県西宮市	壁
	福岡銀行本店	福岡市中央区	壁
クレマ マルフィル (P.103)	東京駅名店街	東京都千代田区	壁
	野村ビル	東京都千代田区	壁
	文京シビックセンター	東京都文京区	壁・床
	東京オペラシティ	東京都新宿区	壁
	ホテル海洋	東京都新宿区	壁・床
	品川プリンスホテル	東京都港区	壁
	横浜プリンスホテル	横浜市磯子区	壁
	JRセントラルタワーズ	名古屋市中村区	壁
	滋賀銀行本店	滋賀県大津市	壁
	JR京都駅新幹線コンコース	京都市下京区	壁
	大阪市役所庁舎	大阪市北区	壁・床
	オッペン化粧品本社ビル	大阪府吹田市	床
	兵庫県第3庁舎	神戸市中央区	壁
	尼崎信用金庫本店	兵庫県尼崎市	壁
	ワールド・コンベンションセンター（シーガイア）	宮崎県宮崎市	壁
フィレット ロッソ (P.104)	大手町ファイナンスセンター	東京都千代田区	壁
	IBM箱崎ビル	東京都中央区	壁
	ロイヤルパークホテル	東京都中央区	壁・床
	三重銀行本店	三重県四日市市	壁
	アクティ大阪大丸	大阪市中央区	壁
	阿倍野近鉄百貨店	大阪市阿倍野区	床
	ホテル日航福岡	福岡市博多区	壁
ポテチーノ (P.105)	JR貨物・ダイワハウス本社	東京都千代田区	壁・床
	JR東京駅東海道新幹線乗り場	東京都千代田区	壁
	明治生命本館	東京都千代田区	壁・床
	三井本館	東京都中央区	壁・床
	三越本店	東京都中央区	壁
	有楽町マリオン（阪急百貨店）	東京都中央区	壁
	赤坂プリンスホテル宴会棟	東京都港区	壁
	相模大野駅ビル	神奈川県相模原市	壁
	北斎場	大阪市北区	壁
	安田生命南港ビル	大阪市港区	壁
	堺中央メモリアルホール	大阪府堺市	壁
	神戸市立博物館	神戸市中央区	壁
	兵庫県立武道館	兵庫県姫路市	壁
	新今治国際ホテル	愛媛県今治市	壁
	ソラリアターミナルビル	福岡市中央区	壁
	天神ツインビル	福岡市中央区	壁
テレサ ベージュ (P.107)	メルパルク仙台	仙台市宮城野区	壁
	国際新赤坂ビル	東京都千代田区	壁

石種名	建物名	所在地	使用部位
テレサ ベージュ (P.107)	如水会館	東京都千代田区	壁・床
	JR 東京駅コンコース（八重洲口）	東京都千代田区	柱
	帝国ホテル（タワー棟）	東京都千代田区	壁
	前 日本興業銀行本店	東京都千代田区	壁
	日比谷国際ビル	東京都千代田区	壁
	江戸川区立新図書館	東京都江戸川区	壁
	都ホテル大阪	大阪市阿倍野区	壁
	広島市庁舎	広島市中区	壁
	宇部全日空ホテル	山口県宇部市	壁
オーシャン ベージュ (P.114)	守山市斎場	滋賀県守山市	壁
	国立呉病院	広島県呉市	壁
ライト ファーンタン (P.115)	関鉄つくばビル	茨城県つくば市	壁
	東京オペラシティ（51F）	東京都新宿区	壁
	東京ヒルトンホテル	東京都新宿区	壁
	大阪ヒルトンホテル（ヒルトンプラザ）	大阪市北区	床
	ホテル　アヴィーナ大阪	大阪市天王寺区	壁
ペルラート シチリア (P.116)	ゲートシティ大崎	東京都品川区	壁・床
	東京都清掃局中防合同庁舎	東京都江東区	壁
	昭和の森センター施設	昭島市拝島町	壁
	住友中之島ビル	大阪市北区	壁
	泉北高速鉄道光明池駅	大阪府和泉市	壁
ブレッチア オニチアータ (P.118)	ゲートシティ大崎	東京都品川区	床
アウリジーナ フィオリータ (P.119)	桐生市市民文化会館	群馬県桐生市	壁
	長岡赤十字病院	新潟県長岡市	壁
	ケイアイ（KI）ビル	東京都千代田区	壁・床
	山王パークタワー	東京都千代田区	壁
	汐留鹿島棟	東京都港区	壁・床
	三菱商事・三菱自動車品川新オフィスビル	東京都港区	壁
	松坂屋南館（松坂屋美術館）	名古屋市中区	壁
	新住友ビル	大阪市中央区	外壁
	日本生命三宮ビル	神戸市中央区	壁
	唐津シーサイドホテル	佐賀県唐津市	壁
ゴハレー ベージュ (P.121)	日本都市センター会館	東京都千代田区	壁
	セレスティン芝三井ビ	東京都港区	壁・床
	六本木ヒルズ	東京都港区	壁・床
	石川県立音楽堂	石川県金沢市	壁
	ホテルグランコート名古屋	名古屋市中区	壁
	大阪学院大学 2 号館	大阪府吹田市	壁・床
	島根県立美術館	島根県松江市	床
	福岡三越	福岡市中央区	壁・床
モカ クレームダーク (P.122)	講談社（アトリウム棟）	東京都文京区	壁
	後楽 1 丁目森ビル	東京都文京区	壁
	大手町ファーストスクエア	東京都千代田区	壁
	KKR 加賀	石川県金沢市	壁
	メルパール伊勢志摩	三重県志摩町	壁
	京阪モールリニューアル	大阪市都島区	壁
	万葉ミュージアム	奈良県明日香村	壁
ペルラート ズベボ (P.123)	アーバンネット大手町（地下部分）	東京都千代田区	壁
	幸ビル	東京都千代田区	壁・床
	JR 東京駅東北上越新幹線乗り場	東京都千代田区	壁
	NHK 放送技術研究所	東京都世田谷区	壁
	KKR 加賀	石川県金沢市	壁

石種名	建物名	所在地	使用部位
ペルラート ズベボ (P.123)	名鉄新名古屋駅	名古屋市中村区	柱
	恵比寿ガーデンプレイス（タワー棟）	東京都目黒区	壁・床
	名古屋第二赤十字病院救急救命センター	名古屋市昭和区	壁
	広島全日空ホテル	広島市中区	壁
アンバー ライムストーン (P.130)	六本木ヒルズ	東京都港区	壁
マロン トラバーチン (P.131)	石川県立音楽堂	石川県金沢市	壁
	ガーデンシティタワーズ安田生命	大阪市北区	壁
	済生会中津病院北棟	大阪市北区	壁
ピエトラ ドラータ (P.134)	かずさアカデミアセンター（ホテル）	千葉県木更津市	壁
	徳島県簡易保険保養センター	徳島県徳島市	床
コンブランシァン (P.135)	とちぎ健康と生きがいの森	栃木県宇都宮市	壁
	ユナイテッドアローズ	東京都渋谷区	床
	ホテルグランパシフィックメリディアン	東京都港区	床
	国立国会図書館関西館	京都府精華町	床
	三ノ宮グランドビル	神戸市中央区	壁
	広島プリンスホテル	広島市南区	壁
ホワイト サンドストーン (P.136)	釧路市郷土博物館	北海道釧路市	外壁
	新浦安オリエンタルホテル	千葉県浦安市	外壁
	お茶の水スクエア	東京都千代田区	外壁
	帝国ホテル	東京都千代田区	外壁
	港区役所麻布支所庁舎	東京都港区	外壁
	すみだトリフォニーホール	東京都墨田区	壁
	新百合丘ビブレ	川崎市麻生区	壁
	MOA 美術館	静岡県熱海市	外壁
	十六銀行本店	岐阜県岐阜市	外壁
	名古屋モード学園	名古屋市中村区	外壁
	ランの館	名古屋市中区	壁
	国立民族学博物館	大阪府吹田市	外壁
	徳島県庁舎	徳島県徳島市	壁
	九州電力大分支店	大分市金池町	壁
ベルリーノ ロザート (P.138)	岩手銀行本店	岩手県盛岡市	壁
	竹橋合同ビル	東京都千代田区	壁
	京王プラザホテル（南館）	東京都新宿区	壁・床
	センチュリーハイアットホテル	東京都新宿区	壁
	アークヒルズ（全日空ホテル）	東京都港区	床
	六本木ヒルズ	東京都港区	壁
	ゲートシティ大崎	東京都品川区	壁・床
	ハーモニースクエア	東京都中野区	壁
	ランドマークタワー（ランドマークプラザ）	横浜市西区	丸柱
	新拝聴会館	横浜市南区	壁
	静岡がんセンター病院本館	静岡県駿東郡	壁
	しらかわホール	名古屋市中区	壁
	島根県立女性総合センター	島根県太田市	壁
	エールエール	広島市南区	壁
ローズ オーロラ (P.139)	札幌三越	札幌市中央区	壁
	ワールドビジネスガーデン	千葉県美浜区	壁
	迎賓館	東京都港区	壁
	損保ジャパン本社ビル（前 安田火災海上）	東京都新宿区	壁

石種名	建物名	所在地	使用部位
ローズ オーロラ (P.140)	セルリアンタワー東急ホテル	東京都渋谷区	壁
	岡崎出雲殿チャペル	愛知県岡崎市	壁
	一宮スポーツ文化センター	愛知県一宮市	壁
	損保ジャパン大阪ビル (前 安田火災海上)	大阪市中央区	壁
エンペラドール ライト (P.142)	新千葉共済会館	千葉県千葉市	床
	新浦安オリエンタルホテル	千葉県浦安市	床
	かずさアカデミアセンター (ホテル)	千葉県木更津市	壁
	永楽ビル	東京都千代田区	床
	東京国立文化財研究所	東京都台東区	壁
	相模大野駅ビル	神奈川県相模原市	壁
	ホテルメトロポリタン長野	長野市南長野	壁・床
	名古屋マリオットアソシアホテル (EV ホール)	名古屋市中村区	壁
	阪急茶屋町アプローズ	大阪市北区	床
	和泉市久保惣記念美術館	大阪府和泉市	壁
ティー ローズ (P.145)	八王子駅北口地区市街地再開発ビル	八王子市東町	壁
	知立出雲殿チャペル	愛知県知立市	壁
	松山三越	愛媛県松山市	壁
テレサ ロサタ (P.146)	凸版印刷小石川ビル	東京都文京区	壁
	新宿三越	東京都新宿区	壁
ノルウェジアン ローズ (P.147)	国際ビル	東京都千代田区	柱
	三越本店	東京都中央区	壁
	横浜そごう	横浜市西区	壁
	藤井大丸	京都市下京区	壁
	やまとやしき加古川	兵庫県加古川市	壁
タピストリー レッド (P.149)	東京宝塚ビル	東京都千代田区	床
	トリトンスクエア (X 棟)	東京都中央区	壁
	オーバルスクエア大崎	東京都品川区	壁
ローザ ジローナ (P.150)	神戸情報文化ビル	神戸市中央区	壁
	倉敷総合保健センター	岡山県倉敷市	壁
ロッソ マニアボスキ (P.151)	浦和簡易保険新型健康増進施設	埼玉県与野市	壁
	東京ガーデンパレス (湯島会館)	東京都文京区	壁・床
	新宿プリンスホテル	東京都新宿区	壁
	SHINJUKU OAK CITY	東京都新宿区	壁
	ゲートシティ大崎	東京都品川区	壁・床
	ハーモニースクエア	東京都中野区	壁
	京都センチュリーホテル	京都市下京区	壁
ロッソ アメリカンテ (P.152)	横浜ベイシェラトンホテル&タワーズ	横浜市西区	壁
	アーカス浜大津	大津市浜町	壁
	JR 京都駅	京都市下京区	壁
	堂島アバンザ	大阪市北区	壁
	新浦安オリエンタルホテル	千葉県浦安市	床
	大手町ファーストスクエア (西館)	東京都千代田区	壁
	東京オペラシティ	東京都新宿区	壁
	住友南青山ビル	東京都港区	壁
	ホテルグランパシフィックメリディアン	東京都港区	壁
	東京国際貿易センター有明ビル	東京都江東区	壁
	深川ギャザリア (オフィス棟)	東京都江東区	壁

石種名	建物名	所在地	使用部位
レッド トラバーチン (P.153)	ホテルニューオータニ	東京都千代田区	壁
	読売会館 (前 有楽町そごう)	東京都千代田区	壁
	汐留鹿島棟	東京都港区	壁・床
	芝公園 2 丁目共同ビル	東京都港区	壁
	テレビ朝日放送センター	東京都港区	壁
	横浜そごう	横浜市西区	壁
	富山国際会議場	富山市丸の内	壁
	神戸そごう	神戸市中央区	壁
	広島そごう	広島市中区	壁
ランゲドック (P.154)	迎賓館	東京都港区	壁
	横浜そごう	横浜市西区	壁
	神戸そごう	神戸市中央区	壁
レッド サンドストーン (P.155)	三井アーバンホテル	東京都中央区	壁
	花の館	東京都港区	壁
	六本木ヒルズ (美術館)	東京都港区	壁
	HAL 大阪モード学園	大阪市北区	壁
	大阪美術倶楽部ビル	大阪市中央区	壁
	ウインズ米子	鳥取県米子市	壁
	福岡シティ銀行本店	福岡市博多区	壁
エンペラドール ダーク (P.156)	かずさアカデミアセンター (ホテル)	千葉県木更津市	壁・床
	山王パークタワー (EV ホール)	東京都千代田区	壁
	SHINJUKU OAK CITY	東京都新宿区	壁
	横浜ランドマークタワー	横浜市西区	壁・床
	ホテルメトロポリタン長野	長野市南長野	壁・床
	三越地下 1 階北西隅	名古屋市中区	床
	名古屋マリオットアソシアホテル (EV ホール)	名古屋市中村区	壁
	阪急茶屋町アプローズ	大阪市北区	床
	新今治国際ホテル	愛媛県今治市	壁・床
フィオール ディ ペスコ カルニコ (P.157)	番長麹町共同ビル	東京都千代田区	壁
	セルリアンタワー	東京都渋谷区	壁・床
	セレスティン芝三井ビル	東京都港区	壁
	オーバルコート大崎	東京都品川区	床
	ランドマークタワー (横浜ロイヤルパークホテル)	横浜市西区	壁
	金沢リファーレ	石川県金沢市	壁
バルディリオ キアーロ (P.158)	札幌コンサートホール	札幌市中央区	壁
	茨城県庁舎会議棟	茨城県水戸市	柱
	新木場振興会館	東京都江東区	壁
	京都市勧業館	京都市左京区	床
パロマ (P.159)	八重洲プラザビル	東京都中央区	床
	恵比寿ガーデンプレイス	東京都渋谷区	床
	セルリアンタワー東急ホテル	東京都渋谷区	壁・床
	芝浦スクエア	東京都港区	床
	三洋電機本社歴史館	大阪府守口市	壁
ドゥケッサ グリス (P.160)	大谷大学総合施設	京都市北区	壁
	ホテルクレメント	香川県高松市	壁
ポルトーロ (P.161)	前 日比谷三井ビル	東京都千代田区	壁
	三井本館	東京都中央区	壁
	聖地荘厳真如霊廟	東京都立川市	壁・床
	大垣フォーラムホテル (レストラン)	岐阜県大垣市	壁
	名古屋市美術館	名古屋市中区	壁
	ホテル日航大阪	大阪市中央区	壁
	新今治国際ホテル	愛媛県今治市	壁

石種名	建物名	所在地	使用部位
グリジオ カルニコ (P.162)	東京サンケイビル	東京都千代田区	壁
	品川インターシティ（A棟）	東京都港区	床
	品川インターシティ（C棟）	東京都港区	壁
	三菱商事・三菱自動車品川新オフィスビル	東京都港区	床
ネグロ マルキーナ (P.163)	山王パークタワー	東京都千代田区	壁
	ブリヂストン美術館	東京都中央区	床
	新宿アイランドタワー	東京都新宿区	壁
	SHINJUKU OAK CITY	東京都新宿区	壁
	恵比寿ガーデンプレイス（オフィス棟）	東京都渋谷区	壁
	JR 京都駅	京都市下京区	壁
	難波再開発 A-1 工区（オフィス N 棟）	大阪市中央区	床
	ホテルクレメント	香川県高松市	壁
ロッソ レバント (P.164)	かずさアカデミアセンター（ホテル）	千葉県木更津市	壁
	大和証券グループ本社ビル	東京都千代田区	壁・柱
	ファーストスクエア（最上階 EV ホール）	東京都千代田区	壁
	三井本館	東京都中央区	壁
	ホテルメトロポリタン長野	長野市南長野	壁
	ホテルオークラ福岡	福岡市博多区	丸柱
ベルデ イッソニエ (P.169)	京成千葉中央駅東口ホテル	千葉市中央区	壁
	芝公園 2 丁目共同ビル	東京都港区	壁
	石川県立音楽堂	石川県金沢市	壁
	阿倍野ルシアス	大阪市阿倍野区	壁
台湾 蛇紋 (P.170)	セルリアンタワー	東京都渋谷区	壁
	深川ギャザリア（オフィス棟）	東京都江東区	壁
	磐田信用金庫本店	静岡県磐田市	壁
	ソフトピアジャパン	岐阜県大垣市	床
	アーカス浜大津	大津市浜町	壁
	ガーデンシティタワーズ安田生命	大阪市北区	床
ティノス グリーン (P.171)	飯田橋ファーストビル	東京都文京区	壁
	フォーシーズンズホテル	東京都文京区	壁・床
	泉ガーデンタワー（地下鉄エントランス）	東京都港区	壁
	三菱商事・三菱自動車品川新オフィスビル	東京都港区	壁
	JAL 本社ビル	東京都港区	壁
	芝三丁目ビル	東京都港区	壁
	大森ベルポート	東京都品川区	壁

●ミカゲ石

石種名	建物名	所在地	使用部位
ブルー パール (P.175)	神田外国語学院	東京都千代田区	壁
	住友商事美土代ビル	東京都千代田区	壁
	蛎殻町 FF ビル	東京都中央区	外壁
	築地長岡ビル	東京都中央区	壁
	ニッセイ虎ノ門ビル	東京都港区	外壁
	セイワビル	東京都台東区	壁
	JR 名古屋駅（中央改札口）	名古屋市中村区	柱
	堺筋センタービル	大阪市中央区	外壁
	延岡市合同庁舎	宮崎県延岡市	壁
	カゴメビル	名古屋市中区	外柱
エメラルド パール (P.176)	日比谷三井ビル	東京都千代田区	外壁・柱
	FCG ビル	東京都港区	壁
	JSAT YSCC 新局舎	横浜市緑区	壁
	第 3 堀内ビル	名古屋市中村区	外壁
バルチック ブラウン (P.178)	山王パークビル	東京都千代田区	壁・床
	安藤七宝店	東京都中央区	壁
	神谷町森ビル	東京都港区	外壁
	名古屋郵便貯金会館	名古屋市千種区	外壁
	F ビル	大阪市中央区	壁
	堺中央メモリアルホール	大阪府堺市	壁
	新今治国際ホテル	愛媛県今治市	壁・床
インペリアル レッド (P.179)	帝国劇場	東京都千代田区	
	福岡シティ銀行	福岡市博多区	
	堀内ビル	名古屋市中村区	
ニュー インペリアル レッド (P.180)	帝国ホテルインペリアルタワー	東京都千代田区	外壁
	日動火災ビル	東京都中央区	外壁
	新宿二丁目共同ビル	東京都新宿区	壁
	すみだトリフォニーホール	東京都墨田区	壁
	ダイヤビル 2、3 号館	名古屋市中村区	外壁
	吹上ホール（中小企業振興会館）	名古屋市千種区	壁・床
	阿倍野ルシアス	大阪市阿倍野区	壁
	JR 佐世保駅舎	長崎県佐世保市	壁
	城山観光ホテル	鹿児島市鹿児島市	外壁
ダコタ マホガニー (P.181)	前 東洋信託銀行本店	東京都千代田区	外壁
	前 日本興業銀行本店	東京都千代田区	外壁
	前 日本火災本社	東京都中央区	外壁
	トヨタ自動車 東京ビル	東京都文京区	外壁
	NTT ドコモ代々木ビル	東京都渋谷区	外壁
	出光三田ビル	東京都港区	外壁
	伊藤忠商事本社ビル	東京都港区	外壁
	汐留シティセンター	東京都港区	壁・床
シェニート モンチーク (P.183)	花京院スクエア	仙台市青葉区	壁・床
	住友信託銀行本店	東京都千代田区	壁
	前 第一勧業銀行本店	東京都千代田区	外壁
	帝国ホテル	東京都千代田区	外壁
	日本銀行本店（別館）	東京都中央区	外壁
	東京国立博物館平成館	東京都台東区	床
	前 大東京火災本社	東京都渋谷区	外壁
	西麻布三井ビル	東京都港区	外壁
	名古屋国際会議場（センチュリーホール）	名古屋市熱田区	床
	石川県立音楽堂	石川県金沢市	壁・床
	阿倍野ルシアス	大阪市阿倍野区	壁
	日本銀行大阪支店	大阪市中央区	外壁
	京都大学医学部附属病院	京都市左京区	壁・床
	キャスパ姫路	兵庫県姫路市	壁
オイスター パール (P.184)	エナジースクエア	宮城県仙台市	壁
	新半蔵門会館	東京都千代田区	壁

石種名	建物名	所在地	使用部位
オイスターパール (P.184)	番長グリーンパレス	東京都千代田区	壁
	新宿アイランドタワー	東京都新宿区	壁・床
	JT本社ビル	東京都港区	外壁
	品川インターシティ（C棟）	東京都港区	外壁
	芝公園花井ビル	東京都港区	壁
	東京港湾合同庁舎	東京都江東区	外壁
	日商岩井東京本社ビル	東京都港区	外壁
	飛騨高山美術館	岐阜県高山市	壁
サファイアブラウン (P.185)	学術の総合情報センター（低層部）	東京都千代田区	壁
	実践倫理宏正会本部	東京都千代田区	外壁
	大正生命本社	東京都千代田区	外壁
	東京華僑会館	東京都中央区	外壁
	八重洲センタービル	東京都中央区	外壁
	大東建託品川本社ビル	東京都港区	壁
	昭島市庁舎	東京都昭島市	壁・床
	京都大学総合情報メディアセンター	京都市左京区	壁
	難波再開発A-1地区	大阪市浪速区	壁
	旭大理石本社ビル	大阪市旭区	外壁
	新今治国際ホテル	愛媛県今治市	壁・床
ホワイトパール (P.188)	茨城県庁舎	茨城県水戸市	壁
	群馬県庁舎	群馬県前橋市	外壁
	DNタワー21（高層部）	東京都千代田区	外壁
	国技館	東京都墨田区	壁・床
	三重銀行本店	三重県四日市市	外壁
	大阪国際会議場	大阪市北区	外壁
	大和銀行本店	大阪市中央区	外壁
	神戸市庁舎	神戸市中央区	外壁
シンボク（新北）(P.192)	農林中央金庫本店	東京都千代田区	外壁
	浅草寺	東京都台東区	床
	全社連高輪研修センター	東京都港区	壁
	品川シーサイドフォレスト	東京都品川区	床
	日本神霊学研究所	東京都品川区	外壁
	長岡赤十字病院	新潟県長岡市	壁
	グランヴェール岐山	岐阜県岐阜市	壁
	JR名古屋駅舎	名古屋市中村区	柱
	頂法寺会館本館	京都市中京区	壁
グリスペルラ (P.193)	大手町ファーストスクエア	東京都千代田区	外壁・床
	新麹町会館	東京都千代田区	外壁
	中央合同庁舎第2号館	東京都千代田区	外壁
	野村アセットマネジメント本社ビル	東京都中央区	外壁
	新日鉱ビル	東京都港区	壁
	品川シーサイドフォレスト	東京都品川区	壁
	横浜ビジネスパーク（高層部）	横浜市保土ヶ谷区	外壁
	豊田市庁舎	愛知県豊田市	外壁
	同和火災本社ビル	大阪市北区	外壁
	大阪市役所庁舎	大阪市北区	外壁・床
	辻調理師専門学校本館	大阪市天王寺区	外壁
	宮崎県警庁舎	宮崎県宮崎市	壁
テキサスピンク (P.194)	堂島アバンザ	大阪市北区	壁
	国土産業銀座ビル	東京都中央区	外壁
	第112東京ビル	東京都新宿区	壁
	MM21 ランドマークタワー（ランドマークプラザ）	横浜市西区	壁・床
G439 (P.195)	大和銀行虎ノ門ビル	東京都港区	壁
	日本都市センター会館	東京都千代田区	外壁
	NTTドコモ長野ビル	長野県長野市	壁
	芝三丁目ビル	東京都港区	壁

石種名	建物名	所在地	使用部位
G439 (P.196)	東大阪市庁舎	大阪府東大阪市	壁
	JR新宿駅西口	東京都新宿区	床
	丸の内仲通り	東京都千代田区	床
	三菱商事・三菱自動車品川新オフィス（高層部）	東京都港区	外壁
	ニシヤマ本社ビル	東京都大田区	外壁
G603 (P.197)	横浜市北部斎場	横浜市緑区	壁
	福山大学新1号館	広島県福山市	床
	札幌メディアパーク	札幌市中央区	壁・床
	日石横浜ビル	横浜市中区	壁・床
	日商岩井東京本社ビル	東京都港区	壁
	京都駅前開発ビル	京都市下京区	壁・床
ルナパール (P.200)	王子製紙本社ビル	東京都中央区	外壁
	前 日本信託銀行本店	東京都中央区	外壁
	FCGビル	東京都港区	壁・床
	東京オペラシティ	東京都新宿区	外壁
	東京都現代美術館	東京都江東区	外壁
	深川ギャザリア（オフィス棟）	東京都江東区	壁・床
	ハーモニースクエア	東京都中野区	壁
	横浜市美術館	横浜市西区	外壁・床
	横浜普聞館	横浜市西区	外壁
	前 協栄生命名古屋ビル	名古屋市中区	外壁
	御堂筋本町ビル	大阪市中央区	外壁
	元 神戸銀行本店	神戸市中央区	壁
	創価学会関西国際文化センター	神戸市中央区	外壁
	ソラリアターミナルビル	福岡市中央区	壁
	ヒロカネビル	福岡市博多区	外壁
ポーチョン（抱川）(P.201)	埼玉県民共済本部ビル	埼玉県さいたま市	壁
	郵船ビル	東京都千代田区	外壁
	カナダ大使館	東京都港区	外壁
	秋川市民ホール	東京都秋川市	壁
	ホテルシレナ	神戸市中央区	外壁
G623 (P.202)	日本大学経済学部7号館	東京都千代田区	壁
	都営大江戸線都庁前駅	東京都新宿区	床
	NTTドコモ品川ビル	東京都港区	外壁・床
	パラシオタワー（明治生命青山ビル）	東京都港区	外壁・床
	日大商学部90周年記念館	東京都世田谷区	外壁
	深川ギャザリア（オフィス棟）	東京都江東区	壁・床
	武蔵野研究開発センター	東京都武蔵野市	壁
	三井住友銀行名古屋ビル	名古屋市中区	外壁
	オアシス21（広場ゾーン）	名古屋市東区	床
	アイフル本社ビル	京都市下京区	外壁
	りんくうゲートタワー	大阪府泉佐野市	外壁
	大阪府狭山池資料館	大阪府狭山市	床
	博多座（博多リバーレイン）	福岡市博多区	外壁・床
アズールプラティノ (P.203)	東京国立博物館平成館	東京都台東区	床
	恵比寿プライムスクエア	東京都渋谷区	外壁
	中目黒GTタワー	東京都目黒区	壁
	ハーモニースクエア	東京都中野区	外壁
	石川県立音楽堂	石川県金沢市	壁・床
	一柳総本店ビル	名古屋市中区	外壁
	愛知県信用保証協会ビル	名古屋市中村区	外壁
	デンソー本社ビル	愛知県刈谷市	壁・床
	ジーニス大阪	大阪市北区	外壁
ロックビル (P.206)	花京院スクエア	仙台市青葉区	壁
	泉ガーデンタワー	東京都港区	床
	NTT品川ツインズアネックス	東京都港区	外壁

石種名	建物名	所在地	使用部位
ロックビル (P.206)	三菱重工品川新本社ビル	東京都港区	外壁
	大和証券金沢支店	石川県金沢市	外壁
	大阪三井物産ビル	大阪市北区	外壁
	住友中之島ビル	大阪市北区	外壁
アズール エクスト レメーノ (P.211)	新生銀行本店（低層部）	東京都千代田区	壁・床
	日本デジタル研究所	東京都江東区	外壁
	錦糸町北口再開発（アルカ タワー他）	東京都墨田区	外壁・床
	スズケン本社ビル	名古屋市東区	外壁
	明海ビル	神戸市中央区	壁・床
グリス ペルラ (P.215)	専修大学 6、7 号館	東京都千代田区	壁・床
	商工組合中央金庫本店	東京都新宿区	壁
	東京都庁舎	東京都新宿区	外壁
	前 千代田火災恵比寿ビル	東京都渋谷区	外壁
	三菱重工横浜ビル	横浜市西区	外壁
	クリスタ長堀	大阪市中央区	壁
ローザ ベータ (P.216)	丸の内 1 丁目 1 街区開発 計画 A 工区	東京都千代田区	外壁
	弁護士会合同会館	東京都千代田区	壁
	築地長岡ビル	東京都中央区	壁
	電源開発本社ビル	東京都中央区	柱・壁
	クラボウ本社ビル	大阪市中央区	外観
	国保那賀病院	和歌山県打田町	壁
テキサス パール (P.217)	NM ビル（NTT 幕張ビル）	千葉市美浜区	外壁
	朝日生命日比谷ビル	東京都千代田区	外壁
	全国町村会館	東京都千代田区	外壁
	丸の内ビルディング（高層 部）	東京都千代田区	外壁
	タワーレジデンス四ツ谷	東京都新宿区	外壁
	F・T ビルディング	京都市下京区	外壁
G361 (P.218)	北海道ビルディング	札幌市中央区	壁
	桜正宗ビル	東京都中央区	壁
	渋谷東京電力館	東京都渋谷区	壁
	錦糸町東武ホテル	東京都墨田区	壁
	府中警察署庁舎	東京都府中市	壁
	新拝聴会館	横浜市南区	壁
	京都駅北口広場	京都市下京区	壁・床
	大日本製薬本社ビル	大阪市中央区	外壁
ローザ ポリーニョ (P.220)	日比谷国際ビル	東京都千代田区	外壁
	五十嵐冷蔵本社ビル	東京都港区	外壁
	日比谷セントラルビル	東京都港区	外壁
	汐留シティセンター（各階 EV ホール）	東京都港区	壁
	大森ベルポート	東京都品川区	外壁
	天王州ウベビル	東京都品川区	外壁
	警視庁鎌田警察署庁舎	東京都大田区	外壁
	横浜銀行本店	横浜市西区	外壁
	横浜市美術館	横浜市西区	外壁
	電気文化会館	名古屋市中区	外壁
	池坊会館	京都市中京区	外壁
	大阪国際会議場	大阪市北区	壁
	毎日新聞大阪本社ビル	大阪市北区	外壁
オーロ ガウチョ (P.221)	大手町野村ビル	東京都千代田区	外壁
	横浜ビジネスパーク（低層 部）	横浜市保土ヶ谷区	外壁
	関西外大中宮学舎	大阪府枚方市	壁
	鹿児島県合同庁舎	鹿児島県鹿児島市	壁
ギャンドーネ (P.222)	三晶ビル	東京都中央区	外壁
	新宿パークタワー	東京都新宿区	外壁・床
	品川プリンスホテル（低層 部）	東京都港区	外壁

石種名	建物名	所在地	使用部位
ギャンドーネ (P.222)	九六ビル	東京都港区	外壁
	常盤ビル	神戸市中央区	壁
	高知市文化プラザ「かる ぽーと」	高知県高知市	外壁
	ソラリアターミナルビル	福岡市中央区	壁・床
ナミビア イエロー (P.225)	栃木県総合文化センター	栃木県宇都宮市	壁
	西新宿三井ビル	東京都新宿区	外壁
	オーバルコート大崎	東京都品川区	外壁
	東京消防庁城東地区防災 教育センター	東京都江東区	壁・床
バルモラル レッド (P.228)	交通会館ビル	東京都千代田区	柱
	秀和パークビル	東京都港区	外壁
	横浜市美術館	横浜市西区	壁
	上田信用金庫本店	長野県上田市	壁
	上社駅前複合ビル	名古屋市名東区	壁
	セイコー中央瓦町ビル	大阪市中央区	壁
インディアン ジュパラナ (P.229)	中央卸売市場本場関連業 務棟	名古屋市熱田区	壁
	宝塚エデンの園	兵庫県宝塚市	壁
	岩田屋 Z-SIDE	福岡市中央区	外壁
ナジュラン ブラウン (P.230)	八戸市民病院中央診療棟	青森県八戸市	壁・床
	王子不動産　神田ビル	東京都千代田区	外壁
	麹町消防署庁舎	東京都千代田区	外壁
	東亜三協ビル	東京都千代田区	壁
	中部電力岐阜支店ビル	岐阜県岐阜市	外壁
	金光教	名古屋市中区	壁
	新阪急ホテル	大阪市北区	外壁・床
	ラグザ大阪	大阪市福島区	壁
	イムズ	福岡市中央区	壁
	さとうベネック本社ビル	大分県大分市	壁
カパオ ボニート (P.238)	プランタン銀座	東京都中央区	外壁
	東京ガーデンパレス（湯島 会館）	東京都文京区	外壁
	日本赤十字社本社	東京都港区	外壁
	中央信用金庫本店	東京都墨田区	外壁
	金沢本町通り	石川県金沢市	床
	花王大阪ビル	大阪市西区	外壁
	下関ワシントンホテル	山口県下関市	壁・床
	九州大学医学部附属病院	福岡市東区	壁
イーグル レッド (P.239)	オーバルコート大崎	東京都品川区	壁
	岐阜大学医学部付属病院	岐阜県岐阜市	外壁
	ダイヤビル 1 号館	名古屋市中村区	外壁
	キャナルシティ博多	福岡市福岡市	壁
アフリカン レッド (P.244)	群馬県立館林美術館	群馬県館林市	外壁 (割肌)
	トーハン第 2 ビル	東京都千代田区	壁
	横浜市中央図書館	神奈川県横浜市	壁
	知立出雲殿チャペル	愛知県知立市	壁
	京セラ本社ビル	京都市伏見区	床
カレドニア (P.249)	アーバンネット大手町ビル	東京都千代田区	外壁・床
	JR 貨物業務商業棟	東京都千代田区	外壁
	東京銀行協会ビル	東京都千代田区	外壁
	都道府県会館	東京都千代田区	外壁・床
	住友入船ビル	東京都中央区	外壁
	グリーンパーク赤坂	東京都港区	外壁
	港区庁舎	東京都港区	外壁
	防衛庁庁舎	東京都新宿区	外壁
	深川ギャラリア（オフィス棟）	東京都江東区	壁・床
	横浜ベイシェラトンホテル& タワーズ	横浜市西区	外壁
	NTT ドコモ静岡ビル	静岡県静岡市	床

石種名	建物名	所在地	使用部位
カレドニア (P.249)	磐田信用金庫本店	静岡県磐田市	外壁
	大阪家庭裁判所庁舎	大阪市中央区	壁
	大阪トヨタビル（高層部）	大阪市中央区	外壁
	パナソニックビル	大阪市中央区	外壁
	オリックストーアロードビル	神戸市中央区	壁
	博多蔵本東邦生命ビル	福岡市博多区	外壁
ポリクローム (P.250)	大手センタービル	東京都千代田区	外壁
	中央合同庁舎6号館	東京都千代田区	外壁・床
	日本情報センター本社ビル	東京都千代田区	壁・床
	前 三井海上本社	東京都千代田区	外壁・床
	大日本印刷市ヶ谷ビル東京都新宿区	壁・床	
	高島屋タイムズスクエア	東京都渋谷区	外壁
	前 三菱石油本社ビル	東京都港区	外壁・床
	石川県庁舎	石川県金沢市	壁・床
	瀧定（たきさだ）ビル	名古屋市中区	外壁
	森精機製作所本社ビル	名古屋市中村区	外壁
	関西電力本社ビル	大阪市北区	外壁
	安田生命肥後橋ビル	大阪市中央区	外壁
	CFK本社ビル	大阪市東淀川区	外壁
	ニッセイ新大阪ビル	大阪市淀川区	外壁
	福岡武田ビル	福岡市博多区	外壁
	県民交流センター（高層部）	鹿児島県鹿児島市	外壁
アドニ ブラウン (P.254)	日本銀行函館支店	北海道函館市	外壁
	安田生命水戸ビル	茨城県水戸市	壁
	南多摩斎場	東京都町田市	壁
スウェーデン マホガニー (P.255)	東京都庁舎	東京都新宿区	外壁 (ポイント)
	小島ビル	東京都新宿区	外壁
	秀和神谷町ビル	東京都港区	外壁
	四日市合同庁舎	三重県四日市市	外壁
ベルデ フォンテン (P.257)	高崎信用金庫本店	群馬県高崎市	外壁・床
	東京サンケイビル	東京都千代田区	外壁・床
	東京歯科大学校舎	東京都千代田区	外壁・床
	トリトンスクエア	東京都中央区	壁
	凸版印刷小石川ビル	東京都文京区	外壁
	警視庁新橋庁舎	東京都港区	壁
	芝公園二丁目ビル	東京都港区	外壁
	住友南青山ビル	東京都港区	外壁
	徳間書店本社ビル	東京都港区	外壁
	ゲートシティ大崎	東京都品川区	外壁
	砺波市立美術館	富山県砺波市	外壁
	高山市庁舎	岐阜県高山市	外壁・床
	セントラルタワーズ（低層部）	名古屋市中村区	外壁
	大阪プライムタワー	大阪市淀川区	外壁
	近鉄新難波ビル	大阪市浪速区	壁
	エルガーラ（大丸東館）	福岡市中央区	外壁
ラベンダー ブルー (P.259)	エナジースクエアビル	仙台市青葉区	壁
	新幸橋共同ビル	東京都港区	壁
	日本メディアシステム本社	名古屋市東区	壁
	国際交流基金関西国際センター	大阪府田尻町	壁
	高知警察本部庁舎	高知県高知市	壁・床
ラステンバーグ (P.264)	平和本社ビル	群馬県桐生市	外壁
	東京高等裁判所庁舎	東京都千代田区	壁・床
	上田短資本社ビル	東京都中央区	外壁
	墨田区庁舎	東京都墨田区	壁・床
	新宿ホウライビル	東京都新宿区	外壁
	シーバンスS館	東京都港区	外壁
	台場フロンティアビル	東京都港区	外壁・床

石種名	建物名	所在地	使用部位
ラステンバーグ (P.264)	南青山四丁目ビル	東京都港区	外壁
	品川商工本社ビル	東京都品川区	外壁
	JR東日本本社ビル	東京都北区	壁
	日石横浜ビル	横浜市中区	外壁・床
	横浜市北部斎場	横浜市緑区	壁・床
	安城市総合斎苑	愛知県安城市	壁・床
	ルネサンスビル	京都市下京区	外壁
	京セラ本社ビル	京都市伏見区	外壁
	梅田DTタワー	大阪市北区	床
	堂島アバンザ	大阪市北区	床
	大阪産業ビル	大阪市中央区	壁・床
	兵庫県立武道館	兵庫県姫路市	壁・床
	福岡国際会議場	福岡市博多区	床
	国立長崎原爆死没者追悼平和祈念館	長崎県長崎市	床
シンバブエ ブラック (P.273)	アジア経済研究所	千葉市美浜区	床
	パシフィックセンチュリープレイス	東京都千代田区	外壁
	友泉銀座ビル	東京都中央区	壁
	赤坂9丁目ビル	東京都港区	壁・床
	汐留シティセンター	東京都港区	床
	目黒雅叙園	東京都目黒区	床
	新木場振興会館	東京都江東区	壁
	明治乳業本社ビル事務所棟	東京都江東区	壁・床
	錦糸町アルカタワー	東京都墨田区	壁・床
	リバーピア吾妻橋（吾妻橋ホール）	東京都墨田区	外壁
	NEC多摩川ルネッサンスシティ	川崎市中原区	壁・床
	JR京都駅	京都市下京区	壁・床
	大阪三井物産ビル	大阪市北区	床
	銀泉備後町ビル	大阪市中央区	床
	神戸国際会館	神戸市中央区	床
	アルカス佐世保	長崎県佐世保市	床
ベルファスト (P.274)	小学館昭和ビル	東京都千代田区	床
	日比谷ダイビル	東京都千代田区	外壁
	キリンビール本社ビル	東京都中央区	壁
	プラザホームズ本社ビル	東京都港区	壁
	南多摩斎場	東京都町田市	壁・床
	金沢野村證券ビル	石川県金沢市	床
	キリンプラザ大阪	大阪市中央区	壁
	大阪第5合同庁舎	大阪市福島区	外壁
	大阪ドーム	大阪市西区	壁
	岡山コンベンションセンター	岡山県岡山市	壁
アズールバイア	焼肉屋さかい東京本部ビル	東京都千代田区	壁

石材名さくいん

●大理石

アウリジーナ フィオリータ	119
アラベスカート コルキア	92
アラベスカート ロベルト	87
アリア ライムストーン	137
アルピニーナ	140
アンバー ライムストーン	130
イエロー オニックス	96
イラン ランゲドック	148
インディアナ ライムストーン	141
インペリアル ダンビー	83
エンペラドール ダーク	29, 40, 41, 156
エンペラドール ライト	41, 142
オーシャン ベージュ	114
オニックス	
パキスタン オニックス	43, 44, 144
トルコ オニックス	44
大立オニックス	45
大山田オニックス	45
イエロー オニックス	46
金生山オニックス	46
オンダガータ ライト	132
カピストラーノ ブレッチア	117
カリッツァ カプリ	95
キャンポ ポルフィリコ	126
グリーン マーブル	167
グリジオ カルニコ	162
クレマ マルフィル	103
ケッツアル グリーン	166
ゴールデン マーブル	35, 133
ゴールド ベイン セレクト	84
ゴハレー ベージュ	120
コンブランシェン クレール サン クリストバン	135
シェル	118
シェル ベージュ	122
シベック ホワイト	85
ジュラ マーブル イエロー	112

タイワン ジャモン	170
タソス ホワイト	81
タピストリー レッド	35, 37, 149
ダンビー ホワイト	91
ティー ローズ	145
ティノス グリーン	171
テレサ ベージュ	34, 36, 107, 254
テレサ ロサタ	146
ドウケッサ グリス	160
トラーニ ボテチーノ	105
トラベルチーノ ヌワゼット	125
トラベルチーノ フローレンス	109
トラベルチーノ ロマーノ	108
トラベルチーノ ロマーノ キアーロ	102
ドラマ ホワイト	89
ニュー フィレット ロッソ	104
ネグロ マルキーナ	31, 34, 163
ノルウェージアン　ローズ	38, 39, 147
バルカン ホワイト	93
バルディリオ キアーロ	158
パロマ	159
ビアンコ カラーラ	88
ビアンコ スペリオール	94
ビアンコ ブルイレ	90
ピエトラ ドラータ	48, 134
ビマンドルロ	106
ファーンタン	115
フィオール ディ ペスコ カルニコ	157
フィレット ロッソ	104
ブラウン ベージュ	127
ブランコ ド マール	100
ブレッチア オニチアータ	118
ベルジャン フォッシル	165
ベルデ アベール	168
ベルデ イッソニエ	169
ペルラート シチリア	116
ペルラート ズベボ	123
ペルラート ロイヤル	121
ペルリーノ キアーロ	98

ペルリーノ ロザート	138
ホワイト ペンテリコン	86
ボテチーノ	105
ポルトーロ	29, 30, 32, 33, 34, 161, 278
ポルフィリコ パリエリーノ	128
ポルフィリコ ロザート	143
ホワイト サンドストーン	136
ホワイト トラバーチン	110
マロン トラバーチン	131
モカ クレーム	99
モカ クレーム ダーク	122
ライト トラバーチン	111
ランゲドック	34, 147, 154, 278
リオーシュ モンテモール	124
レッド サンドストーン	155
レッド トラバーチン	42, 153, 278
ローザ ジローナ	150
ローズ オーロラ	139
ロッソ アリカンテ	152
ロッソ マニアボスキ	151
ロッソ レバント	164

●ミカゲ石

アークティック ホワイト	187
アカデミー ブラック	260
アズール エクストレメーノ	211
アズール バイアー	口絵 1-1, 1-2
アズール プラティノ	203
アドニ ブラウン	254
アフリカン レッド	244
アンゴラ ブラック	269
アンデール グリーン	214
イーグル レッド	239
イエロー インペリアル	227
インディアン ジュパラナ	229
インパラ ブラック	264
インペリアル マホガニー	255
インペリアル レッド	179

ウバトゥバ	268
ウルグアイアン レッド	243
ウンチョン	219
エメラルド パール	176
オイスター パール	184
オーロ ガウチョ	221
カーネーション レッド	245
カナディアン ホワイト	191
カパオ ボニート レッド	238
カレドニア	249
カンブリアン	270
ギァンドーネ	222
キョウセン	232
キョショウ	189
キンバリー パール	258
グリーン ラブラス	261
グリス ペルラ	193
グリス モラッツオ	199
コリアン ピンク	201
コリアン ホワイト	190
コロラド ガウチョ	234
コロラド シェラ チカ	247
サファイア ブラウン	185
シェニート モンチーク	183
シップショウ ブラウン	231
シルバー グレー	208
シルバー パール	271
ジンバブエ ブラック	273
シンポク	192
スウェーデン マホガニー	255
スウェード ローズ レッド	247
スクル	186
スル グレー	210
センティネル レッド	240
ダコタ マホガニー	181
チュウゴク（中国）No.306	207
チュウゴク（中国）No.355	198
チュウゴク（中国）No.361	218
チュウゴク（中国）No.437	226

チュウゴク（中国）No.439A	196
チュウゴク（中国）No.439C	195
チュウゴク（中国）No.603	197
チュウゴク（中国）No.623	202
テキサス パール	217
テキサス ピンク	194
デキシー ピンク	223
トラナス ルビン	241
ナジュラン ブラウン	230
ナミビア イエロー	225
ニュー インペリアル レッド	180
ニュートン	253
ネルソン レッド	237
バーミリオン	235
パール アングレ	256
バイオレット ブルー	212
バルチック グリーン	263
バルチック ブラウン	178
バルモラル レッド ダーク	228
ブラウン マホガニー	251
ブラック ティジュカ	272
ブリー ピンク	236
ブリッツ ブルー	262
ブリッツコール	267
ブルー パール	175
ブルー ブラック ピンク	252
プレリー グリーン	265
ベルデ ピーノ	248
ベルデ フォンテン	257
ベルファースト	264
ポリクローム	250
ホワイト パール	188
マリーナ パール	177
モニュメント グレー	209
ライト ダーク エクストラ	204
ラジー	224
ラステンバーグ	264
ラブラドール オリエンタル	266
ラベンダー ブルー	259

ルナ パール	200
レイク プラシッド ブルー	213
ロイヤル レッド	242
ローザ ベータ	216
ローザ ポリーニョ	220
ロックビル	206
ロッショ ガウチョ	182
ロホ ドラゴン	233
ロンサン	205

事項さくいん

あ

赤ミカゲ　　2, 4, 71, 73, 75, 76
圧砕岩　　65
圧砕状組織　　75, 243
荒摺り仕上　　16
アルカリ長石　　62, 67, 69, 74, 76, 175–177, 183, 230, 231, 244, 263, 271
安山岩　　52, 60, 61, 63, 66

い

石取り作業　　5, 15, 17
石目　　i, 9, 13, 14, 267

う

雲母粘土鉱物　　5, 23–27, 29–31, 35, 38, 42, 83, 84, 86, 90, 93, 94, 97–102, 104–106, 109, 110, 114, 117, 118, 121, 122, 129, 132, 135, 136, 138–140, 143, 148–152, 154–163, 165

え

X線回折　　3, 21–26, 28–44, 48

お

大鋸　　ii, 12, 15, 16, 17
大谷石　　57, 58, 63
大山田オニックス　　6, 45
大割　　9, 10
オニックス　　iii, iv, 4, 20, 22, 38, 43–47, 96, 124, 144
下立オニックス　　45

か

カオリン鉱物　　23–26, 29–31, 35, 42, 99–101, 106, 110, 116, 121, 122, 124, 126, 132–136, 140, 142, 145, 146, 149, 152, 160
化学組成と構成鉱物　　74
角礫石灰岩　　4, 6, 20, 22, 47
花崗岩の起源　　74
花崗閃緑岩　　62, 72, 191, 197, 204, 206, 210, 229, 256
火砕岩　　57, 60, 63, 66

か (続き)

火山岩　　42, 50, 61, 63, 70, 78
春日鉱山　　28, 45, 49,
火成岩　　26, 58–65, 69, 74, 78
カタクレーサイト　　65, 75
滑石　　23, 24, 28–31, 83, 90–94, 139, 154, 157, 158, 161, 163, 167, 171
火薬　　9, 13, 14
カラーラ　　10, 11, 87
眼球片麻岩　　60, 66, 186, 253, 258
ガングソー　　ii, 15
岩石薄片　　68

き

輝沸石　　23, 24, 28–30, 42, 83, 90–94, 139, 154, 157, 160

く

苦鉄質組成　　66
グラニュライト質　　65
クロス ニコル　　69
黒ミカゲ　　2, 4, 72, 73, 74, 76, 78

け

けい質組成　　66
頁岩　　50, 53, 63, 64
結晶質ドロマイト　　28, 38
結晶片岩　　60, 65
月長石　　67
原生代　　72
岩石種的区分　　60

こ

鉱物の同定　　23, 26, 66, 82
黒色火薬　　9
固溶体　　62, 68, 69, 70
小割　　9

さ

採掘場　　i, 9, 10, 11, 12, 13, 14
再結晶作用　　65
砕屑岩　　63, 64
砂岩　　6, 16, 22, 23, 29, 30, 48, 52, 53, 56, 57, 59, 60, 63, 64, 99, 134, 136, 137, 141, 155

削岩機　　　　　i, 9, 10
桜ミカゲ　　　　2, 4, 72
さび石　　　　　58
サンストーン　　67, 68

し

ジェットバーナー　14, 16, 17
始生代　　　　　72
蛇灰岩　　　　　58, 60
斜長石　　　　　v, vi, 61, 62, 67, 69–71, 74, 76
斜長石の双晶　　70
斜長石の累帯構造　vi, 71
蛇紋岩　　　　　4, 16, 20, 22, 23, 29, 30, 38, 48,
　　53, 56, 57, 58, 60, 66, 164, 166–171
鍾乳石　　　　　4, 20, 22, 47, 58, 64
白雲母　　　　　23, 25, 30, 45, 66, 74, 75, 88,
　　147, 154, 179, 187, 189, 190, 197–199, 201, 208–
　　211, 214, 223, 224, 229, 234, 237, 242, 251
白ミカゲ　　　　2, 4, 72, 74
深成岩　　　　　2, 4, 60, 61, 63, 70, 74, 177, 210
針鉄鉱　　　　　23, 29, 35, 112, 133

す

墨出し　　　　　17

せ

石英　　　　　　v, vi, 17, 23–25, 30, 35, 38, 42,
　　43, 46, 48–50, 56–58, 61, 62, 66, 67, 70, 75
石材の物理的性質　56
石筍　　　　　　47
赤鉄鉱　　　　　23, 28–30, 35, 39, 42, 43, 152
石灰岩　　　　　iv, v, 1, 4, 17, 20, 21–37, 39, 40,
　　45–49, 53, 58, 60, 63, 64, 65, 66, 95, 97–101,
　　103–107, 112–119, 121–123, 126–130, 132–135,
　　137, 138, 141, 143, 145, 146, 148–152, 154, 159–
　　163, 165
石灰質組成　　　66
接触変成岩　　　65
節理　　　　　　11, 63
せり矢　　　　　9, 10
千枚岩　　　　　65

た

耐火性　　　　　16, 55, 56
堆積岩　　　　　21, 22, 47–49, 59, 60, 63, 64, 66,
　　74, 78
耐風化性　　　　56, 57
ダイヤモンドワイヤソー　10, 12, 13
大理石　　　　　v, 9, 10, 12, 13, 15–17, 20–30,
　　35, 37–39, 42, 43, 48, 53–58, 60, 64–67, 71, 72,
　　78, 80–94, 111, 123, 124, 139, 140, 147, 157,
　　158, 163
楯状地　　　　　72, 73, 77, 78
玉石　　　　　　10, 11
炭酸塩岩　　　　21
炭酸塩鉱物　　　20, 21, 23, 81, 137, 142, 171
単ニコル　　　　v, 68, 69, 70

ち

超苦鉄質組成　　66
長石　　　　　　i, v, vi, 23,–25, 30, 31, 35, 42, 43,
　　48, 58, 61, 62, 63, 65–76
長石の閃光　　　67, 76
直交ニコル　　　69–71

て

泥岩　　　　　　63, 64
泥質および砂質組成　66
定方位試料　　　22, 23, 25–28, 31, 32, 36–38

と

トラバーチン　　4, 11, 20, 22–24, 28, 29, 42, 43,
　　60, 102, 108–111, 125, 131, 153
ドリル　　　　　9, 10, 12–14
ドロマイト　　　4, 20, 21–24, 27, 28, 29, 31,
　　38–41, 44, 63, 64, 81, 82, 85, 89, 118, 120, 137,
　　142, 156
ドロマイト化作用　22, 31, 40, 81, 85, 118, 137
トンネル掘り　　11

ね

粘板岩　　　　　53, 60, 64

は

パーサイト　　　v, 70, 175–180, 182, 183, 186,

287

188, 189, 190, 193–202, 204, 206, 207, 212, 214–232, 234, 236–245, 248–252, 254–256, 261, 266, 271

発破 13, 14

斑状組織 67, 73, 266

半深成岩 61

斑れい岩 2, 57

ひ

平目 13

ふ

風化作用 24–26, 35, 56, 58, 59, 63

へ

偏光 3, 23, 25, 29, 30, 42, 48, 49, 66–69, 78

偏光顕微鏡 3, 23, 25, 29, 30, 42, 48, 49, 66–69, 78

変質 27, 28, 39, 40, 58–60, 64–67, 75, 76, 181, 182, 185–188, 190–195, 197, 198, 200, 202–204, 208, 213, 215, 217–219, 221, 222, 226–229, 232–234, 237–244, 246, 247, 250, 251, 254, 257, 261, 263, 266, 268, 270, 274

変成 21, 22, 26, 35, 37, 38, 45–49, 59, 60, 64–67, 70, 72, 74, 75, 78, 81, 82, 85, 89, 90, 123, 168, 184, 185, 203, 213, 221, 245, 248, 252, 257, 268

ベンチカット 10, 11

片麻岩 2, 4, 60, 65, 66, 72, 75, 184, 186, 214, 253, 258, 259

ほ

宝谷鉱山 27, 28

膨張セメント 9

本磨き 1, 16, 20, 30, 40, 81, 82, 124, 137

ま

真砂土 58

柾目 13, 14

松屋デパート 47

丸栄デパート 47

丸鋸 ii, 15, 16, 17

み

ミカゲ石 1–4, 8–11, 13–17, 20, 59, 60, 63, 72–79

御影石 2, 4, 74

ミカゲ石採掘方法 13

ミグマタイト 65

瑞浪層群 27

水磨き 16, 17

美濃更紗 47

ミルメカイト vi, 70, 181, 189, 193, 197, 205, 217, 224, 227, 229, 233, 234, 236–249, 252, 253, 254, 273

ミロナイト 65, 75, 253

も

モンモリロン石 23, 27, 28, 30, 34, 107

ゆ

有機物 23, 29, 31, 40, 41, 142, 156, 163

遊離炭素 23, 29, 31

ら

ランゲドック 34, 148, 154

り

粒状組織 67

粒度 39, 51, 61, 67, 74

緑泥石 23–28, 30, 31, 35, 38, 40, 44, 65, 66, 75, 110, 143, 147–149, 156, 160, 161, 164, 167, 168, 171, 186–188, 190–192, 197, 198, 200, 202, 204, 215, 217, 220–222, 225–227, 233, 234, 239–244, 247–248, 254, 257, 263, 268

る

類似性 74, 76, 241, 245

ろ

露天掘り 10

わ

ワイヤソー 9, 10, 12, 13, 15, 16

あとがき

　長年にわたる石材集めから始まって、眺めているうちに深みにはまってしまった。本に
まとめようと決心してからでも、相当な年数になる。それでも抜け穴がある。

　例えば、大理石（石灰岩）に含まれる化石は鏡下で観察できる。ミカゲ石はその生成年
代の確認など、いずれも手が出なかった。建築石材は建物に使われている。建物の老朽化
が進むと取り壊される。その折は、できるだけ石材を回収して新しいビルに使ってほしい。
また、破材でもよいから今後の研究に役立つように地元の博物館などで保管してほしい。

　大理石は風化に比較的強いが、ミカゲ石、特に花崗岩類は、使う場所にもよるがもろくなっ
たり、変質したりする。例えば黒雲母から発生する鉄錆が石を赤く染めることがある。

　日本の石灰岩は変化に乏しく、単純なように思う。建築石材の生成過程を考えていると
とても楽しいが、苦労も多かった。特にポルトーロ（イタリア産）、エンペラドール ダーク（ス
ペイン産）、中でもノルウェージアン ローズ（ノルウェー産）は白色の中に緑とピンクが混
じっている。ピンクの原因はいまだに不明だ。

　ミカゲ石で最も気になるのは、シェニート モンチーク（ポルトガル産）だ。長石の形も
気になるが、外装に使うとまず光沢を失う。ラワン材に虫が穴を作るのと、まったく同じ
外観を示すようになる。どの鉱物が脱落したのか、探すことにした。

　（新鮮な試料の構成鉱物）－（脱落した試料）＝残渣、の想定で実験を試みた。方沸石と
考えられるが、推定の域にとどまった。失われた鉱物の追求はいかに難しいか、身にしみた。

　主だった試料は掲載したが、今回記載できなかったものもたくさんある。さらに補充した
いのが使用実例である。今回は首都圏中心になった。できれば札幌、名古屋、関西、福岡
などで、その他地方都市についても調査・公表して、石材に興味を抱く方が少しでも多く
なることを期待する。

　最後になりましたが、関ヶ原石材株式会社と矢橋大理石株式会社から、長年にわたりご好
意を賜り、ここまで到達できました。両社に厚く御礼申し上げます。

（下坂康哉）

■執筆者一覧

矢橋修太郎（やばし・しゅうたろう）　＊第1章

1946年生まれ。

1969年、慶應義塾大学工学部卒業。矢橋大理石株式会社入社。

1988年6月、同社代表取締役社長に就任。現在に至る。

2003年5月～2007年5月、全国建築石材工業会会長。

世界中の石材産地を訪問し、情報を収集するとともに、各地の施工例を確認している。

池野忠勝（いけの・ただかつ）　＊第2章

1939年、滋賀県生まれ。

1957年、滋賀県立短期大学付属工高機械科卒業。

関ヶ原石材株式会社入社。技術部長、企画部長を歴任。

1986年、取締役生産副本部長兼技術部担当。

1996年、株式会社ストーンセキガハラ代表取締役社長就任。

下坂康哉（しもさか・こうや）　＊第3章・第5章

1932年、富山県に生まれる。

東京教育大学修士、助手を経て、地質調査所に移籍。名古屋勤務となり、東海地方の堆積性粘土鉱床調査と並行して、ドロマイト鉱床の調査を進める。

1975年、春日鉱山産鉄セピオライトの研究で学位取得。

1980年から2年間、JICAの技術支援でマニラへ。熱帯風化と粘土研究を行う。1986年から、堆積性セピオライトの調査で3回トルコへ。

石材の研究は主に退職後に行う。

小倉義雄（おぐら・よしお）　＊第4章・第6章

工業技術院公害資源研究所主任研究員。

埼玉大学、東京学芸大学地学教室講師兼任。

カナダ・マニトバ大学地学教室、ドイツ・ミュンヘン大学鉱物学教室留学。

現在、三重大学名誉教授。

世界の建築石材

2019年2月28日　第1刷発行　　（定価はカバーに表示してあります）

著　者	下坂　康哉	小倉　義雄
	矢橋修太郎	池野　忠勝

発行者　　山口　章

発行所　　　名古屋市中区大須1-16-29　　　　　風媒社
　　　　振替 00880-5-5616　　電話 052-218-7808
　　　　http://www.fubaisha.com/

乱丁・落丁本はお取り替えいたします。　　　＊印刷・製本／モリモト印刷

ISBN978-4-8331-4138-3